2019"一带一路"科普场馆发展国际研讨会暨中国自然科学博物馆学会年会论文集

中国自然科学博物馆学会　编

北京航空航天大学出版社

内容简介

2019"一带一路"科普场馆发展国际研讨会暨中国自然科学博物馆学会年会于2019年10月15日至17日在北京召开，以"开放 创新：科普场馆与公民科学素质促进"为主题，旨在进一步将"一带一路"科普场馆发展国际研讨会(BRISMIS)构建成为"一带一路"沿线国家科普场馆合作互鉴的长效机制和国际化、综合型、高层次的交流平台。本次会议下设四个分主题与各位参会代表展开研讨，即科学素质促进："一带一路"沿线国家科普场馆的合作与实践；科普场馆展教资源建设的新理念与新实践；科普场馆助力科学文化传播的新角色与新发展；科普场馆促进科技与文化、艺术跨界融合。100余名学会会员向会议投稿，经专家评审，选出39篇论文集结为本论文集，以期为科技博物馆从业者，相关高校、研究机构的研究人员，以及科普产业相关人员提供参考。

图书在版编目(CIP)数据

2019"一带一路"科普场馆发展国际研讨会暨中国自然科学博物馆学会年会论文集 / 中国自然科学博物馆学会编. -- 北京 : 北京航空航天大学出版社，2022.1

ISBN 978-7-5124-3713-5

Ⅰ. ①2… Ⅱ. ①中… Ⅲ. ①科学普及-展览馆-世界-文集 Ⅳ. ①N281-53

中国版本图书馆CIP数据核字(2022)第006481号

2019"一带一路"科普场馆发展国际研讨会
暨中国自然科学博物馆学会年会论文集

中国自然科学博物馆学会 编

策划编辑 蔡 喆 责任编辑 蔡 喆

*

北京航空航天大学出版社出版发行

北京市海淀区学院路37号(邮编100191) http://www.buaapress.com.cn

发行部电话：(010)82317024 传真：(010)82328026

读者信箱：goodtextbook@126.com 邮购电话：(010)82316936

天津画中画印刷有限公司印装 各地新华书店经销

*

开本：787×1 092 1/16 印张：16.25 字数：416千字

2022年2月第1版 2022年2月第1次印刷

ISBN 978-7-5124-3713-5 定价：79.00元

若本书有倒页、脱页、缺页等印装质量问题，请与本社发行部联系调换。联系电话：(010)82317024

2019"一带一路"科普场馆发展国际研讨会暨中国自然科学博物馆学会年会开幕词（代序）

非常欣慰，听到主持人对BRISMIS 2017会议情况和会后成果的介绍。各项成果和BRISMIS的成长，离不开中国科协的坚强领导和大力支持，离不开中外各有关单位及其上级单位对相关合作的积极推进，离不开中国科技馆这一坚强后盾。在此我还要特别感谢联合国教育科学文化组织（UNESCO），去年6月与我会正式签署双边合作协议书，并将支持两年一届的BRISMIS写入条款。正是有了上述支持和中国自然科学博物馆界广大会员的鼎力合作，才有"一带一路"科普场馆发展国际研讨会的再次举行。还要感谢对此次会议予以大力支持的中国科技馆发展基金会、中国铁道博物馆、国家海洋博物馆、北京天文馆，以及4家捐赠单位。让我们用最热烈的掌声对所有支持者表达诚挚的感谢。

当前，新一轮科技革命与产业变革形成历史性的交汇，科学技术前所未有地深刻影响各国的发展前景，前所未有地深刻影响人类的福祉。新时代赋予了公众科学素质促进新的意义。然而，全球公众科学素质不平衡问题还很突出，各国科普场馆应携手消除科学分享的壁垒，进而推动全球可持续发展。同时，科普场馆面临着受众构成多样化、受众需求个性化、科学文化传播跨界融合等新的机遇和挑战。这是新时代科普场馆，尤其是"一带一路"沿线国家科普场馆所面临的新议题。

基于以上考虑，本次会议将围绕"开放 创新：科普场馆与公民科学素质促进"主题，设置主旨报告、高端对话、发展论坛、专题论坛、平行会议、专业参观及附设小型展览等环节。我们主办BRISMIS的目的，就是寻求开放和创新，秉承"平等、自愿、互惠"的原则，为UNESCO成员国和"一带一路"沿线国家科普场馆之间搭建一个交流与合作的平台。同时，在这个过程中鼓励我会会员提升专业水平和国际合作能力。BRISMIS平台的建设，需各方共同参与和积极努力。感谢来自12个国家的100余家科普场馆和机构组织的近300名代表在百忙之中接受邀请与会，感谢前期100余名我会会员向大会提交论文并参会交流。期待听到你们的报告，更期待听到大家关于BRISMIS平台建设方面的宝贵建议。

最后，让我们一起努力，使会议取得丰硕成果。祝愿各位来宾在本次会议期间度过一段有意义的愉快时光！

谢谢。

中国自然科学博物馆学会理事长　程东红

2019年10月

目　　录

分主题 1　科学素质促进:“一带一路”沿线国家科普场馆的合作与实践

分主题 2　科普场馆展教资源建设的新理念与新实践

分主题3 科普场馆助力科学文化传播的新角色与新发展

分主题 4　科普场馆促进科技与文化、艺术跨界融合

分主题 1

科学素质促进：
“一带一路”沿线国家科普场馆的合作与实践

斯里兰卡国家科学中心内容建设技术支持的实践与体会

马　超[1]

摘　要：中国科技馆项目团队受中国自然科学博物馆学会和联合国教科文组织的委托，承担《斯里兰卡国家科学中心内容建设规划方案》的编写工作。本文由项目背景、项目实施、方案简述和心得体会等部分组成，对规划方案的由来、实施过程、方案内容和实践经验等进行了阐述，为今后科学中心技术支持工作提供了借鉴。

关键词：科学中心；内容建设；技术支持

一、项目背景

2018年6月24日，中国自然科学博物馆学会（以下简称“科博学会”）与联合国教科文组织（以下简称“教科文组织”）签订合作协议书，其中有“协助‘一带一路’沿线国家发展和/或加强科技类博物馆的建设”条款。在上述合作协议书框架下，教科文组织根据斯里兰卡政府对建设斯里兰卡国家科学中心提供技术支持的请求，提出与科博学会一起支持斯里兰卡国家科学中心建设。经科博学会研究决定，商请中国科技馆代表该会牵头承担与教科文组织一道对斯里兰卡国家科学中心建设提供技术支持的任务。

2018年8月20日至24日，应斯里兰卡国家科学基金会（以下简称“斯里兰卡基金会”）邀请，科博学会及中国科技馆一行3人与教科文组织项目官员组成教科文组织代表团，赴斯里兰卡首都科伦坡就技术支持斯里兰卡国家科学中心建设一事与斯方进行磋商，并进行实地调研。根据此次出访，斯里兰卡基金会、教科文组织和科博学会三方达成的共识，由中国科技馆承担斯里兰卡国家科学中心建设技术支持工作。

中国科技馆组建了斯里兰卡国家科学中心技术支持项目团队，在教科文组织和科博学会的指导下，以《斯里兰卡国家科学中心建设项目建议书》为基础，完成了《斯里兰卡国家科学中心常设展览概念设计方案》的编制。之后，斯里兰卡基金会充分肯定了中国科技馆提供的常设展览概念设计方案，并提出了需调整及增加设计内容的相关需求。根据斯方提出的要求，中国科技馆将工作目标从常设展览方案调整为内容建设方案，在《斯里兰卡国家科学中心常设展览概念设计方案》的基础上，调整、补充、完善，开展《斯里兰卡国家科学中心内容建设规划方案》的设计工作。

二、项目实施

《斯里兰卡国家科学中心内容建设规划方案》包含了展览、教育活动、培训实验、特效影视、

1　马超，中国科技馆展品技术部高级工程师，从事展览展品开发工作，E-mail：machao@cstm.org.cn。

科学文化交流和信息化等教育功能和参观服务、餐饮服务、纪念品服务、停车服务和住宿服务等服务功能。在组建项目团队时,在主管馆长的带领下,展览设计中心、展品技术部、古代科技展览部等7个部门共25人组成项目团队参与内容建设规划方案的编制工作,同时邀请6位地方科技馆馆长组成专家组对内容建设规划方案提供支持。

项目组核心团队首先对斯里兰卡方提供的《斯里兰卡国家科学中心建设项目建议书》进行了认真的研读和讨论,了解到“斯里兰卡是目前南亚唯一没有科技馆的国家,斯里兰卡相关部门在过去20年里一直在争取国家科学中心的建设立项。由于缺乏相关经验和资金等问题,尚未建成科学中心”。从中深刻感受到斯里兰卡方对建设国家科学中心的迫切心情,充分认识了斯里兰卡方对建设国家科学中心的具体需求。之后项目组核心团队对斯里兰卡的历史沿革、自然环境、自然资源、人口民族和政治经济等方面进行了充分的文献研究,之后以《斯里兰卡国家科学中心建设项目建议书》为基础对内容建设规划方案的概述、指导思想、基本原则、建设理念和功能设置等部分进行梳理和阐述,根据功能设置的划分,斯里兰卡国家科学中心设置教育功能和服务功能两大功能。项目组核心团队根据斯里兰卡方的具体需求和斯里兰卡国家科学中心作为斯里兰卡唯一国家级科学中心的角度,将教育功能和服务功能进行进一步细化,其中教育功能包括:常设展览、短期展览、即时展览、流动展览、培训实验、特效影视、科学文化交流和信息化;服务功能包括:参观服务、餐饮服务、纪念品服务、停车服务和住宿服务等。

内容建设规划方案初稿完成后,将方案发给6位科技馆界专家进行审核报关,根据修改意见完成修改后分别向科博协会和教科文组织进行了汇报,多方一致认可后,将方案交付斯里兰卡方。

三、方案简述

《斯里兰卡国家科学中心内容建设规划方案》由总论、教育功能和服务功能三大部分组成。

(一) 总　论

总论包括概述、指导思想、基本原则、建设理念、功能设置五部分。

1. 概　述

概述部分主要介绍了斯里兰卡的基本情况,斯里兰卡公民科学素养情况、斯里兰卡国家科学中心建设的发展历程,以及科学中心内容建设的定义和作用。

2. 指导思想

斯里兰卡国家科学中心旨在通过科普展览、培训实验、特效影视、科学文化交流、网上科技馆等途径开展对国民的科学教育,普及科学知识、弘扬科学精神、传播科学思想、倡导科学方法,激发公众的创造力与想象力,提升斯里兰卡人民的科学素质。

3. 基本原则

内容建设规划在尊重并展示历史科技成就的同时,拓展全球科技视野,通过先进的展示方法与科学教育理念,引导观众更好地运用科技手段与科学思想面向未来的挑战。基本原则包括突出地方特色、拓展全球视野、注重互动体验、启迪创新思维、培育科学观念、展教有机融合、扩大科普覆盖。

4. 建设理念

斯里兰卡国家科学中心内容建设理念为"使人民为科技创新时代的到来做好准备"。根据科普展品互动、体验、协作的特点，以内容丰富、形式多样的科普展览、培训实验、特效影视、科学文化交流、网上科技馆等科普手段为依托，结合斯里兰卡本土科技创新的亮点，引导公众探索科技的奥秘、感受科技引发的巨大变革，激发公众投身科技活动的热情，促使公众直面生态环境危机，提升公众的科学素质，使斯里兰卡人民充满自信地迎接科技创新的新时代。

5. 功能设置

科学中心作为国家科普能力建设和科普基础设施工程的重要部分，目的是为观众营造在实践中体验科技、学习科学的情境，以提升公众科学素质，为建设创新型国家服务，为此设置两大功能：教育功能和服务功能。其中教育功能是国家科学中心的主要功能，展览教育是科学中心教育功能的核心，其他教育功能是对展览教育功能的补充、拓展与延伸。服务功能是国家科学中心的支撑功能。

（二）教育功能

教育是科学中心的主要功能，科学中心教育是基于自愿原则、以自主学习为主要特征的社会教育。展览教育是科学中心教育功能的主要表现形式。常设展览、短期展览、即时展览和流动展览共同构成了展览教育体系，而常设展览是其核心，短期展览、即时展览和流动展览是常设展览的有益补充。其他教育形式是对展览教育功能的拓展与延伸。

斯里兰卡国家科学中心的教育目的是激发科学兴趣，培养创造力和批判性思维，提升知情决策能力，提高人民的科学素质，通过不断拓展教育形式，创新教育内容，强化教育效果。

1. 常设展览

常设展览是科学中心教育功能的核心要素，是展览教育理念的集中体现，是最基本、最能代表科学中心特色的教育载体。常设展览具有展品相对固定、展览内容较为全面，展览规模和投资较大等特点。科学中心是否能实现良好的科普教育效果，是否对公众具有持久的吸引力，与常设展览的水平和质量密切相关。常设展览力求为观众营造再现科技实践的学习情境，强调以互动、体验的形式引导观众进入科技探索与发现的过程之中。

斯里兰卡国家科学中心常设展览分为室内主题展厅和室外主题展区两部分，其中室内主题展厅面积约为10 000平方米，室外主题展区面积约为3 000平方米。

（1）设计目标

建造一座先进的国家科学中心，弘扬科技遗产，使公众对取得的科技成就产生自豪感；鼓励公众掌握基本的科学原理，了解科学、技术和创新对国家经济发展与繁荣以及日常生活产生的影响，培养公众的创造力和批判性思维，提升公众的知情决策能力，使公众为适应科技高速发展的社会做好准备。

（2）主题思想

主题思想是展览最想表达并让公众理解、领悟的思想、观念、概念或情感，统领展览的内容、结构和风格，需符合时代发展需求。基于人与自然和谐相处、人与技术协调发展等全球议题，以及斯里兰卡面临的国民经济发展与公众科学素养有待进一步提升的现状；基于斯里兰卡国家科学中心内容建设理念"使人民为科技创新时代的到来做好准备"，常设展览以"人·自然·和谐"为主题。

① 展现人类在认识自己，探索自然，技术发展中的科学知识、科学精神、科学思想、科学方法与科技成就；

② 倡导在技术发展和科学创新的过程中，人与自然和谐发展的理念；

③ 鼓励公众积极思考科学技术进步与社会发展之间的关系。

(3) 设计思路

按照"放眼全球视野、兼顾本地特色、结合学校教育、服务全国民众"的思路开展展览规划设计。注重世界科技发展状况的展示，使当地公众看到世界、看到前沿；兼顾本地科技遗产和科技成果的展示，激发公众自豪感；发挥科学中心作为社会教育机构的优势，与学校教育有机结合，提升科技教育效果；展览内容和形式多样化，服务斯里兰卡各年龄段的公众。

(4) 设计原则

全球视野本地特色。注重世界科技发展状况及全球议题的展示，使当地公众看到世界、看到前沿；兼顾本地科技遗产和科技成果的展示，激发公众自豪感。

史为脉络启发思维。通过对自然界和人类科技发展史的展示，启发批判性思维和创新性思维。

互动体验激发兴趣。充分利用科学中心动手参与、情景体验等多种生动的展示形式，激发公众参与科技实践的兴趣和热情。

室内室外各具特色。合理利用室内展厅和室外区域场地的特点和条件开发展览。

馆校结合提升效果。发挥科学中心作为社会教育机构的优势，与学校教育有机结合，提升科技教育效果。

环境简洁主题突出。空间布局开阔通透，布展简洁，与展示主题密切相关。

智能控制拓展服务。利用信息化手段，实现展品的集中智能控制，实现展品科技信息的拓展。

合理设计确保安全。环境和展品设计需充分考虑安全因素，杜绝安全隐患，保证观众安全和场馆安全。

(5) 展览框架

常设展览以"人・自然・和谐"为主题，以自然界和人类科技发展史为脉络规划展览框架(见图1)：首先，以宇宙起源、地球演化、生命进化和人类诞生为开篇；然后，开启人体奥秘探索之旅，包括对人的心理和生理规律的阐释；进而，呈现人类探索自然、认识自然的过程和成果；最后，体现人类通过科技创新适应自然，创造美好生活。此外，基于学龄儿童的认知特点，为激发该年龄段公众的兴趣与热情，设置专门的展览区域。

展览以人为主体，从宇宙演化与人类诞生、人类对自身规律、自然规律、科技发展规律的探索与认知4个方面进行展开，室内设置7个主题展厅，室外设置3个主题展区，此外面向3～8岁儿童设置"科学ABC"主题展厅。常设展览采用"7＋1＋3"的形式搭建展览框架。

利用公共空间，设置观赏性展品，利用墙面以图文的形式介绍世界著名和当地著名的科学家和科学事迹。

设置综合性科学表演台，满足开展科学表演和科普活动的需求。

2. 短期展览

短期展览是对常设展览的丰富和补充。具有主题鲜明突出、内容相对独立、展出时间较短的特点。短期展览多为专题展览，重点展示国家重大科技政策和科研成果、国内外最新科技进

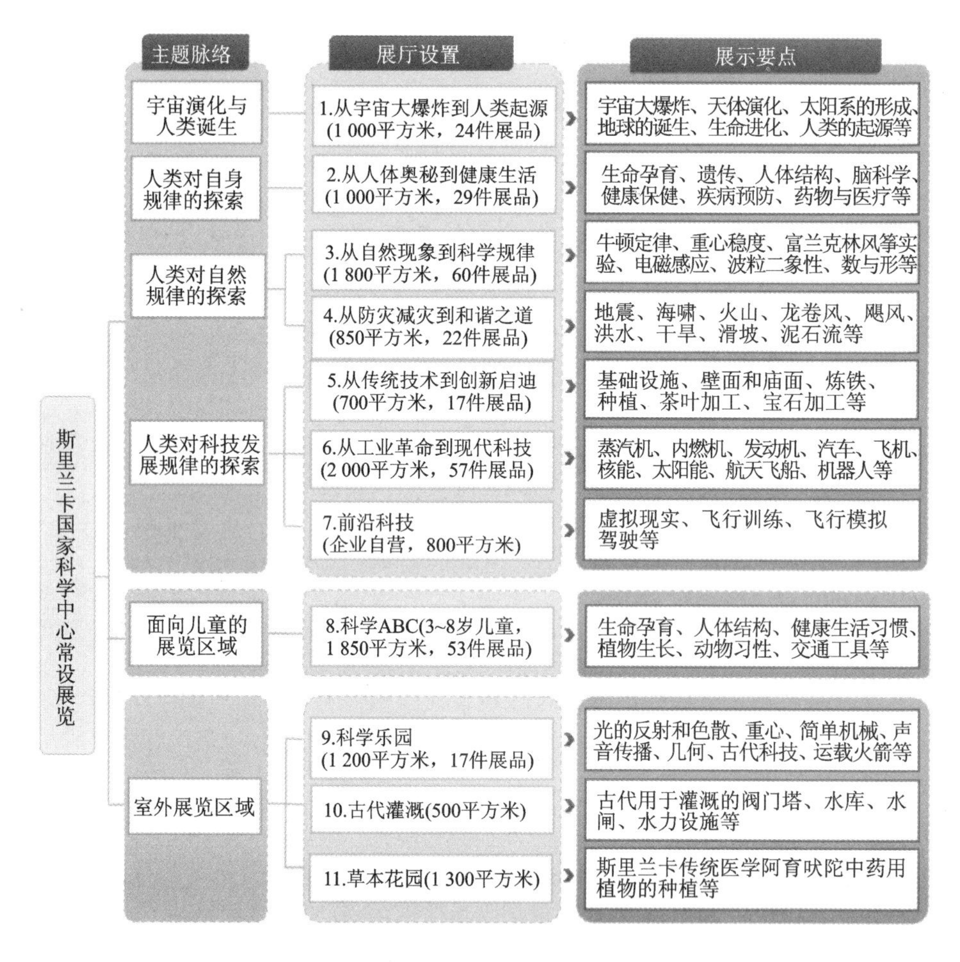

图1　常设展览框架

展和重要科技活动、有影响的科技人物和事件、社会关注的科技热点等。每套展览展期3个月左右，每年3～4套展览。展览可通过自主研发、社会合作和引进等形式进行展览的筹备。斯里兰卡国家科学中心设置一个面积约为1 000平方米的短期展厅用于短期展览。

3. 即时展览

与短期展览相比，即时展览具有规模较小、时效性更强、制作简便、空间灵活的特点。即时展览的展览内容即时反应重要科技事件、最新科技成果、公众所关心的科学话题等，以增强迅速反映科技动态的能力，满足公众与科技互动的需求，以图文并茂的展板形式为主。即时展览可在常设展览的相关展区或公共空间展出。

4. 流动展览

同常设展览、短期展览和即时展览一样，流动展览也是以开展科学传播工作和科普活动为主要目的，核心功能是实施观众可参与的互动性科普展览、教育活动。不同的是，流动展览展出场地以各地公共基础设施为依托，在各地巡回展出，具有投入小、灵活性强、覆盖范围广等特点。流动展览是固定科普场馆的延伸，扩大固定科普场馆的辐射面，承担了在基层，没有科普场馆的地方开展科普展览教育的重要功能，实现科普教育资源分配的公平和普惠。作为国家级科学中心，斯里兰卡国家科学中心完成固定场馆建设后，逐步考虑开发流动展览，普惠全国民众。

5. 培训实验

培训实验是对展览教育的扩展和深化，两者相互结合、优势互补。它以展览为中心，围绕展览开展辅助性学习探究活动，以满足公众学习科学技术多层面、多角度需求。培训实验活动充分运用探究式学习、体验式学习等先进教学方法，提高公众的创新精神和实践能力。斯里兰卡国家科学中心的培训实验项目将注重馆校合作，开发多种形式的教育活动包括：科普实验、动手制作、科学表演、科技竞赛、冬夏令营等。斯里兰卡国家科学中心设置1个创客活动室，1个生化实验室和2～3个科普活动室。

6. 特效影院

特效影院在科学传播方面有其独特的优势。在众多类型的特效影院中，球幕影院和4D影院的展示手段最为适合科学中心进行科普传播。球幕影院具有与常规影院截然不同的影院构造和观看方式，是呈现、欣赏科普影片的最佳选择，已成为科学中心的优选配置和标志性建筑。4D影院可调动观众的多种感官体验，有助于引发思考和传达探索精神，同时4D电影集科普性、教育性和娱乐性于一身，符合寓教于乐的科普理念，深受观众喜爱。根据观众对特效影院类型的欢迎度，考虑到斯里兰卡国家科学中心今后可持续发展空间，斯里兰卡国家科学中心规划建设两座影院，分别为球幕影院和4D影院。

基于斯里兰卡国家科学中心计划年观众量的测算，球幕影院规模可为银幕直径23米，面积约为600平方米，座位数为300席左右。4D影院规模设置为银幕宽14米，高7.9米，面积约为450平方米，座位数100席为宜。

7. 科学文化交流

科学文化交流活动是科学中心教育功能的拓展和丰富，是沟通科学技术与社会、科技工作者与公众的桥梁。斯里兰卡国家科学中心通过组织科普讲座、科技论坛、科技沙龙、科技问题辩论会、科学家与公众见面和搭建网络平台等多种形式的活动，使自身成为面向社会的科学文化活动与交流中心，同时为科技界创造有利于公众理解科技的环境。为了便于开展科学文化交流活动，考虑到斯里兰卡国家科学中心预计年观众量，设置一个具有280个固定座位、面积约为420平方米、功能齐备的多功能报告厅，设置一个讲台与桌椅相对灵活、可容纳140人、面积约为240平方米的小型报告厅。

8. 信息化

现代科学中心应符合社会发展要求，与互联网紧密结合，借助网络的泛在性、移动性、便捷性与资源共享，向更多的公众传播科学思想，普及科学知识。结合斯里兰卡实际情况和信息化发展现状，国家科学中心信息化建设采用总体规划、分步实施、重点突破、注重实效的方式进行建设。

国家科学中心的信息系统从功能组织上分为四大部分，分别为：面向公众的综合服务平台、面向内部运营的工作平台、信息系统基础平台和信息管理平台(见图2)。其中，前两个平台直接面向国家科学中心的主要业务，分别对应国家科学中心的服务与运营业务，共同构成国家科学中心信息化系统的主要业务平台；基础平台是信息系统的基础设施，是支撑上述两大业务平台的基石，同时还承担着所有信息化系统信息"通道"的作用；信息管理平台是整个信息系统的指挥中心，管理着所有的信息系统，并提供支持和保障服务，在整个信息系统中扮演着管理者的角色。

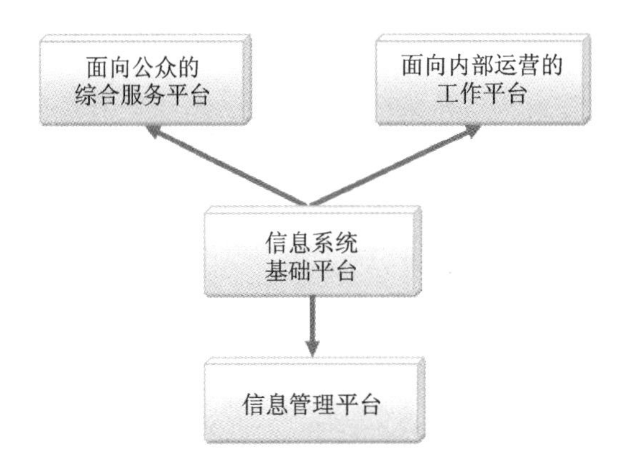

图2 信息系统功能组织模型

(三)服务功能

服务功能是为来科学中心接受科普教育的观众提供服务保障与增值服务的重要功能。斯里兰卡国家科学中心致力于为观众提供便利的服务,使观众在参观过程中感到舒适和满意。为此,科学中心为观众提供便捷的参观服务,同时提供可选的餐饮、纪念品、停车等服务,此外还为有需求的观众提供住宿,以满足不同人群的多样性需求(见表1)。

1. 参观服务

参观服务是国家科学中心服务公众的核心内容,包括购票、检票、咨询、导览、存包、讲解辅导、投诉与反馈、失物招领、观众定位寻人、人流引导与疏散等内容。提供良好的参观服务,会使公众在科学中心度过美好的时光,也是公众再次来馆的前提条件。

2. 餐饮服务

为满足公众中午的就餐和饮水需求,设置观众餐厅、饮料自助售卖机和直饮水机,同时设置员工餐厅满足上班员工中午就餐需求。

3. 纪念品服务

为满足公众购买纪念品的需求,实现把科学体验带回家的目标,在场馆观众流量较大区域设置纪念品商店,出售的纪念品包括科普图书、科学教育型玩具等。精美、丰富的纪念品能为公众留下美好的回忆,也使公众的参观体验得以延续。

4. 停车服务

为了给自驾车的观众提供停车的便利,设置一处室外停车场,以满足摩托车/三轮车、小汽车、大篷货车和大型客车的停放需求。停车场出入口设置车牌号自动识别系统,出口设置收费处。

5. 住宿服务

由于科学中心距离市中心和市民居住区路途较远,为解决首都以外观众参观住宿需求,及科学中心组织学生参加冬夏令营等活动的住宿需求,配套设置观众招待所和学生宿舍。

表1 内容建设区域规划

(仅为相关功能的使用面积,不含办公用房、设备间及公共空间等)

区域名称		面积/平方米	备注
常设展厅	室内展厅	10 000	
	室外区域	3 000	室外
短期展厅		1 000	
特效影院	球幕影院	600	
	4D影院	450	
报告厅	多功能报告厅	420	
	小报告厅	240	
科普活动室	创客活动室	140	
	生化实验室	80	
	常规科普活动室	180	
餐厅	室内观众餐厅	180	
	室外观众餐厅	300	室外
	员工餐厅	110	
	厨房	450	
纪念品商店		400	
招待所、学生宿舍		1 500	
停车场		11 000	室外
合 计		30 050(室内:15 750)	

四、心得体会

(一)方案应考虑当地需求

对国外的国家级科学中心内容建设提供技术支持,首先需要了解对方的建馆需求,项目组最初的工作就是研读了斯里兰卡方提供的《斯里兰卡国家科学中心建设项目建议书》,充分了解斯里兰卡方的建馆需求,将其中一些重要的表述引入到方案中,同时我们以下划线标注的形式表示斯里兰卡方文件的原文表述。同时从《建议书》中掌握斯里兰卡方对于展览和服务的具体需求,例如斯里兰卡方计划科学中心与学校教育紧密结合,我们在常设展览的教育原则和具体的教育活动的实施中均有充分的体现;另外斯里兰卡方希望增加住宿服务功能,对于国内科技馆来讲,一般科技馆不提供住宿服务,但考虑到斯里兰卡当地的特点,我们在服务功能中设置了住宿服务的相关内容。

(二)方案应结合当地特点

我们规划的科学中心的主要服务对象是斯里兰卡的民众,尤其是科学中心所在地的科伦坡民众,所以要从当地民众的角度出发规划和设计科学中心,常设展览中设置了“从传统技术到创新启迪""古代灌溉""草本花园"展厅(展区)分别展示具有斯里兰卡特点的基础设施、古代灌溉和传统医学药用植物等内容，激发公众的民族自豪感；斯里兰卡国家科学中心室内展览面积比较有限，考虑到斯里兰卡的气候可以开展室外展览，所以在规划方案中我们增加了室外展览区域，解决了室内面积有限，展示内容不足的问题。

(三) 方案应具有国际视野

作为建设一个国家级科学中心，其内容规划设计方案应具有国际视野。在进行常设展览方案规划时，以《科学教育的原则和大概念》(2012)、《以大概念理念进行科学教育》(2016)等国际先进的科学教育研究成果指导设计理念，关注全球性科技问题和发展动态，展示科学技术的全球特征，促使观众思考全球科学议题，看到世界，看到前沿。

(四) 方案应具有创新性

科学中心的内容建设规划方案不能千篇一律，每一份科学中心的内容建设规划方案都要其自身的特点和独有的创新性。本方案的常设展览以"人・自然・和谐"为主题，独树一帜，在认识自己、探索自然，技术发展中的科学知识、科学精神、科学思想、科学方法与科技成就，倡导在技术发展和科学创新的过程中，人与自然和谐发展的同时，鼓励公众积极思考科学技术进步与社会发展之间的关系。同时在常设展览的规划中，尝试以历史为脉络，通过对自然界和人类科技发展史的展示，启发批判性思维和创新性思维。可以说，从常设展览的主题设置到框架搭建，再到分主题设置和展品规划均打破了常规，具有创新性。

分主题 2

科普场馆展教资源建设的新理念与新实践

基于个人意涵图法的科技馆观众学习效果研究

刘　琦[1]

摘　要：观众的学习效果评价对科技馆展览和教育活动的持续改进发挥了重要的作用。本研究采用个人意涵图法评价观众参观中国科技馆“流浪地球”短期展览的学习效果。数据分析显示，参观后，观众对展览主题和展示内容的理解广度和深度显著增加，尤其是在个人情感、态度、价值观方面，展览较好地激发了观众的情感共鸣，取得了预期的展览展示效果。但观众理解的深度提升幅度较小，笔者对此提出了改进措施，以进一步提升观众的学习效果。

关键词：个人意涵图；学习效果；评价；科技馆

一、前　言

对于科技馆而言，进行展览、教育活动等观众学习效果的评价十分重要，通过了解观众的学习情况，找到问题所在，为持续改进展览和教育活动提供指导，同时通过观众的反馈使科技馆工作人员感受到工作的意义和价值所在，可以更好地调动工作人员的积极性。

1998 年，美国马里兰学习创新研究所的约翰·福尔克在概念图的基础上开发了个人意涵图评价法（Personal Meaning Mapping，简称 PMM），用于非正式学习环境下的相关评估。与传统的问卷调查法和访谈法相比，PMM 并不刻意设计相关的问题和提纲，没有预设相关的选项，不设相同的起点，PMM 没有所谓的正确答案，因此，也无统一的终点。它不要求参与者以线性顺序提供答案，也不限制参与者回答的形式，鼓励参与者根据核心词进行思维发散，写下词组、句子或者画图，研究者根据参与者制作的 PMM，通过一定的维度进行数据与内容整理，对参与者的认知结构进行定量或定性分析[1]。

PMM 以建构主义学说为基础，在学习过程中，参与者将原有的经验和知识带入新的学习环境，并与新的知识和经验进行整合，形成新的智识结构。因此，在自由选择式的学习环境下，每个人的学习效果千差万别。PMM 尊重参与者在个人知识、生理条件以及社会经验背景方面的差异，善于捕捉高度个性化的表达。在分析过程中，PMM 将质性分析与量性分析很好地结合，不仅关注参与者在学习过程中发生的变化，更关注这个变化的程度如何，这是 PMM 方法的优势所在。不仅如此，还有研究表明，PMM 采用绘画的形式表达参与者的想法，可跨越文化、语言的障碍。

20 年间，PMM 被应用于世界各地的博物馆、水族馆、美术馆、动物园、公园等非正式环境下的观众学习效果评估中[2-6]，包括展览、教育活动等。PMM 在国内科技类博物馆中的应用还较少。郭希对 PMM 的数据收集方法、研究方法等进行了理论研究和案例分析[7]。蒋臻颖

1　刘琦，中国科技馆助理研究员，E-mail：liuqiluc@163.com。

和赵星宇在理论研究的基础上，结合具体的展览开展实证研究，进一步证明 PMM 用于科技类博物馆评估的可行性性和优势[8]。李坤玲结合国内外的研究成果，进行了 PMM 应用研究综述，为开展 PMM 的理论研究和实践提供了指导[1]。国内较多学者侧重于对 PMM 开展理论研究，开展实践研究并不充分，而 PMM 的实施策略和分析方法需要在实践中才能不断得以完善。

本研究采用 PMM 分析参与者参观中国科技馆“希望的力量——科幻电影《流浪地球》主题展览”的学习效果。国产科幻电影《流浪地球》在 2019 年春节上映，点燃了大众对中国科幻的关注和希望，取得非常出色的科普传播效果。电影生动表现了人类命运共同体这一宏大主题，深刻诠释了中华民族不屈不挠的抗争精神和热爱家园的文化情结，充满了人类对浩瀚宇宙的憧憬。“希望的力量——科幻电影《流浪地球》主题展览”以静态陈列为主要形式，主要展示了电影中的诸多道具，并讲述电影工作者艰苦卓绝的创作历程，引导观众深入了解《流浪地球》电影，以及科幻电影的拍摄制作过程，吸引观众关注中国航天、关注中国科技事业。该展览面积 300 平米，于 2019 年 4 月 4 日至 7 月 14 日于中国科技馆东大厅展出，共接待观众 23.2 万人次。

二、数据收集与分析

（一）数据收集

在开展 PMM 之前，首先要筛选激发观众联想的核心词，通过了解《流浪地球》主题展的展览设计大纲及方案，筛选核心词为“流浪地球”。同时，为了更好地了解观众的个人信息，针对观众的年龄、学历、对电影的了解情况等制作了调查问卷。在数据收集阶段，本研究采用随机抽样的方法，对没有参观过展览的观众开展相关调研。在参观前，参与者用黑色笔在 PMM 图纸上记录相关的理解和想法，参观后，在原图纸上用蓝色的笔进行补充和修改（见图 1），并同

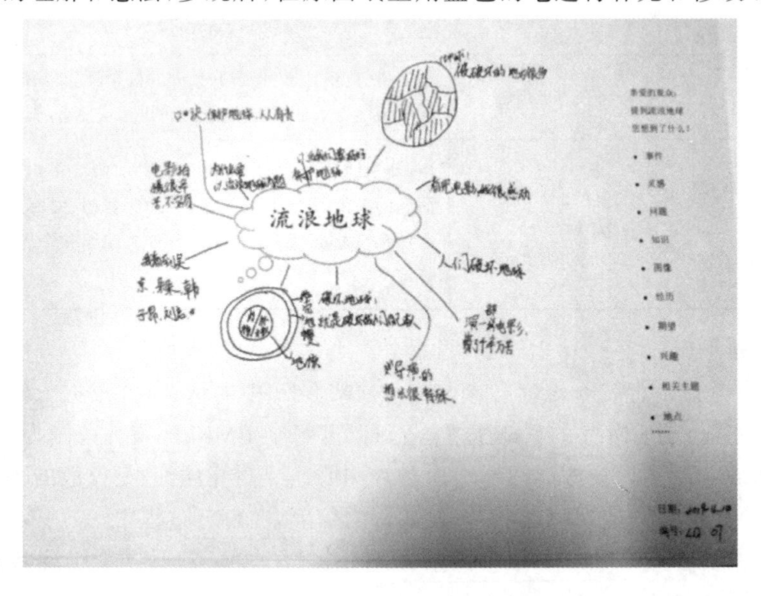

图 1　一名参与者完成的 PMM

时进行基本情况问卷调查和简短的访谈，作为对 PMM 分析的补充数据。本研究共回收个人意涵图 45 份。

（二）数据分析

个人意涵图评价法通常从四个维度对数据进行分析，分别是概念的数量、概念的范围、概念的深度和概念的成熟度。一般来说，对于 PMM 数据的分析可根据研究目的的需要而有所侧重。概念的数量和概念的范围侧重于表现参与者对相关核心词的理解广度，概念的深度和概念的成熟度侧重于表现参与者对核心词理解的深度。为了全面了解观众的学习情况，本研究从以上四个维度对 PMM 数据进行分析。

1. 概念的数量

概念的数量指参与者在学习前后 PMM 图中词汇量的数量，用于衡量参与者理解的广度。本研究统计 PMM 中参与者书写汉字的数量，对于图画要判别图画的含义，并计入总字数中。并通过比较概念数量的变化，分析参与者在学习前后对于核心词理解的广度。

2. 概念的范围

概念的范围是根据展览的内容和 PMM 图的内容，对与核心词相关的概念进行分类，分别统计参与者参观前后 PMM 图中概念类别的数量，得出变化数值。

3. 概念的深度

评估者对图示中概念表达方式的详细度和复杂度进行打分，以衡量受访者参观前后对相关概念理解深度的变化。受访者在表述同一种类概念中使用的词句越详细和复杂，分值越高，各级分值对应的情况如表 1 所列。

表 1　各级分值对应情况

分　值	评分标准	例　子
1	肤浅的表达，不体现个人观点	简单列举与《流浪地球》电影或原著相关的概念（如导演、作者、角色、道具等），而缺乏个人的理解和解读
2	在有限程度上对核心词表现出理解	表述由《流浪地球》电影联想到的概念（例如其他的科幻电影、宇宙等），表达个人的观影感受、评价电影或原著的意义等
3	表现出对核心词有较为深刻与详细的理解；将个人经验与学习所得内容进行比较；表现出较为深沉的情感和态度	由《流浪地球》电影引发了较为深入的思考（对电影中的相关科学问题的理解，如为什么流浪、怎样去流浪、去哪里流浪），对人类未来的前景进行了思考，或联系现实问题和个人行为，表达爱国情怀等

4. 概念的熟悉度

评估者综合考虑以上三个维度各参与者 PMM 图示中的情况，并根据 PMM 图示内容的复杂程度和专业程度对 PMM 的整体水平进行打分，每个 PMM 的得分范围为 1～4 分（1＝简单、新手般的理解；2＝知识较渊博；3＝知识非常渊博；4＝高度详细、专家般的理解）。

为了避免个人评分的主观臆断性，增强评价的信度，在打分过程中，采用双人评分制，并对分歧进行充分讨论，达成一致。采用单因素方差分析（ANOVA）对四个维度参观前后得分的差异性进行分析。

三、结果分析

(一) 概念的数量

数据分析显示，观众在参观展览前词汇量的平均值为 37.4，参观展览后的平均值为 76.3，$p<0.05$，平均词汇量增加了一倍，说明参观展览过程中观众的概念数量有显著的增加(见表 2)。

表 2　参观前后观众概念数量对比

参观前均值	参观后均值	参观前后变化值	p 值
37.4	76.3	38.9	0.000

(二) 概念的范围

结合展览展示的目的和内容，对观众在参观前后绘制的个人意涵图中表达的概念进行分类，共分为《流浪地球》电影相关信息、《流浪地球》原著以及其他相关信息，对于“流浪”的思考，观展体会，科幻电影，宇宙以及空间探索，人类，地球、资源与环境，科技 9 个主题。

对观众参观前后概念的范围进行方差分析，参观前概念主题个数平局值为 2.15，参观后的平均值为 2.91，$p<0.05$，表明参观展览显著促进了观众概念范围的增加(见表 3)。

表 3　参观前后观众概念的范围对比

参观前均值	参观后均值	参观前后变化值	p 值
2.15	2.91	0.76	0.017

对前调研和后调研中各个概念主题出现的次数进行对比分析，结果如图 2 所示。在前调研中，出现较多的概念主题是 A(《流浪地球》电影相关的信息)、C(对于“流浪”的思考)、F(宇宙以及空间探索)、H(地球、资源与环境)，而对 B(《流浪地球》原著、作者以及其他相关信息)、E(科幻电影)、G(人类)等表述相对较少。在后调研中，各主题出现的次数分布与参观前基本保持一致，但是对参观前和参观后概念范围进行对比，参观后，明显增多的概念主题是 A(《流浪地球》电影相关的信息)、D(观展体会)、I(科技)，说明参观展览后，观众对《流浪地球》电影的道具、人物形象、布景等印象深刻，并深切感受到电影拍摄的不易，这与展览中展示了大量电影道具、画面、创作历程等信息密切相关。

前调研中，科技主题在 9 个主题中出现的次数排在第五位，后调研中排在第三位，说明该展览有效激发了观众对科技的想象，许多观众谈及科技的发展与进步以及科技与人类、环境之间的关系问题，这进一步说明，虽然该展览主要展示与《流浪地球》科幻电影创作相关的内容，但科技始终是贯穿其中的主线，无论是电影中的场景、道具，还是真实的航天员座椅和工作常服等中国航天科技实物，其背后蕴藏了重要的科技内涵，展现了科技对人类社会进步的巨大推动力。

(三) 概念的深度

数据统计分析显示，45 位观众参观之前概念深度的平均得分是 1.967，参观后的平均得分

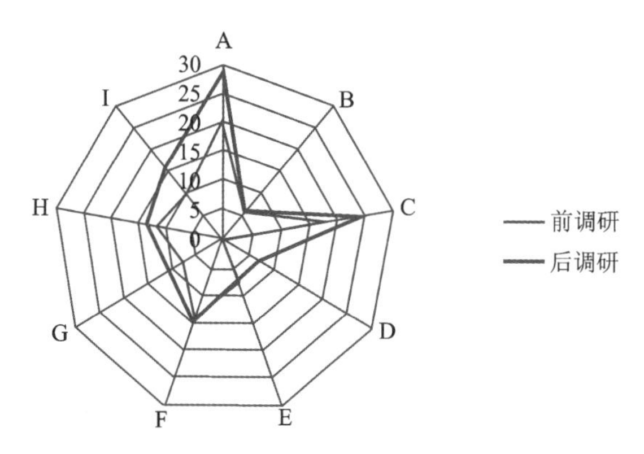

图 2　前调研和后调研中概念主题出现的次数对比

是 2.223，$p<0.05$，因此，观众对参观前后提到的概念的理解深度显著增加(见表 4)。

表 4　观众参观前后概念深度对比

参观前均值	参观后均值	参观前后变化值	p 值
1.967	2.223	0.256	0.020 1

对前调研和后调研中每类概念的深度进行统计分析如图 3 所示，可见，观众参观后 9 个主题概念的平均深度均有所增加，由于主题 D (对展览的评价)只出现在参观之后，因此其深度的变化最显著。在其他 8 个主题中，概念深度变化最大的是主题 B(《流浪地球》原著、作者以及其他相关信息)和主题 A(《流浪地球》电影相关的信息)，得分均增加 0.4，这与展览的展示内容和主题密切相关，观众通过直观的、近距离的参观体验，对《流浪地球》电影及其原著、作者都有比较深刻的认识。此外，表 4 中提到，前调研和后调研中，概念深度的差值为 0.256，而差值高于这一平均数值的概念主题除了 A、B 外，还有主题 I(科技)。表 5 列举了几位观众在参观展览后主题 I(科技)的相关表述(见表 5)。通过以下表述可以看出，观众参观展览后不仅联想到了与电影相关的科技知识，还深刻认识到科技创新的重要作用以及科技的两面性、增强了对我国科技进步的自豪感，在情感、态度、价值观层面有较大提升。

表 5　后调研中观众对主题 I(科技)的相关表述

观众编号	表述内容
16	科学的发展是人类重要的进步，但要关注科技与环境的可持续发展
19	我认识了更多的科技知识，感到我国科技实力不断增强
27	天文学、《伽利略传》、航天技术
30	未来的科技产品和它带来的好坏
45	更多的是科技的创新和更新，推动一些不可能的事情发生，例如，航天服装、交通工具等

(四) 概念的成熟度

参观之前参与者概念的成熟度平均得分为 1.55，参观后的得分为 1.85，$p=0.03$($p<0.05$)，因此，参观前后参与者概念的成熟度有较显著的提升(见表 6)。

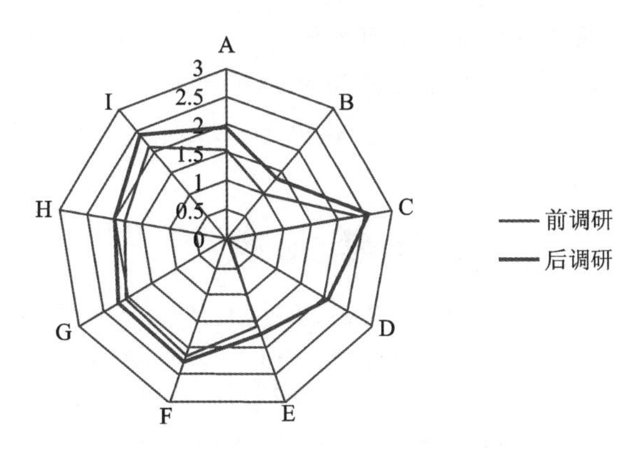

图3　前调研和后调研中每类概念主题的深度变化

表6　观众参观前后概念成熟度对比

参观前均值	参观后均值	参观前后变化值	p 值
1.55	1.85	0.30	0.03

四、结论与讨论

运用个人意涵图评价法对参与者参观前后的学习效果进行评估，经分析得出，参与者在参观展览后在概念的数量、概念的范围、概念的深度、概念的成熟度方面均有显著的变化。这说明展览较好地拓宽并加深了观众对《流浪地球》电影、原作以及相关概念的认识，值得一提的是，展览有效地促进了观众在情感、态度、价值观方面的提升，增进了观众对电影中所体现出的中华民族不屈不挠的抗争精神、热爱家园的文化情结以及人类对浩瀚宇宙的憧憬等相关精神内涵的认同和领会，激发了观众对中国航天和中国科技事业的关注。

笔者认为该展览之所以能够激发观众的情感共鸣，一方面，由于该展览依托于《流浪地球》电影强大的热度和知名度，90%以上的观众在参观前看过《流浪地球》电影，对电影中的道具和电影展现的精神内涵已经具备相当程度的了解，因此，该展览作为对电影具体细节的展现和拓展，更易使观众产生共鸣。另一方面，也得益于该展览的展示内容和方式，真实的道具展示，和对电影拍摄背后故事的揭示，极大地冲击着观众的视觉，将幕后搬到了台前，满足观众探求的好奇心，使观众更加了解电影的制作过程，展览又进一步提升了该影片的热度。因此，对于科技馆来说，及时结合时事热点，开展短期展览，无疑是一种新颖而独特的展示方式，易于取得较好的教育效果。

虽然参观前后参与者在四个维度的平均分数均显著增加，但增加的幅度相差悬殊。参观后概念的数量和概念的范围这两个维度的平均值的变化幅度较大，分别增加了67%和35%，而概念的深度和概念的成熟度得分的变化幅度较小，分别增加了13%和19%，参观后概念深度仅表现为对核心词表现出有限程度的理解，参观后概念的成熟度也未达到知识较为渊博的水平，而且分析结果显示，概念深度的变化多源于观众情感、态度、价值观层面的提升，而在知识与技能、过程与方法等方面，提升幅度较小。这主要与展览的性质和定位有关，该展览并未对具体的科学问题和科学概念进行探究，基于此，选择“流浪地球”作为核心词，由于它并不是一个科学概念，较难激发观众对具体科学问题和科学概念的深入理解和表达。因此，笔者认为，若能在展览中增加互动的展项，并结合教育活动，引导观众对电影中涉及的具体科学问题进行实验和探究，会进一步加深观众对具体科学问题的理解。互动展项与实物展示相结合，可以进一步提升观众的学习效果。

参考文献

[1] 李坤玲，王铟. 个人意涵图在博物馆学习评价中的应用研究综述[J]. 开放学习研究，2018，23(06)：51-60.

[2] Brown P. Us and Them：who benefits from experimental exhibition making[J]. Museum Management and Curatorship，2011，26(2)：129-148.

[3] Falk J H，Adelman LM. Investigating the Impact of Prior Knowledge and Interest on Aquarium Visitor Learning[J]. Journal of Research in ence Teaching，2003，40(2)：163-176.

[4] Blythe M. Interaction Design and the Critics：What to Make of the"weegie"[C]//Nordic Conference on Human-computer Interaction. ACM，2008.

[5] M. ESSON，A. MOSS. The challenges of evaluating conservation education across cultures[J]. International Zoo. Yearbook，2016，50(1)：61-67.

[6] Bailey DL，Falk J H. Personal Meaning Mapping as a Tool to Uncover Learning from an Out-of-doors Free-choice Learning Garden[J]. Research in Outdoor Education，2016，14(1)：64-85.

[7] 郭希. 西方美术馆公共教育项目评估方法研究[D]. 北京：中央美术学院，2014.

[8] 蒋臻颖. 论个人意涵图在科学类博物馆评估中的运用[J]. 科普研究，2016，11(06)：27-32+100-101.

[9] 赵星宇，席丽，付红旭，等. 个人意义映射与跟踪观察法在博物馆学习研究中的应用[J]. 自然科学博物馆研究，2017，2(04)：64-72.

传播学视野下的科技馆教育活动类型探析
——以武汉科技馆 2019 科学探究夏令营为例

张娅菲[1]

摘　要：从传播学视野看，科技馆具有公益性、大众性、媒介特性，是科学教育传播的重要场所，基于科技馆展教资源开展的教育活动具有传播学的特点。本文以武汉科技馆 2019 科学探究夏令营为例，尝试从传播学视角分析科技馆开展教育活动的传播类型，思考在掌握活动传播类型的基础上，如何更好地整合展教资源，提升科技馆教育活动的传播效果。

分析发现，科技馆教育活动有人内传播、人际传播、群体传播和大众传播几种类型。但活动并非单一的某种传播类型，而是基于受众需求分析和展教资源充分利用的多类型整合传播，克服了单一类型局限性的同时，优化了展教资源的配置和利用。面对目前实践中的挑战和困境，笔者尝试提出对策，以期在新的实践中有所尝试并不断优化。

关键词：科技馆教育活动；展教资源；传播类型；夏令营

一、科技馆教育活动属于传播学范畴的活动

科技馆，是面向公众普及科学知识、传播科学思想和方法、倡导科学精神，提升公民科学素养、培养探索和创造能力的重要场所。科技馆教育活动，是基于场馆展教资源进行的形式多样的科学教育与传播活动，以常设展览、科学实验、科普讲座、探究活动等多种形式为主。

结合传播学的内涵，科技馆是面向大众的以展览为主要传播内容的专业化媒介组织，受众是社会公众，媒介是常设展览、科学实验、科普讲座、探究活动等多种形式，传播内容注重科学知识普及、科学思想传播等。在科技馆开展的教育活动具有以下三个传播属性：其一，根据《全民科学素质行动计划纲要（2006—2010—2020）》，科技馆属于“公益性科普设施”，科普教育活动具有公益性；其二，科技馆面向的受众群体是社会公众，科普教育活动具有大众性；其三，与学校科学教育不同，科技馆教育活动是以展品展项、科普讲座、科学实验等活动形式为介质，向观众传播科学知识和信息，具有一定的媒介特质。

由此，我们可以分析，科技馆教育活动属于传播学范畴的活动。

二、科技馆教育活动传播类型探析

（一）传播学理论中的传播类型

社会实践丰富多彩，传播类型多种多样。传播学理论中，主要以下几种传播类型：人内传

1　张娅菲，武汉科技馆科技辅导员，传播学硕士。通讯地址：武汉市江岸区沿江大道 91 号武汉科技馆新馆。E-mail：516604708@qq.com。

播、人际传播、群体传播和大众传播。

人内传播，也称为内向传播、内在传播或自我传播，指的是个人接受外部信息并在人体内部进行信息处理的活动。作为个体系统之活动的人内传播是一切社会传播活动的基础。[1]

人际传播是个人与个人之间的信息传播活动，也是由两个个体系统相互连接组成的新的信息传播系统。人际传播是一种最典型的社会传播活动，也是人与人社会关系的直接体现。[2]

群体传播就是将共同目标和协作意愿加以连接和实现的过程。[3]

大众传播，是专业化的媒介组织运用先进的传播技术和产业化手段，以社会上一般大众为对象而进行的大规模的信息生产和传播活动。[4]

（二）武汉科技馆2019科学探究夏令营的4种传播类型

1. 夏令营概况

2019年7—8月，武汉科技馆赛因斯科学探究中心“2019科学探究夏令营”开展了6期、12班次的主题公益夏令营活动。科学多米诺、机器人和创意航模三大主题班，吸引了218人参与。经过两个月的公益夏令营生活，许多小营员成为“赛因斯”的忠粉，家长对本次公益夏令营活动内容和生活安排也多次点赞。暑假期间，科技馆官方网站和微信公众号、长江日报网、武汉教育电视台等媒体、平台多次对夏令营活动进行了视频、文字、网络直播等多种形式、全方位的报道，累计关注量近万。

（1）科学多米诺主题班

科技老师带领营员们进行“变色的液体”“希望的火种”“隔空取电”“小灯发光与植物电池”探究实验。走进神奇科学世界，破解神秘科学原理。

（2）机器人主题班

科技老师简单介绍桌面机械臂的入门知识，营员们学习并操作桌面机械臂作画、搬运小球、图形化编程，并自己设计小作品，与机器人琴棋书画互动等探索机器人世界。

（3）创意航模主题班

制作飞机模型并进行户外试飞，考验大家动手制作能力以及耐心、细心。

三个主题班内嵌了“科学探究小制作”，如乐高积木、3D打印笔、棉花糖大战意面等；“展厅寻宝探秘”；“主题科普报告会”，如“机器人总动员”“走近小发明”等；“科学大电影”等板块。

2. 夏令营传播类型

从本次科技馆公益夏令营的实践活动中，主要体现了以下几种传播类型：

（1）夏令营中的人内传播：科技馆教育活动传播的基础

前面已经提到，人内传播是个体系统内的传播，是一切社会传播的基础。因此，人内传播是夏令营活动中最基本的组成要素。

人内传播虽然属于人体内部的传播，但它仍然能够通过人的活动表现出来。[5]夏令营的参与者主要包括科技老师和小营员，他们的语言表达、反应能力、游戏环节中的肢体动作、完成任务后开心的欢呼、对细节的观察与创作等等，都是人内传播的体现。

夏令营有一个“破冰游戏”环节，即在每班次开营前，进行热身小游戏，让不认识彼此的营员能快速消除陌生，熟络起来，融为一个团体。

我们先来看一个基础版的破冰游戏——自我介绍。

这个版本非常常见，科技老师让小营员依次上台，面对大家进行自我介绍，自报姓名、年龄、学校，还有兴趣爱好等等。从不同性格营员的自我介绍中，就能看出不同的人内传播特征。比如，A同学比较紧张害羞，他(她)在上台前，明显表现得有些扭捏，介绍时声音比较小，需要大声重复一遍，其他营员才能听清；B同学比较自信，不仅介绍流畅，还着重介绍了自己的业余爱好，希望能在夏令营遇到同样爱好的同学，对夏令营充满期待。虽然表现特征不同，但信息传播是完整的，因为人体本身就是一个完整的信息传播系统。

进阶版的破冰游戏——谁在我身边。

这个游戏是介绍身边的同学，比自我介绍要进一步。首先，小营员们需要了解身边的人的基本情况，将这些信息记在脑中，游戏时，根据节奏依次进行，中断或者想不起来就要重头来。游戏时的氛围较自我介绍更为轻松，小营员们将自己获得的信息准确表达出来，完成了一次外部环境→内部环境→外部环境的信息输入与输出。

高阶版的破冰游戏——动物园里有什么。

这个游戏我们可能在某些综艺节目里看到过，在夏令营成为活跃气氛、打破营员之间陌生的“神器”。在认识彼此之后，名字、年龄、学校和兴趣爱好这些信息成为一个符号，而夏令营真正需要的是团队协作。团队成员之间的默契程度决定了每个营员的学习成果和团队任务的完成程度。因此，高阶版的破冰游戏出现了——动物园里有什么？教室里有什么？……每个小组独立完成，相同节奏下发现越多且不出错不重复为胜。营员们不仅自己要思考答案，还要与组员配合，倾听并记忆组员说了什么，不能重复。这个游戏里的人内传播不仅仅是每个营员自身内部的信息传播，还有他们意识和思维活动的积极能动反映，与他们各自的学习、生活实践密切相关。

(2) 夏令营中的人际传播：科技馆教育活动传播的核心

人际传播是社会生活中最常见、最丰富的传播现象。人内传播是人际传播的基本前提。在夏令营活动中，团队小组成员之间、老师与营员之间，都是人际传播的体现。

上文举例——开营的破冰游戏，对于每个营员自身来说，无论哪个版本的游戏都是人内传播，而对于老师和其他营员们，他们之间的相互认识与自我评价、信息获取、协作关系建立，都属于人际传播范畴，也是人际传播的三个基本动机。

夏令营活动是科技馆教育活动中人际传播体现最为典型的活动之一，其中一些环节的设置、主题表达充分诠释人际传播的重要特点和功能。

以夏令营“展厅寻宝探秘”环节为例。

以组为单位，带上任务卡在宇宙、生命、交通和信息展厅进行寻“宝”任务，打卡展厅重要知识点、重要人物、重大事件等，最后形成学习报告并进行分享。

拍照：找到莱特兄弟、瓦特、达·芬奇照片完成合影

知识：十二个月的节气有哪些？

　　汽车尾气污染，会有哪些有毒物体？

游戏挑战：找出相应展品，完成桥梁拼装游戏

　　请在50秒内完成10个汉字任务，并达到100分

　　每人学习一句问好的手语，并正确展示

　　写出“赛因斯科学探究中心”摩尔斯密码，写出小组成员名字的摩尔斯密码

　　表演濒临灭绝的动物，并介绍自己

　　记录自己在月球和火星的重要

找到自己喜欢的昆虫，并画下来

……

其中，笔者对"表演濒临灭绝的动物，并介绍自己""1分钟内熟记食草恐龙的名称"这两个探究任务印象深刻。

"表演濒临灭绝的动物，并介绍自己"：充分自我表达，人际"多媒体"式传播。

A组成员在生命展厅找到"生物进化树"展项，在闪电造型的"物种灭绝与环境灾难"展品面前，营员们认识了已灭绝和濒临灭绝的物种，了解环境灾难对物种灭绝的影响。根据任务卡的要求，每名小营员模仿并表演一种濒临灭绝的动物，让其他组员猜，猜出后，表演的组员开始介绍"自己"。

在模仿表演中，小营员通过姿态、声音、表情、眼神等等方式进行充分"自我表达"，意图使自己的团队成员能够充分了解、理解和评价自己，并正确猜出所模仿的动物——比如憨态可掬的大熊猫、动静有常的雪豹等等。他(她)运用的各种表达方式都是游戏中人际传播的重要符号载体。这些灵活的方式能够提高人际传播的传播质量，让团队成员在短时间内领会意图，猜出答案。人际传播是真正意义上的多媒体传播。[6]

"自我"介绍部分，除了对记忆部分知识点的复述，还包含了这个展项对介绍者带来的震撼，他(她)表达了对濒临灭绝物种与环境灾难的看法。在这个人际传播过程，实现了探究式学习中，参与者不仅掌握了知识点内容，还对展项的深层次涵义产生了"共情"，对于保护生态环境、拯救濒临灭绝的物种有了使命感和责任感。

"1分钟内熟记食草恐龙的名称"：人际传播具有强大互动力。

B组成员在生命展厅找到"恐龙时代"展项，了解食草恐龙的种类和名称。老师并没有简单地让营员们背诵食草恐龙的名称，而是创意性地玩起了"萝卜蹲"游戏，让该组营员和其他未参与任务的营员在欢声笑语中轻松记住了食草恐龙的种类和名称。

梁龙蹲，梁龙蹲，梁龙蹲完禽龙蹲

禽龙蹲，禽龙蹲，禽龙蹲完腕龙蹲

腕龙蹲，腕龙蹲，腕龙蹲完橡树龙蹲

橡树龙蹲，橡树龙蹲，橡树龙蹲完棱齿龙蹲

棱齿龙蹲，棱齿龙蹲，棱齿龙蹲完弯龙蹲

……

不仅是营员，包括笔者在不熟悉食草龙种类和名称的情况下，也记住名称并产生了前去具体看看展项的浓厚兴趣。游戏化探究学习中的人际传播，具有不可小觑的影响力。

这个游戏化的探究式学习中，人际传播双向性强，反馈及时，互动频度高。双方的信息授受以一来一往的形式进行，传播者与受传者不断相互交换角色，每一方都可以随时根据对方的反应把握自己的传播效果，并相应地修改、补充传播内容或改变传播方法。[7]

(3) 夏令营中的群体传播：科技馆教育活动传播的有效激励机制

夏令营主要是人-组-班的构成形式，在整个营期期间开展的各项科学探究活动都是基于这个构成进行的。团队协作和竞争是科技馆教育活动运行机制，科技老师会据此设置各个环节，激活团队能量，促进每个营员、每个小组和整个班的有效的团队协作建立，以及有效的团队竞争氛围营造。

上文中例举的破冰游戏和展厅寻宝探秘环节，一个属于群体的形成：建立夏令营团队，搭建群体传播框架，另一个属于群体意识的形成：具有共同的目标和关心事项，即群体凝聚力的核心——完成探究任务，为团队小组获得积分；组员之间协作意愿强烈——很多环节需要大家协作才能完成；群体与组员，组员之间有一定的传播互动机制——任务分配，提高完成效率。经过不同环节的探究式学习，小组成员之间无论是目标、感情还是对团队产生的认同感和归属感，是科技馆教育活动基于现有展教资源进行知识信息单向传播之外，对参与者科学情感、态度、价值观最有裨益的贡献。

以科学多米诺"美丽的虹吸"环节为例。

老师：我们都知道"水往低处流"，但是你知道生活中哪些现象是"水往高处流"吗？

营员A：水蒸气蒸发到空中

营员B：给鱼缸换水

营员C：毛细现象有时也能让水往高处流

营员D：喝饮料时，用力吸，饮料就从吸管上来了

老师：大家思考得非常棒！下面我将给你们每组准备一些实验材料，请大家开动脑筋，将你们刚才的想法进行实验，创造出"水往高处流"。大家开动吧！

营员们3～4人为一组，运用透明塑料杯、吸管、水等，创作"水往高处流"。一部分营员通过叠放塑料杯，形成高低落差，这样高处塑料杯的水通过吸管流入低处的塑料杯内。完成了"水往低处流"的现象。另一部分营员，挑选了可折弯的吸管，在同样的塑料杯搭法下，高处塑料杯的水需要沿着吸管向上"爬"一段，才能流入低处。

营员们开动脑筋，分工协作，一部分组员负责搭建了3层杯塔，小心不让杯子滑落，保证杯塔的稳定性，一部分组员负责给杯子打洞，运用橡皮泥固定住吸管，一层连接一层，一个组员负责往最高处的杯子里缓缓倒水，这是验证实验是否成功的关键时刻。有的组实验失败了，组员之间会讨论失败原因，或者问老师，或者自己思考，或者直接重试。然后重新搭杯塔，调整杯上打洞的位置，调整注水的水位，直到成功为止。

老师：刚才经过大家的努力，水是否都往高处走？

营员：有的可以，有的不是。

老师：是的，"水往高处走"现象有个好听的名字，叫"虹吸现象"！刚才营员实验中搭建的其实就是一个简易的"鱼缸"。给鱼缸换水，是生活中常见的虹吸现象，还有利用水泵往高层楼抽水也是这个原理。请大家回家后寻找一下我们身边的虹吸现象。

在这个实验环节中，考验小组成员之间的默契。思考—讨论—不同意见—尝试—意见一致—再尝试，直至目的达成。在群体传播中，群体意识的形成并不是单向直线型的，而是双向、反复、波折型的。

首先小组内的讨论，每个组员发表自己的看法，无论是人内传播，还是人际传播的信息流量是非常大的，群体组员之间的互动和交流频度很高；其次，组内的群体传播具有较强的双向性，这就意味着组内讨论是比较民主的，每个组员都有机会表达，这样形成的群体感情和群体归属感意识更稳固，也更容易较快完成实验并成功；第三，在团队内，必定会存在不同意见，因此，基于"个体服从集体、少数服从多数"是群体活动的一个基本原则。[8]对于每个团队来说，这个群体传播的过程，都是团队建设中考验协作力和组长领导力的必经阶段。

(4) 夏令营中的大众传播：科技馆教育活动传播的助推器

在传播学理论中，传播者是专业化媒介组织，受众是一般大众，媒介是先进的传播技术和

产业化手段，传播内容是大规模的信息生产和传播活动。上文曾分析到，科技馆从传播学层面来说是一个传播媒介，科技馆教育活动属于传播学范畴的活动。

网络直播，科技馆教育活动传播的新尝试。

7月26日上午，科学探究夏令营在长江日报网进行了网络直播。在短短1小时里，网友们通过直播看到了武汉科技馆赛因斯科学探究中心举办的夏令营里那些神奇有趣的科学活动——会变色的液体，被静电遥控的易拉罐，创意航模的制作与欢乐的户外试飞……引发了网友的关注和点赞。

通过网络直播这一新媒体，展教资源空间从有限的科技馆场馆，扩展到了无限的网络虚拟世界中，带领网友参与到夏令营的各个环节中。作为专业化媒介组织的科技馆，其媒介功能进一步强化并升级，夏令营的活动也因网络直播，更加具有话题性，受众从营员扩展到每个客户端前看直播的网友，传播效果也从单一的营员和家长评价，扩展到网友评论和点赞。

因此，网络直播这一新媒体传播形式的介入，打破了固有的限制，构建了一个全新的信息传播环境，激活了展教资源的属性和功能，提升了科技馆教育活动的传播力度。

三、科技馆教育活动传播现状与思考

从上述分析，我们可以看出，科技馆教育活动是基于展教资源开展的，传播类型包括人内传播、人际传播、群体传播和大众传播4种形式。在科学探究夏令营活动实践中，这4种类型都不是单一呈现的，而是以“整合传播”，即4种类型传播融为一体的方式运行。整合运用有利于科技馆教育活动的传播效果优化，有利于展教资源的充分开发和利用。

1. 传播现状与困境

（1）科技馆教育活动传播类型单一

科技馆展教资源一直是教育活动开展的重要载体。在部分实践活动中，展教资源开发仅限于展品展项，作为“道具”式的展示或者介绍，受众“走马观花”式的研学。信息传播环境非常单一，传播类型也只限于人内传播和人际传播，传播效果并不理想。展教资源和受众的“黏度”比较差。

（2）科技馆教育活动传播缺乏深度

目前一些“科学探究”的科技馆教育活动，传播者前期未调研，并不清楚受众的需求，而是“我认为受众可能需要什么”，用教学、讲解、学习单等形式，生硬地将几种传播类型编制在一起，然后打包传递给受众，从而造成了重实践而轻探究，重教学而轻创造，重间接经验而轻直接经验的结果。活动呈现看上去很“热闹”，其实受众只是整个活动设计的一部分，弱化了其主体能动性和需求，活动传播浮于表面。

（3）科技馆教育活动传播视野局限

科技馆教育活动基于现有场馆的展品、展项和教育资源进行设计实施，包括夏令营在内的实践活动中，几种传播类型之间的整合并不够，受制于传播视野的局限性。围绕展品的探究内容一定是在展厅环境？围绕科学探究课程的一定是在教室？给营员们讲课一定是老师本人？科学小实验失败就代表自己思考得不对？答案只有一个？……传播视野局限于“刻板印象”和常规思维，没能跳出活动本身，忽略了科技馆教育的本质特点：能够通过模拟再现科技实践过程的展品，为观众提供从实践中体验、学习科学并进而获得直接经验的情境。[9]

2. 传播对策与思考

（1）丰富科技馆教育活动传播类型

简单说，就是将各种传播类型和形式，巧妙融入科技馆教育活动设计和实施中。展品不再是静止的图文或操作按钮，而是可以立体起来，与受众之间进行“对话”，展品、展区背后的故事，等待受众去发掘。受众不仅需要自己独立思考，还需要和同伴一起去探索，经历团队磨合的考验等等。丰富传播类型和形式，让各个传播要素之间产生“火花”，同时增加了展教资源和受众的“黏度”，信息传播更加充分，受众的获得感得到提升。

（2）发掘科技馆教育活动传播深度

想要知道受众需要什么，必须在当前信息传播环境的背景下去了解受众。由于科技的迅速发展，人们获取知识、信息等渠道越来越多，在一些教育活动中，学生已经会“抢答”了，有的甚至不屑于老师的传授或简单的实验。因此，受众需要纸质媒体、电子媒体、网络媒体等多种媒体综合的传播形式；需要有态度的传播信息，能建构他们已知的信息，而不是泛泛而谈；需要从传播中得到某种满足——知识获取、答疑解惑、眼界开阔、能力提升等等。明确受众的需求，以受众为主体进行活动设计与实施，并给受众能动性表达制造积极的传播环境。这样的活动自然“深”入人心，传播效果更加有效。

（3）打开科技馆教育活动传播视野

科技馆教育活动中的各种传播要素，包括展品、展项、空间、老师、营员、实验器材、奇思妙想等等，就像魔方上不同颜色的小颗粒，经过编排、组合、拼搭，最终形成独特的作品，可能是多面同色的魔方，也可能是五彩斑斓的魔方。

传播环境并不是闭合的，而是开放的；这不是一次课余时间的校外科技课，而是一个科技游戏，科技 party；探究活动不一定在展厅，或者教室，可以去户外，可以是学生所经历的任一场景；老师教、学生学，也可以学生教、老师和其他学生学；科学小实验失败，说明操作有误，也说明还有另外一种可能；科学很严谨，奇思妙想很魔幻……

根据上文提到的科技馆教育的本质特点，活动设计与实施中，应综合运用现有空间的要素，以大众传播媒介、网络媒介、VR、AR 等新媒体加持，助推传播者积极引导、鼓励学生通过自己亲身实践获取直接经验。

参考文献

[1] 郭庆光. 传播学教程[M]. 北京：中国人民大学出版社，1999.

[2] 龙金晶. 从“知识传播”到“探究学习”——科技馆教育活动的突破与思考[C]. 中国科普产品博览交易会科技馆馆长论坛论文集，2012：116.

[3] 杜莹. 现代博物馆展陈的传播学思考[J]. 中国博物馆，2006(4).

[4] 张瑶，樊庆. 三种探究形式的比较—美国探索馆探究式教育活动案例分析[J]. 科技通报，2015.

[5] 包李君. 依托展示资源的教育活动项目探索与实践——以上海科技馆“极地生存策略”教育活动为例[J]. 科学教育与博物馆，2015.

科普游戏为主线的游学活动设计
——以麋鹿苑“小水滴的旅程”游学活动为例

张　楠[1]

摘　要：在全国及全市教育大会精神的号召下，麋鹿苑多年来依托丰富的户外科普资源，形成了户外观测与室内活动相结合的游学特色。“小水滴”活动在继承传统特色的基础上，有机融入多个科普游戏，采用体验式、探究式的学习方法，增强了游学的互动性与趣味性，达到了认知、情感、动作技能领域的教育目标。其经验和教训值得参考。

关键词：科普游戏；游学活动；博物馆；水资源　；专题研学

近年来，随着教育供给侧结构性改革的深化，由科普场馆主办的科普游学活动百花齐放。游戏类科普课程（简称科普游戏）作为一种新颖的教学模式，其高度的互动性、娱乐性为博物馆游学注入了新的活力。

科普游戏已在国内的部分科普场馆得到应用。2010 年，廖红结合中国科技馆游戏类项目的探索经验，提出了使参与者在游戏中得到训练或教育的“严肃游戏”概念。2013 年，王雪莉借由苏州工业园翰林幼儿园案例，论述了游戏类科普课程对幼儿科学素养的提升作用。2016 年，张克忠将知识点与投篮球、撕名牌等游戏相融合，讨论了科普游戏在垃圾分类教育中的应用。2018 年，李玉明、廖祯妮等归纳岭南植物园亲子科普游戏策划实施经验，总结了“科学时尚大咖秀”“珍稀植物大搜索”等游戏的经验。

由现有研究成果可知，科普游戏的积极意义已得到普遍认可，但游学活动与科普游戏的结合程度还存在一些问题。例如，科普游戏和全天的游学主题脱节，游戏类型单一且数量少，知识植入生硬且不成系统等等。如何立足博物馆的特色资源，充分发挥科普游戏的优势，全面提升本馆的校外教育质量，这是各家科普场馆亟待研究的课题。

本文以北京南海子麋鹿苑博物馆（简称麋鹿苑）的游学活动“小水滴的旅程”为例，归纳总结了游学活动中科普游戏的策划与实施方案，旨在抛砖引玉，推动科普游戏在校外游学活动中的应用。

一、“小水滴的旅程”活动概述

“小水滴的旅程”（简称“小水滴”）是麋鹿苑 2019 年 5 月推出的自然科学类游学活动。该活动以水资源保护为主题，以 3 个科普游戏为主线，以户外湿地考察、动植物观测、小组研学、亲子互动为特色，总用时约 5 小时。活动流程如表 1 所列。

1　张楠（1989—），硕士，北京麋鹿生态实验中心助理研究员，主要从事自然科学类科普研究工作，E-mail：zn@milu-park.org.cn。

表1　“小水滴”活动概述

时间安排	活动类型	活动环节	内容简介
9:30	抵达麋鹿苑		发放小水滴身份卡
9:30—10:00	科普游戏1（户外）	地球水比例	全体参与。 传递气球地球仪，介绍自己的“自然名”，并记录陆地、水域的比例
10:00—10:30	科普游戏2（户外）	小水滴的旅程	全体参与。 扮演小水滴，体验水在自然界的冰川、海洋等状态之中的循环，抛掷骰子，完成小水滴的旅程单
10:30—11:30	专题研学（户外）	湿地生态观测	以小组为单位， 徒步考察湿地保护区外围，利用单筒望远镜和自然图鉴，观察记录湿地中的动植物，思考水资源与生物的关系
11:30—12:30	午餐及午休		
12:30—13:30	科普游戏3（室内）	绿色城市设计	以小组为单位， 在白纸上共同设计、绘画河流两岸的城市，评价各个小组的作品，讨论如何才能减少污染，保护水源，绿色生活
13:30—14:30	自然手工（室内）	湿地生态缸制作	以家庭为单位， 利用沙石、水草、田螺、鱼缸等材料，构建微型水族生态缸，了解水生动物、植物、微生物之间的依存关系，理解水资源的生态价值，制作精美纪念品
14:30	离苑		兑换水滴卫士勋章

二、“小水滴”活动的策划与实施

“小水滴”活动的策划主要分为前期调查、中期设计、后期实践3个阶段，如图1所示。博物馆的科普主题、科普特色和科普资源是游学活动的根基。科普受众是游学的服务对象。调查阶段，通过充分考察博物馆的科普资源和受众的基本情况，为活动设计提供素材和依据。设

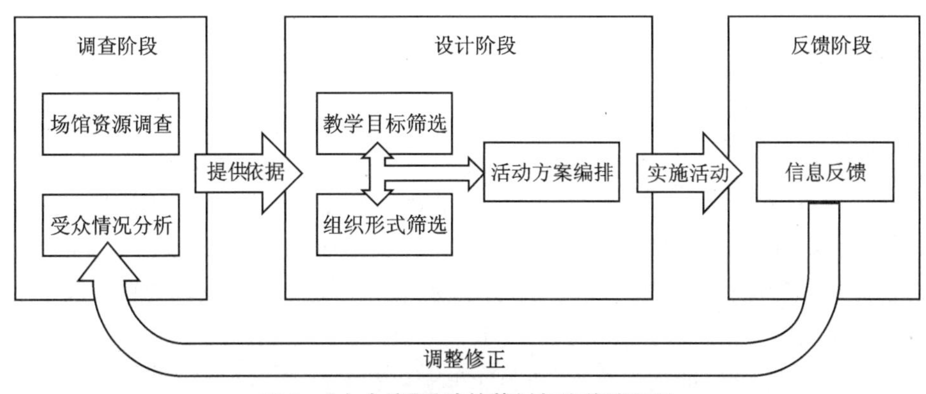

图1　“小水滴”活动的策划与实施流程图

计阶段，从博物馆庞杂的科普资源中，筛选适合受众认知水平的教学目标，从众多的活动组织形式中，筛选易于传播科普知识且受众喜闻乐见的形式，将内容与形式整合，形成初步的活动方案。实践阶段，开展游学活动并收集科普人员和受众的意见，调整活动方案。经过反复的实践、反馈和调整，活动方案逐渐完善。

（一）场馆资源调查

通过充分调查博物馆的活动场地、展品展项、科研成果、科普团队、品牌活动等情况，确定游学活动的主题、接待能力、主要环节和主要场地。收集科普知识素材，为活动设计阶段打下基础。

从场馆资源方面看，麋鹿苑是北京大兴一处占地面积约 55 万平方米的户外湿地保护区、生态教育博物馆，是北京市教委和大兴区教委选定的"学生社会大课堂活动"资源单位。苑区面积的近 40%是科普展示与活动区，60%为湿地自然保护区。保护区内河湖密布，水循环过程完整，水生动植物繁盛。苑内西侧建有湿地实验区，运用人工净水技术对"中水"进行过滤。科研实验室持续对地表水质进行监测，取得了一系列科研成果。科普团队中现有专职科普人员 10 人，兼职科普人员约 30 人，活动组织经验丰富。近年，湿地生态观测活动已成为麋鹿苑的游学品牌，包括湿地生态缸在内的 20 余种自然手工已开发完成。

括而言之，麋鹿苑的户外活动场地广阔，具备开展户外游学的硬件条件。在水循环、水资源保护、水质净化与监测等方面素材丰富，具备开展"水资源"主题活动的软件条件。科普人员较为充足，可管持单场次 100 人以下的游学团队。具备游学品牌活动，可与新的活动策划相互融合。

（二）受众情况分析

受众的年龄、认知水平、总人数等情况将直接影响游学方案的设计。

"小水滴"活动策划之初，将招募对象设定为以北京居民为主的亲子团体。孩子年龄限定在 6 岁与 18 岁之间，单个家庭孩子与家长的比例为 1∶1或 1∶2。单场活动招募的家庭总数不超过 15 个，游客总人数不超过 50 人，配套科普人员不少于 5 人。

青少年是"小水滴"活动的重要科普受众，活动方案的策划已将小学及初中学生的认知特点、在校课程内容等纳入参考。由于家长人数占到团队总人数的约 50%，活动也将兼顾 20 岁到 40 岁成年人的科普需求。

（三）教育目标筛选

作为非正规性的校外教育，博物馆游学活动秉持"寓教于乐"的教育理念，其核心教育目标是培养受众的兴趣和好奇心。依据布鲁姆"教育目标分类学"理论，教育目标可拆解为认知、情感、动作技能三个目标领域，三个领域从低到高、从简到繁又可分成多个层次。就"小水滴"活动而言，其认知领域的总目标是了解水循环的核心概念，理解水与地球生态系统的关系，情感领域的总目标是激发保护水资源、保护湿地动植物的热情，动作技能领域的总目标是掌握自然观察方法和科学实验方法。在活动的各个环节中，目标领域的偏重不同。

如表 2 所列，"小水滴"活动涉及水文学、环境学、湿地学、水资源学等学科，包含多个知识点。随活动环节推进，知识点环环相扣，教育目标由浅入深。科普游戏环节的教育目标应从属于整体规划，与其他环节之间相辅相成。

表2　“小水滴”活动的知识点和教育目标

活动环节	知识点	学科	教育目标		
			认知领域	情感领域	动作技能领域
地球水比例（游戏）	地球表面由水域和陆地两部分组成； 水域面积大于陆地2倍以上	水文学	知道地球上的水资源储量	接受水是地球上的重要组成部分	公开场合自我介绍
小水滴的旅程（游戏）	水有固、液、气三态； 地球上的水资源在不断循环； 冰川、地下水的循环速度慢，河湖水的循环速度快	水文学	知道水资源有哪些存在形式； 领会水循环的规模和速率； 分析水循环的主要途径	对水循环的过程产生兴趣； 自愿思考水循环速率不同的原因	对自身体验的归纳和转述
湿地生态观测	湿地是水圈、生物圈、大气圈、岩石圈的交汇地带； 生物的生存离不开水	湿地学	领会水与生态系统的关系	接受水与生物的紧密关系； 对水生动植物产生兴趣； 认为保护水源是有必要的	单筒望远镜的使用； 鸟兽图鉴的使用； 常见湿地动植物的识别
绿色城市设计（游戏）	城市建设要分区； 污水处理厂应建在河流下游； 航运、饮食、娱乐离不开水	水资源学	分析城市建设对水质的影响； 评价城市规划的环保程度	接受水与城市生活紧密相关； 对城市规划产生兴趣； 认为保护水源对自己是有价值的	简笔画的绘画； 公开场合发表意见
湿地生态缸制作	水生植物光合作用，提供氧气； 鱼类排出粪便，滋养植物； 硝化细菌分解水中的有害物质	生态学 动物学 植物学	知道水对于生物的意义； 领会湿地中的生态循环	对水生生态系统产生兴趣； 认为保护水源和水生生态与自己有关	水草的种植； 观赏鱼的基本饲养方法

（四）组织形式筛选

依据前期调查对博物馆资源和受众情况的摸底，“小水滴”活动的“基调”得以确定。依托麋鹿苑丰富的户外科普资源，户外教学是本活动的主要形式。为适应中小学生的认知特点，活动规则简单，用语通俗。道具可视化效果强，颜色饱满。单个环节时长不超过1小时。

活动环节的知识点和教育目标确定后，根据知识类型，相关展项，活动调度等因素选定组织形式。如表3所列，在有实物展项、知识类型具体、活动调度秩序性强的环节，例如湿地生态观测环节，采用专题研学形式。在不具有实物展项，知识类型抽象，活动调度活泼的环节，采用科普游戏形式。科普游戏突出的娱乐性、互动性、带入性可以加深受众对抽象知识的理解，引起情感共鸣。

表 3 活动环节的组织形式

环节名称	知识核心	知识类型	实物展项	活动调度	组织形式
地球水比例	地球水储量	抽象	无	热场、角色带入	科普游戏
小水滴的旅程	水循环	抽象	无	热身、引发好奇	科普游戏
湿地生态观测	湿地生物多样性	具体	有	有秩序地观察、记录	专题研学
绿色城市设计	城市水域规划	抽象	无	引发讨论和共鸣	科普游戏
湿地生态缸制作	水生生态系统	具体	有	引发兴趣和共情心理	自然手工

(五) 活动方案设计

组织形式选定后,将教育目标与形式进行整合,形成游学活动方案。

为在 5 小时内长期保持活动黏性,采用以下激励机制:活动伊始,向游客发放小水滴身份卡,每完成一个环节在身份卡上加盖印章,集齐印章可兑换水滴卫士勋章。

1. 活动方案的设计原则

“小水滴”活动的设计主要遵循以下四点原则:

(1) 充分结合场馆教育资源,体现科普主题和特色;

(2) 活动形式多样化,各环节内容相辅相成;

(3) 采用体验和探究式学习,规避传导式灌输;

(4) 科普游戏的教育性与娱乐性相统一。

2. 科普游戏的设计

“地球水比例”“小水滴的旅程”“绿色城市设计”3 项科普游戏是“小水滴”活动的亮点和主线。科普人员在充分考量前期调查结果的基础上,吸取国际科普游戏组织经验,归纳形成了表 4 所列的游戏方案。游戏的教学策略主要采用“团队合作—分组竞争”模式,鼓励家长积极参与。

表 4 科普游戏的实施方案

环节名称	活动场地	时 长	实施方案	所需道具
地球水比例	科普楼北侧广场(面积约 1 000 平方米)	0.5 小时	步骤:所有游客围成一个圆圈。请随机一名游客在圆圈中心自我介绍,随后将手中的气球地球仪抛掷给任意另一名游客,后者与前者交换位置,进行自我介绍。游戏持续进行,直到所有游客完成发言; 任务:介绍自己的“自然名”和命名理由。告知科普人员,接到气球的瞬间,右手拇指所按到的位置,是水域还是陆地。科普人员在白板上记录频次; 总结:对比水域和陆地被按到的次数,了解地球上的水陆比例及水资源的重要性	白板、白板笔、气球地球仪(直径 54 厘米)

续表 4

环节名称	活动场地	时　长	实施方案	所需道具
小水滴的旅程	科普楼北侧广场（面积约 1 000 平方米）	0.5 小时	步骤：每隔 2 米设置 1 处水循环“中转站”，布置该站专属的名牌、印章、骰子（部分道具如图 2 所示）。举例而言，冰川中转站需布置冰川名牌，“冰川”文字印章、冰川可循环方向的骰子。各个中转站骰子均有差异。所有游客领取旅程单，选择任意中转站出发。到达新站后，在旅程单上盖章，投掷骰子，并依据骰面移动到下一站，排队等待出发。游戏持续进行，直到一名游客率先完成旅程单上的全部 20 次旅行； 任务：扮演小水滴，尽量多地完成循环旅程。在行程单上总结并记录自己的旅程过程； 总结：分享自己的旅行奇遇，分析水资源循环的主要方式，讨论各中转站水循环的速率和特征	旅程单、中转站名牌、印章（直径 2 厘米）、骰子（六面）、中性笔、透明胶带
绿色城市设计	科普楼“四不像”教室（面积约 150 平方米）	1 小时	步骤：游客分为 3 个小组，以涂鸦绘画的形式，完成北京地区某河流两岸的城市规划。各小组派代表介绍规划方案，以及减少水污染的理念和措施； 任务：小组合作，讨论策略，绘制城市规划图，要求尽量减少水污染； 总结：科普人员对各组的绘画及介绍进行点评，发放象征污染指标的黑色弹珠。展开讨论，总结各小组的环保理念和措施，形成环保倡议书	全开白纸、24 色水彩笔、黑色弹珠

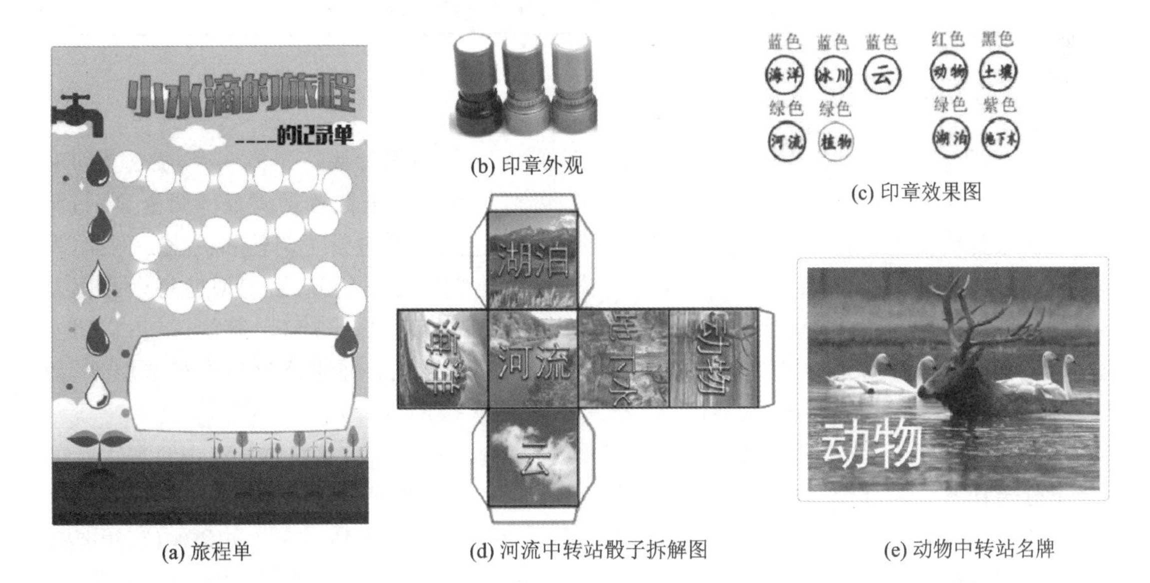

(a) 旅程单　(b) 印章外观　(c) 印章效果图　(d) 河流中转站骰子拆解图　(e) 动物中转站名牌

图 2　科普游戏“小水滴的旅程”部分道具

3. 专题研学的设计

“小水滴”活动包含 1 个研学环节，即湿地生态观测。该环节引用了麋鹿苑现有的品牌活动。专题研学通过探究式学习，引导受众主动发现问题、收集数据、讨论问题。其方案设计如

表 5 所列。

表 5　专题研学的实施方案

环节名称	活动场地	时　长	实施方案	所需道具
湿地生态观测	湿地保护区西侧栈道（全长约 700 米）	1 小时	步骤：游客分为 3 个小组，在科普人员的引导下，徒步西侧栈道，利用单筒望远镜观察湿地生态系统，使用自然图鉴辨识湿地动植物； 任务：在学习单上记录观察结果； 总结：汇总所有家庭的记录，叙述水在生态中的作用、水资源与湿地动植物的关系	自然图鉴、单筒望远镜、中性笔、学习单

4. 自然手工的设计

"小水滴"活动包含 1 个手工环节，即湿地生态缸制作。该环节引用了麋鹿苑现有的成熟手工活动。引导受众触摸泥沙、水草、石块、木根、田螺等自然物，使其对湿地生物链形成具象认识，对湿地产生共情心理。其方案设计如表 6 所列。

表 6　自然手工的实施方案

环节名称	活动场地	时　长	实施方案	所需道具
湿地生态缸制作	科普楼"四不像"教室（面积约 150 平方米）	1 小时	步骤：游客以家庭为单位，利用沙石、鱼缸、水草、田螺等材料，制作迷你水族生态缸； 任务：家庭成员合作，铺设细沙厚度适中，水草数量充足且种植稳定，符合小鱼的生存需求； 总结：请几个家庭介绍生态缸的设计理念，科普人员进行点评，讲解家庭饲养的注意事项	鱼缸、河沙、石块、水草、田螺、鱼抄

（六）活动的实施与反馈

2019 年 5 月，"小水滴"活动启动社会公开招募，至 9 月初累计接待团体 4 个，游客约 150 人。活动开办初期，科普人员以一对一访谈形式，对家长和儿童进行意见调查。调查显示，游客对该活动普遍给予了肯定评价。同时依据反馈信息，活动方案进行了调整和优化。例如，缩短部分科普游戏的时长，由 1 小时缩短至 0.5 小时；湿地生态观测环节，由初期向每个家庭发放 1 副 8 倍双筒望远镜，调整为由各组带队科普人员携带 1 架 20～60 倍单筒望远镜；科普游戏"小水滴的旅程"环节，水循环中转站的印章，由初期的直径 0.8 厘米修改为直径 2 厘米，骰子直径由 10 厘米改为 20 厘米，桌签由 A4 纸大小改为 A3 纸大小。

活动开办后期，采用纸质调查问卷的形式对受众体验进行调查，家长与儿童在科普人员的引导下分卷作答。问卷调查内容包括：①参加人的基本信息（性别、年龄、文化程度）；②参加人的科普体验（整体活动评分、核心知识点掌握情况、是否愿意再次参与）；③意见和建议（道具改进意见，活动改进意见）。2019 年 6 月至 9 月，累计发放问卷 110 张，回收有效问卷 110 张，有效率 100%。数据以 WPS 表格软件录入电脑，以 SPSS 21 软件进行数据分析。

由调查结果可知，活动参加者的基本情况如图 3～6 所示，其中性别比例较平均，年龄比例符合活动招募设想。参加者对整体活动的评分均值为 99 分，体现了较好的科普体验。核心知识点掌握情况如图 7 所示，各知识点的掌握百分比均大于 79%，水平较高。道具使用体验方面，86%的参加者认为道具及材料好用。活动黏性方面，100%的参加者愿意再次参加“小水滴”活动。活动意见与建议方面，收集到大量游客的致谢和感言，同时收到“盛夏希望多在室内活动”“希望开发更多活动主题”等改进意见。

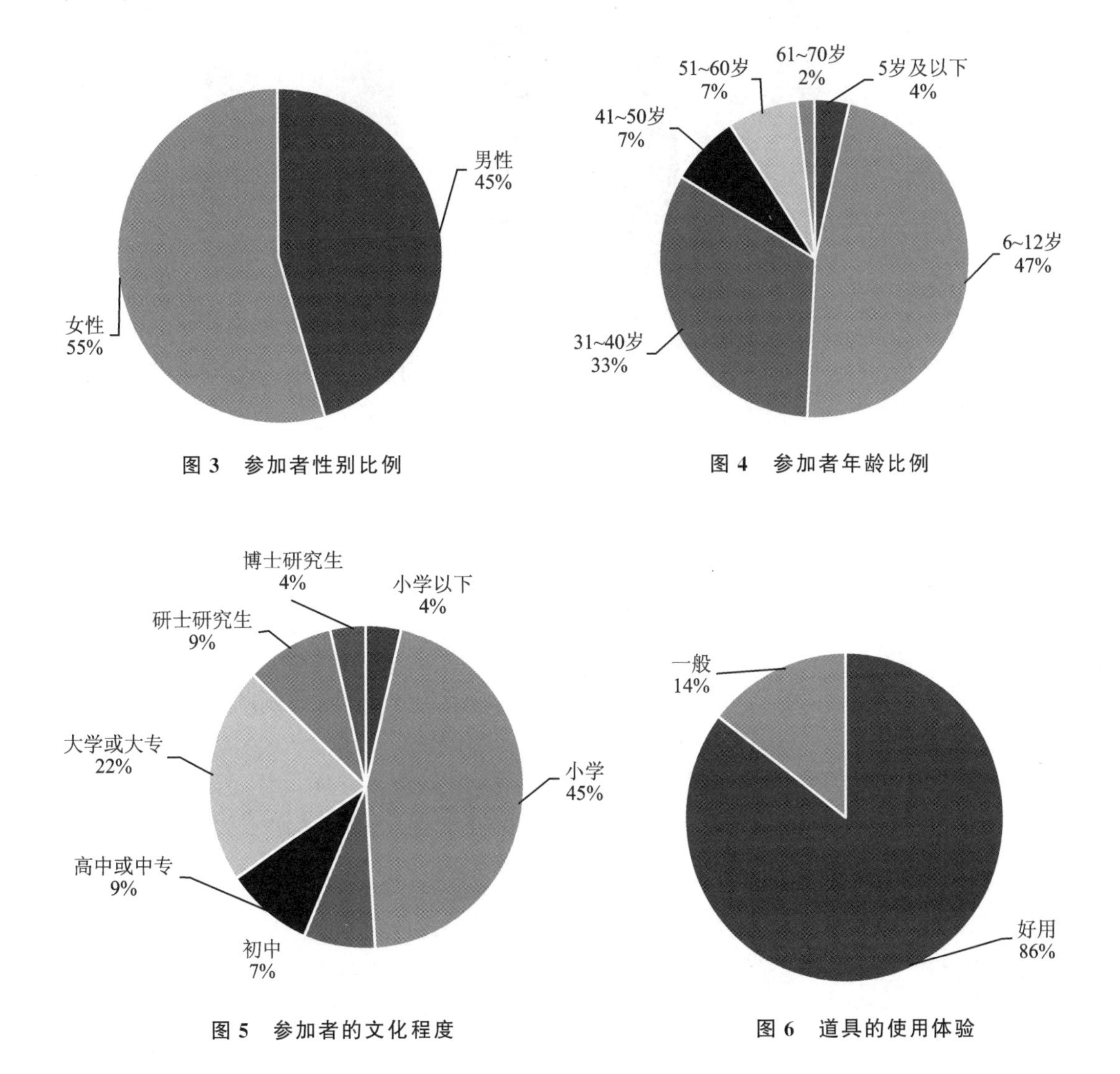

图3 参加者性别比例

图4 参加者年龄比例

图5 参加者的文化程度

图6 道具的使用体验

三、结　语

在全国及全市教育大会精神的号召下，麋鹿苑多年来依托丰富的户外科普资源，形成了户外观测与室内活动相结合的游学特色。“小水滴”活动在继承传统特色的基础上，有机融入多个科普游戏，采用体验式、探究式的学习方法，增强了游学的互动性与趣味性，达到了认知、情感、动作技能领域的教育目标。

博物馆作为公众课外、校外教育的重要阵地，努力探求新的科普形式，提升自身教育功能势在必行。“小水滴”活动是麋鹿苑对于以科普游戏为主线的游学活动的新探索，取得了良好的社会效益，其经验和教训值得参考。

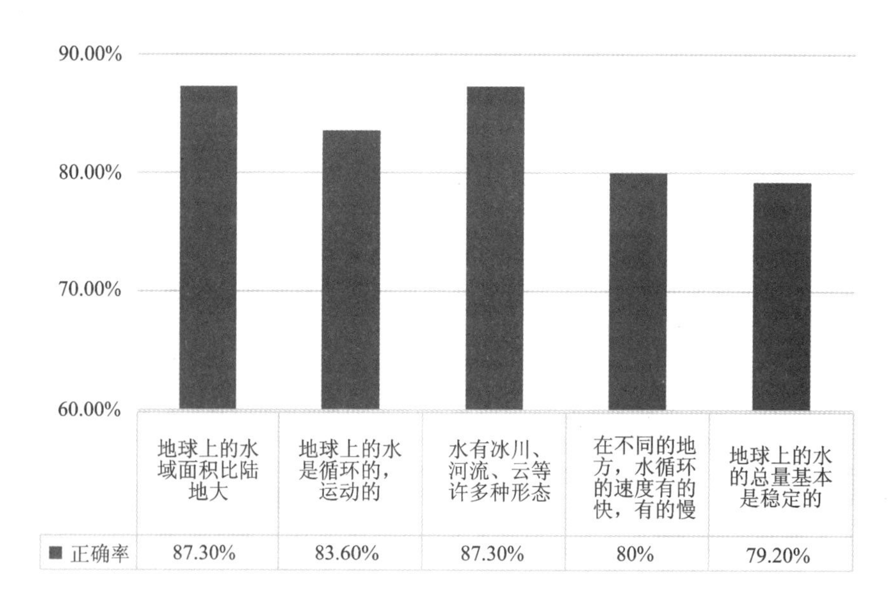

图7　核心知识点掌握情况

未来，科普游戏在游学活动中的应用有待进一步研究，谨望课外、校外教育同仁碰撞出更多优秀活动，为公众提供更加普惠的社会教育资源。

参考文献

[1] 朱莹. 博物馆在线教育游戏的开发与设计——以“自然探索在线”为例[J]. 科学教育与博物馆，2019，5(1)：48-52.

[2] 杨燕燕. 户外游戏活动对幼儿发展的重要性[N]. 科学导报：2019-5-17，(B02).

[3] 姜惠梅，孙友德. 博物馆里“研学”(游学)的那些事——山东博物馆青少年研学(游学)案例解析[N]. 中国文物报：2018-1-6，(007).

[4] 倪山川，吕凌峰. 科学实验游戏化研究及商业应用展望[J]. 科技创业月刊，2017(11)：39-42.

[5] 李玉明，廖祯妮，张海霞. 南岭植物园开展未成年人科普教育实践初报[J]. 绿色科技，2017(8)：315-316.

[6] 刘立云，李春燕，赵慧勤. 基于恐龙展馆的科普学习游戏设计研究——以大同市博物馆为例[J]. 中国教育信息化，2017(19)：25-28.

[7] 陈美晓. 馆校合作下科技馆教育活动案例设计研究[D]. 济南：山东师范大学，2017：30-40.

[8] 张衡，肖浩然，李娇，等. 基于增强现实技术的幼儿科普教育游戏开发[J]. 科技资讯，2016，14(11)：2.

[9] 廖红. 严肃游戏与科普教育结合的探索——开发“基于展项的网络教育平台”的心得[C]//科技馆研究文选，2016：562-566.

[10] 张克忠. 城市垃圾分类科普活动策划研究[D]. 武汉：华中科技大学，2015.

[11] 王雪莉. 幼儿园科学探究性游戏文化建设的实践研究——以苏州工业园区翰林幼儿园为例[D]. 苏州：苏州大学，2013.

[12] 舒梅芳. 以青少年为载体的航空科普实践活动模式[C]//第九届长三角科技论坛——航空航天科技创新与长三角经济转型发展分论坛论文集，2012：343-346.

新媒体传播方式与博物馆教育形式的转变

赵妍[1]　郑钰[2]

摘　要： 当前，国内外的众多博物馆都不同程度地利用新媒体形式进行展示教育，它能够使博物馆有限的教育资源最大化，打破原有的壁垒，突破空间的局限性和传播的单向性，满足受众多元化的传播需求。同时，博物馆也需要调整自身的教育形式：固有的传统形式教育活动与网络结合，争取广泛的线上受众，进而将潜在观众转化为实际观众；规划运营现下流行的微博、微信、短视频等新媒体平台，科学解读热点话题、开发游戏小程序、整合资源做慕课(MOOC)、制作科普短视频等，以创新形式传播教育内容；对可能成为未来主流传播媒体的新媒体发展有所思考和准备。由此让新媒体更好地应用于博物馆教育，争取更大的社会效益。

关键词： 新媒体；博物馆；教育形式；转变

绪　论

随着信息网络和科学技术的发展，人们逐渐走进了新媒体时代，科学传播的媒介也产生了变迁。新媒体是一个相对的概念，语言的创造、文字的出现、印刷术的发明、广播和电视的问世推动了一次又一次的传播革命，而正在兴盛的新媒体的发展也引发了第五次革新[1]。它消解了传统媒体间的边界，模糊了传播者与接受者的固有身份，以即时性、海量性、交互性等前所未有的优势走向了传播的前沿。

娱乐、教学、营销、社交，各大领域瞬间转入了新媒体空间，手机终端的普及，移动网络的覆盖，让人们时时处于信息的传播链条当中，同时，裂变化的传播方式让受众无限扩增，信息如层层网络覆盖人们的生活，而此种态势也是传播科学与文化的极佳时机。博物馆也走在了时代的前沿，利用新媒体进行展示和传播，实现教育服务功能，数字博物馆、官方 App、移动导览、微博、微信、短视频平台等进入了各家博物馆。新媒体下科学传播的规律、瓶颈，以及相应教育形式的规划和转变，也是当下博物馆亟待研究和进行的。

一、新媒体时代的博物馆

(一) 新媒体时代特征

随着移动互联网等信息技术手段的不断发展，人们获取资讯的途径由传统的纸质、电视媒

1　赵妍，北京林业大学自然保护区管理专业硕士，在北京自然博物馆从事科学传播与科普教育工作，309234497@qq.com。

2　郑钰，中国传媒大学新闻传播学院硕士，北京自然博物馆科普教育部研究馆员，主要从事科学传播及科普教育研究，zhengyu@bmnh.org.cn。

体转换为以互联网为载体的新媒体。所谓新媒体，是一个立足于时代的相对概念，在当下，新媒体是指建立在计算机信息处理技术和互联网基础之上，发挥传播功能的媒介总合[1]。它的出现使得信息量扩增，传播速度加快，公众信息传播与交流方式也更依赖于新媒体，随之带来的还有人们思维方式与生活习惯的改变。

在新媒体时代，相较于被动地接受内容，人们更趋向于通过主动搜索来获取信息。同时，移动网络的覆盖使人们能够利用零散时间汲取讯息，新闻浏览、社交娱乐仅通过手机终端就能够实现，与之相伴的，即微博、微信、短视频等平台上快餐式、碎片化信息的大量涌现。此外，新媒体平台的兴起让每个人都具有媒体功能，使裂变式的信息传播成为可能，而这个信息时刻保持流动的新媒体时代，也为社会的发展带来了机遇和挑战。

（二）博物馆宣传推广对新媒体的运用

广阔的社会、文化和政治视角迫使博物馆必须变得越来越以观众为中心[2]，与时俱进，以人为本，满足公众的需求。在新媒体无缝隙填充人们生活的现状下，博物馆也正在做出尝试和改变。如今，许多博物馆已经将微博、微信、移动导览、App、虚拟现实等新媒体传播方式应用到社会文化服务当中[3]，新颖的形式丰富了公众的参观体验，也吸引了公众的广泛关注。

本文对位于北京市内的一些大型博物馆的新媒体平台关注量进行调查，结果如表 1 所列。根据数据来看，博物馆微博的粉丝量高于微信，微信又高于抖音的现象普遍存在，这也是由三者时间轴上活跃的先后顺序而决定的。目前，新媒体传播也正值从图文形式向网络视频转换的过渡时期，抖音等短视频平台的运营打造也显示出博物馆在新传播平台的尝试，迎合公众的需求提供信息与服务。

表 1　博物馆新媒体平台关注量(截至 2019 年 6 月)

平台 / 博物馆	微博平台	微信公众平台		抖音短视频
	粉丝量	关注量	头条平均阅读量	粉丝
故宫博物院	668 万	1 847 768	10 万＋	16.5 万(文化创意馆)
国家博物馆	331 万	608 944	20 972	91.4 万
中国科学技术馆	805 万	57 585	3 513	39.2 万
首都博物馆	35 万	164 517	8 510	172
北京天文馆	70 万	20 654	1 224	未认证官方账号
北京自然博物馆	16 万	60 187	4 318	129

二、新媒体传播与博物馆教育的碰撞

（一）新媒体传播特点

新媒体的出现缩短了信息传播的速度，甚至能够实现信息的即时传播，同步第一时间、第一现场。与此同时，由于新媒体传播方式简捷有效，也成为了娱乐、营销、教学、社交的渠道，因此具有类别庞杂，信息海量化的特征。

新媒体传播面向大量的受众群体，同时信息接受者能够进行反馈和逆向交流[4]，打破了空间的局限性和传播的单向性。同时，每一个用户都可以进行再次传播，使浏览量呈指数型增长，实现了覆盖式的广泛传播。

新媒体给大众提供了一个完全没有时空障碍的信息模式，人们逐渐习惯于利用零散时间获取信息，使得信息传播碎片化。新媒体甚至能够通过现有技术对用户反馈进行分析计算，得出个人的喜好与需求，从而实现信息传播的个性化。

（二）博物馆教育的特征

博物馆教育就是以藏品为核心，以对藏品的研究为基础，有目的、有计划、有组织的，通过对公众身心施加影响的、促进公众获得发展的社会活动[5]。

博物馆教育具有直观性和延展性，博物馆的教育往往是以藏品或展览为依托，公众能够亲眼所见，随后愿闻其详，展品所涉及的知识内容往往涉及多个学科，不同领域，通过教育活动延伸展开。

博物馆教育具有自主性和开放性，美国心理学教授、博物馆学家史魁文曾经指出，对于年龄、背景、知识程度都有悬殊差异的社会大众而言，博物馆的学习环境具备正规制教育所没有的好处[6]。它是自愿发生的，没有规定的课程和顺序，而且只要踏进博物馆，教育就是无所不在的[7]。

博物馆教育具有层次性和多样性，针对不同年龄段、不同参观目的的公众，博物馆教育活动的难度、方向有所区分，且活动种类多样，讲解、讲座、动手等形式让观众可以根据各自喜好参与进来，融入博物馆。

博物馆教育具有社会性和公益性，它不仅提供知识，更教会人们科学方法，引发人们思考和改变，通过教育来提升公民的审美情趣和科学素养，为社会的进步和发展奠定良好的基础，蕴含着巨大的社会效益。

（三）利用新媒体传播方式开展博物馆教育的意义

传统意义上的博物馆教育主要是指在博物馆场馆实体所进行的教育活动，而互联网技术的应用催化了博物馆教育的发展，新媒体时代的博物馆教育不再受到时间、空间的限制，而是置于更广阔的背景下，即使对于没有踏入博物馆的公众，也可以随时随地与之分享教育资源[8]。博物馆巨大的藏品量，本身就是一笔可观的教育资源，藏品背后的时代历史、科学知识和文化故事都可以成为博物馆教育的内容，经过新媒体碎片化的传播恰恰可以填充人们的零散时间，这让博物馆教育走进了人们的生活，与此同时也会激发公众的观摩欲望，引导人们走进博物馆，加强教育效果。

同时，通过网络空间的储存，利用新媒体的博物馆教育不再只限于本地与单次，信息可以被储存并随时进行反复的学习与传播，这有利于博物馆实现教育资源的最大化。此外，利用新媒体传播进行的博物馆教育，模糊了传播者与受众之间的界限[9]，建立起公众与博物馆交流的桥梁，公众能够直接对信息及体验进行回应与评价，博物馆通过对公众的反馈进行整理分析，优化教育职能，有针对性地提供个性化的传播服务，指导后续传播行为[10]。

可见，新媒体传播打破了原有博物馆教育的壁垒，具有简便快捷、融入生活、可以反复进行、便于交流反馈等优势，为新时期的博物馆提供了无限可能。

三、新媒体时代博物馆教育形式转变及分析

(一) 传统教育活动形式的网络化

博物馆发挥教育职能最直接、最关键的途径就是陈列展览[11],展览的主线及展示的内容就是博物馆希望对观众进行教育的主要内容。博物馆的展览内容通过精心策划,选择展品,复原场景,抓住观众的视觉、听觉感官,引起观众的共鸣,达到更好的展示教育效果[12]。科学技术的迅速发展,使观众在博物馆参观时更容易主动参与进来,进行互动[13]。其中最普遍的教育与互动形式就是多媒体触摸屏,它往往寓教于乐,互动性强,受到广泛观众的欢迎。然而目前博物馆观众量极为可观,许多博物馆在假日期间常处于饱和状态,展厅内的互动设施往往供不应求,有观众表示没能操作任何一项触屏设施,且设施损耗较快。要想获得满意的互动效果,应该在了解观众心理需求的基础上,选择有效的传播手段和方式[14],而在新媒体时代,几乎每位观众的手中都有一部手机终端,这是可以充分利用的互动教育窗口,通过手机的拍摄、扫描后,展品介绍、增强现实、游戏、答题等等都能够一一浮现,而这其中若能充分融合知识性与娱乐性,将成为一个精、巧且传播率高的教育手段,高速高质量的实现展览的教育职能。新媒体时代,博物馆的展览展示,导览讲解等多项业务手段均借网络数字信息技术得以革新,知识传播体现出更形象、更艺术、更人性化的局面[10]。移动导览、手机 App、二维码扫描提供了公众自主探知展品信息的方式,满足了观众多元化的需求,博物馆可以在当中设计更多的观察、互动、游戏环节,更好地烘托展品,同时增强观众的参与感。

在博物馆的教育活动中,讲解、讲座等占据着相当的比例,也担当着重要的角色。讲解是展品与博物馆观众之间的桥梁,在信息的传播上和情感的交流上都发挥了至关重要的作用[15]。讲解的教育形式不仅增进了观众对展品的理解,还加强了博物馆与观众的沟通,加强了博物馆与社会的联系,从这个方面来讲,讲解在博物馆教育中具有永恒的生命力[16]。在新形势下,博物馆教育服务的形式应当由以前的传统型向现代型转变,以便适应大众精神生活的需要[17]。新媒体时代博物馆受众外延发生了前所未有的改变,突破了传统意义的观众[18],那么讲解所面向的也可以是更广泛、甚至是千里之外的受众,即通过网络直播让更多的目光聚焦到博物馆的馆藏展品和它背后的故事,同时直播也支持留言互动,增进博物馆与公众之间的亲密感,提升博物馆的社会影响力。不只是讲解,网络直播还可以让讲座、教学活动有更为广泛的传播面积,博物馆也应把握机会,将自己的科普、科研团队打造成网红讲解员或是网红科学家,其作为博物馆教育的代言人,让知识的传播具备情感和温度,引发共鸣,从而引导公众追逐科学正能量。

(二) 教育形式的创新与开发

教育是通过传播来实现其功能的,除了对传统教育形式进行改变以外,博物馆也要与时俱进,使用最广泛、快捷、有效的传播方式,走进最前沿、最潮流的人员活动密集区,在网络平台中探索新的教育可能。新媒体时代下,博物馆的受众不仅仅是在博物馆进行参观的公众,还包括了使用网站、微博、微信平台的受众以及潜在受众,博物馆也应该充分利用新媒体平台,整合自身教育资源,使此类受众同样受益[18]。

1. 科学解读热点话题

微博平台兴趣人群覆盖广泛，教育作为月阅读量过百亿的垂直兴趣领域之一，兴趣用户达到1.48亿[19]，对于博物馆，微博也能够成为开展教育的重要平台，它具有兴趣聚类和热点聚合的特征，博物馆的关注者通常对其展示研究领域感兴趣，这使传播更容易实现。对于微博发酵的热点话题，博物馆可以拿出科学、专业的态度与视角评议，结合相关藏品的展示与说明，进行社会教育；或者制造话题，在其中融入教育内容，实现信息的大量传播。例如2016年"一群上年纪的博物馆打起来了"成为微博的热门事件，各馆藏品的历史年代知识也蕴含其中，成为博物馆际在微博平台制造话题的经典案例。

2. 开发游戏小程序

目前，很多博物馆的实时动态、展览资讯、活动信息都通过微信平台进行传播，每日积累的参观人群也使得微信公众平台的关注量持续提升，同时微信也是人们日常沟通、获取信息的工具，因此，这里也将是博物馆进行教育的理想土壤。微信公众平台主要以图文信息群发推送进行信息传播，博物馆通常会将一些科研成果和藏品背后的故事转化成推文，进行知识的普及和教育。而微信所搭载的小程序能够提供更多的可能，例如微故宫的小程序中有"收集祥瑞"活动，通过在指定地点打卡可获得卡片，集齐后可点亮祥瑞全家福，以任务模式进行互动导览。博物馆还可以根据馆藏展品和展览知识内容设计游戏，让公众通过小程序去探索其中的知识，进行更新颖、活跃、有效的互动学习，寓教于乐，达到更好的教育效果。

3. 整合资源做慕课

慕课即大规模开放的在线课程，为"互联网＋教育"的产物，是将课堂与互联网结合开发出的新的教育传播模式[20]。目前一些教育机构顺应市场发展，推出了各类网络课程，公众可以在手机、电视端进行购买学习，例如学而思网校推出课程《跟着博物学家去肯尼亚》，课程根据内容分十二讲，采取录播形式，受到公众的欢迎。作为博物馆，也可以在慕课领域进行尝试，首先博物馆具有多学科领域的专家资源，研究涉猎广泛，可以从中提炼课程；此外课程可以以展览为依托，例如自然科学博物馆可以设计生命起源与演化、昆虫、鸟类等多系列课程，打造博物馆品牌的网络公开课，其本身所具有的专业性也会让课程本身受到公众的信赖。

4. 制作科普短视频

随着传播科技的发展，网络新媒体阵地正逐渐向短视频领域转移[21]，截至2019年1月，抖音短视频日活用户突破2.5亿，而科普教育也正需要深入到人们的密集区中去，博物馆可以拍摄文物展品的视频、鉴别鉴赏方法，或是野外采集、文物修复、标本制作等观众接触不到但感兴趣的内容，充分利用博物馆的资源优势进行社会教育。2018年国际博物馆日，七大博物馆联合抖音短视频发起的"第一届文物戏精大会"让文物活了起来，收获了651万点赞量。在短视频的内容和选材上，博物馆可以结合自身专业特征，从人们生活中出发，例如"地铁为何不能站在黄线以内"，科技馆可以利用展览说明介绍伯努利定律；例如"为什么蚊子叮咬时没感觉"，自然科学类场馆可以利用展览或模型介绍昆虫口器及相关知识，围绕人们的衣食住行，才能让博物馆真正走进人们的身边。

新媒体的出现再次扮靓了博物馆，它让博物馆更加时尚且平易近人，成为可以交流的朋友，可以请教的老师，通过塑造，它甚至可以有性格、有情感，走进人们的生活中，进行潜移默化的教育，这也是新媒体带来的不可思议的影响。

(三) 网络虚拟技术的前瞻性运用

目前二维平面的内容已经可以变得立体、可视化,甚至模拟真实世界中的视觉、听觉、嗅觉、触觉体验,这就是虚拟现实的出现,科学技术正以难以想象的速度发展,或许未来人们的教学与社交活动会通过虚拟现实来完成。

每个时代之中,传播手段更先进、传播方式更新颖、传播时间更迅捷,就是那个时代的新媒体[18]。在与时俱进利用现阶段新媒体传播的同时,博物馆也应该着眼未来,有所思考和准备。国内许多大型博物馆增加了VR体验项目,国外一些规模较大的博物馆开放了VR展区,荷兰的克莱默博物馆甚至完全处于VR之中,人们通过戴上头盔来参观。

或许在未来的博物馆教育,只需要戴上高新技术设备,就可以获得自然、历史场景等跨越时空的体验,以及考古挖掘、文物修复、标本制作的工艺体验,亲身感受与体验的教学效果将不言而喻,博物馆也应根据自身特征提前储备相关资源,拓展新理念、新技术,展望一个全新的未来。

结　论

新媒体传播之于博物馆是新鲜血液,它的出现让博物馆更年轻、更潮流、更有活力。当下,国内的众多博物馆都不同程度地利用新媒体技术进行展示教育,也拥有官方认证的新媒体平台用以与公众传播互动,但总体而言,目前的应用尚处于起步阶段[3],在新媒体时代,博物馆应具有更多可能,让文物活起来,让学习娱乐化,让知识成为时尚,这些都是需要不断地摸索、探寻的。

作为博物馆从业者,应当分析把握新媒体时代特征,换位理解公众需求,充分利用新媒体的优势,对博物馆的教育方式进行改变和创新。对于过去固有的传统教育方式,使其与网络链接;对于现下时兴的新媒体平台,进行统筹规划与推广;对于未来可能出现的新的传播方式,也要思虑在先。在利用多元化手段的传播中,也要注意从目的性出发,以博物馆的"物"为核心,面向公众、贴近生活、交流互动、产生共鸣,进行有效的传播教育。这也是博物馆带给新媒体时代的正能量,将令博物馆在时间和空间维度产生更深远的社会影响。

参考文献

[1] 陈鹏.科学传播研究[M].北京:科学出版社,2015.
[2] 宋娴.新媒体环境中的博物馆[M].上海:上海科技教育出版社,2017.
[3] 王玉娟.新媒体应用与博物馆发展探析[J].人文天下,2017(23):68-71.
[4] 纪烨.探讨新媒体在博物馆工作中的运用[J].传播力研究,2018(8):82.
[5] 沈露琳.博物馆教育中新媒体技术的应用研究[D].上海:上海师范大学,2018.
[6] 续颜.自然博物馆目标观众研究[J].中国博物馆,2007,(1):72-77.
[7] 倪杰.博物馆教育再探——从中西方教育理念的差异谈起[J].中国博物馆,2006,(1):26-31.
[8] 杨丹丹."互联网+博物馆教育"的新思考[J].博物馆新论,2017(5):118-122.
[9] 杜臻.新媒体技术在博物馆宣传教育中的应用——基于《"互联网+中华文明"三年行动计划》的思考[J].湖南大众传媒职业技术学院学报,2017(6):17-20.
[10] 魏峰,郑钰.在科学与媒体的接壤中开展的传播研究——浅谈新媒体时代的科学传播[C]//科学与艺术·

数字时代的科学与文化传播——2012科学与艺术研讨会论文集.北京:北京艺术与科学电子出版社,2012:121-125.

[11] 沈佳萍.优化博物馆教育职能分析[J].中国博物馆,2008,(1):88-91.

[12] 林冠男.研究观众·吸引观众·接纳观众——有感于港澳博物馆[J].中国博物馆,2007,(1):66-71.

[13] 北京博物馆学会.博物馆社会教育[M].北京:北京燕山出版社,2006.

[14] 黄晓宏.博物馆观众心理学浅析[J].中国博物馆,2003,(4):50-52.

[15] 张希玲.博物馆讲解:一个独特的专业教育领域[J].中国博物馆,2006,(1):18-25.

[16] 唐友波,郭青生.上海博物馆的社会教育:理念与实践[J].中国博物馆,2001,(2):66-72.

[17] 郭文乾.新形势下如何发挥博物馆的教育服务功能[J].科技风,2015(1):159.

[18] 徐昳昀.新媒体时代博物馆传播的多元化需求与对策[J].自然科学博物馆研究,2019(1):35-42.

[19] 微博数据中心.2018微博教育行业报告[EB/OL].(2018-07-27).https://www.sohu.com/a/245551954_483389.

[20] 胡雅倩.新媒体对教育传播模式的影响分析——以慕课为例[J].传播力研究,2019(5):163-164.

[21] 孙秋霞.超级链接的博物馆——博物馆服务观众新方法的探讨[C]//科学与艺术·新时代的融合发展与文化传承——2018科学与艺术研讨会论文集.北京:北京出版社,2018:166-173.

课堂延伸:“学生策展人”走进大学博物馆

郝聪婷[1]　赵轲　余爽　任权东

摘　要:大学博物馆作为博物馆的先锋,同样承担博物馆的各项功能,即:教育、收藏、研究与传播。随着博物馆教育功能越来越受重视,大学博物馆植根于大学,具备厚实的学科背景,扎实的理论研究基础,还具有学生团队等“先天条件”,使得大学博物馆能够借助这些“先天条件”实现教育使命。除了以参观学习作为第一课堂的阵地,大学博物馆还可以学生参与策展的方式,将大学博物馆课堂进行延伸,本文旨在探索参观学习课堂之外的策展课堂,尝试以“学生策展人”系列举措及其衍生效应实现教育使命,同时反哺大学博物馆的发展,从而使得大学博物馆与它的受众建立对话关系,实现双方的共同成长、共同发展。

关键词:课堂延伸;大学博物馆;学生策展人

一、引　言

自博物馆开创以来,大学博物馆历来都是先锋队伍。如今,教育已成为博物馆的核心与灵魂,而大学博物馆拥有学校与师生的资源优势,探索如何实现大学博物馆的教育功能应走在前列。纵观各大学博物馆,教育功能主要通过课堂教学与实地教学相结合的方式来实现,但是学生参与度不够。本文旨在通过电子科技博物馆暑期课堂实践,探索出不同于普通课堂的教育模式,学生通过暑期课堂不仅能够学习理论知识,而且能发挥主动能动性,真正做出策划,成为“学生策展人”,同时闭环反哺大学博物馆。

二、大学博物馆的发展背景与教育功能

(一)大学博物馆是博物馆先驱

公元前290年左右,托勒密·索托在埃及亚历山大里亚城创建了当时最大的学术和艺术中心——亚历山大博学园,其中有图书馆、动植物园、研究所,还有专门收藏文化真品的缪斯神庙。这座“缪斯神庙”,被认为是人类历史上最早的“博物馆”,而它又被许多学者称作亚历山大大学,所以它也是一座大学博物馆,而又天然承担教育功能。现代意义的博物馆是1683年牛津大学阿什莫林艺术与考古博物馆,它是英国第一个公共博物馆,也是世界上最早的公共博物馆之一。

1905年,晚清状元、著名实业家张謇“设为庠序学校以教,多识鸟兽草木之名”,创办南通

1　郝聪婷,电子科技大学电子科技博物馆办公室工作人员。通信地址:四川省成都市友新区(西区)西源大道2006号。邮编:611731。Email:bwg@uestc.edu.cn。

博物苑，是中国最早的公共博物馆。事实上创建南通博物苑是为了满足他所创办的私立通州师范学校的教学需要。宋伯胤先生说："张謇所创办的我国第一所博物馆，确切地说，应是一种附设在学校里的博物馆，校馆是合一的[1]。"同时陈德富指出："在清代末年，科举刚废，近代学校初兴，张謇的民立通州师范学校无疑是一种私立高等学校。因此更确切地说，我国人自己创办的第一所博物馆是一种馆校合一的高校博物馆[2]。"

对比中外博物馆发展历程，博物馆最早是在大学出现，大学博物馆一直是博物馆发展的先驱，而创立大学博物馆，不仅仅在于收藏、研究，更多是为了发挥博物馆教育功能。

(二) 大学博物馆突出教育功能

1974 年 6 月国际博物馆协会于哥本哈根召开第 11 届会议，将博物馆定义为一个不追求营利，为社会和社会发展服务的公开的永久机构。它把收集、保存、研究有关人类及其环境见证物当作自己的基本职责，以便展出，公之于众，提供学习、教育、欣赏机会。2007 年 8 月 24 日，国际博物馆协会在维也纳召开的全体大会通过了经修改的《国际博物馆协会章程》，章程对博物馆定义进行修订。修订后的定义是：博物馆是一个为社会及其发展服务的、向公众开放的非营利性常设机构，为教育、研究、欣赏的目的征集、保护、研究、传播并展出人类及人类环境的物质及非物质遗产[3]。通过两次定义对比，修订后的博物馆定义将教育放在第一位，可见博物馆的教育功能受到了国际博物馆全体同仁的共同重视，将之纳入定义内容为所有博物馆的未来发展指明方向。

2011 年，国家文物局、教育部印发《关于加强高校博物馆建设与发展的通知》。《通知》指出，大学博物馆是"现代教育体系和博物馆事业的重要组成部分，是探索和实践新型人才培养模式、实现高等教育现代化的重要机构，是开展探究式学习、参与式教学、实践教学的适宜场所"，并明确"高校博物馆在现代高等教育体系中的基础性地位"[4]。

三、"学生策展人"教育模式探索—以电子科技博物馆暑期国际学堂为例

大学博物馆教育功能通过多渠道、多层次、多方面实现，各大学博物馆已经进行了深入探索，既包括针对不同人群的课堂教育，也包括走进博物馆实地考察；既包括线下的教育活动，也包括线上的慕课活动；既包括针对大学生的通识教学，也包括针对小学生的科普活动；既包括对不同年龄层志愿者的实操性的讲解培训，也包括理论的讲座与研讨等等。

以笔者所在的电子科技博物馆为例，作为大学博物馆，电子科技博物馆是学校深厚学术与文化积淀的重要标志，同时也是专业学科实践的重要阵地，电子科技博物馆课堂实行"引进来，走出去"的路径，包括相关专业课老师带领学生到博物馆对藏品进行深度解读，老教授口述历史，把自己研究或捐赠的藏品在馆内对青少年及大学生进行科普，同时博物馆工作者将电子科技史列入学校选修课，还将藏品与课程带到中小学校园，扩大了受众范围。

由上我们不难看出，大学博物馆教育功能的实现主要是借助博物馆提供的藏品和课程资源，但大学博物馆教育功能的实现并非仅限于此，与博物馆本身契合程度最高的教育方式是让学生以博物馆人的身份参与博物馆的工作，大学博物馆可以依托资源优势开设面向学生的策展课堂，提升他们的参与度，通过理论与实践结合的课堂延伸，让学生成为真正的博物馆的主人，即"学生策展人"。当代大学生极富想象力和创造力，鼓励他们参与策展有利于保持博物馆

的活力，增强参观者的获得感，同时有利于缓解大学博物馆的人员不足局面，因此打造"学生策展人"应当是大学博物馆教育活动中中不可或缺的一环。

事实上，一部分社会博物馆已率先推出了"学生策展人"活动，并取得成功，例如2018年上海科技馆和上海市教委联合举办"海洋传奇——今天我是策展人"科普微展览，展览以海洋科学为背景，邀请学生从自己的视角出发设计深海主题的展厅和展品，展览共吸引上海13所学校、74名学生、17名指导老师的加入[5]。可见社会博物馆对"学生策展人"所带来的参与互动给予了充分肯定。

然而"学生策展人"项目在大学博物馆没有开展起来，究其原因，一是因为缺乏策展理论课堂，策展是一门专业学科，学生需具备一定的理论知识，才能把握藏品的研究方法，否则会事倍功半，误入歧途。如果反复几次，学生容易产生挫败感，信心不足，缺乏参与感，对策展活动产生抵触情绪。二是大学生课业繁重，学习仍是第一要务，而策展是系统工作，需要时间和精力不断打磨，学生往往需要权衡学习和第二课堂的利弊关系。以电子科技博物馆为例，馆内学生助理几乎全部为大一或大二学生，其他年级学生则已经在为准备继续深造或就业努力。然而策划一个展览所需周期长，在选题、藏品选定、资料搜集、大纲撰写、陈展设计等方面都需要大量的时间和精力的投入。学生时间方面无法保证，最终实践展览呈现难度大。三是大学博物馆的场地空间面积有限，没有专门区域呈现学生策展成果，如果学生策展方案成为纸上谈兵，学生无法体会成就感，长此以往无法调动学生积极性。

综合以上三大因素，电子科技博物馆考虑自身实际情况，提前做好规划，详加考虑论证后做出以下探索：

（1）开设暑期国际策展课堂

电子科技博物馆在2019年度暑期邀请国际博协大学博物馆与藏品委员会主席、里斯本大学国立自然历史与科学博物馆馆长 Marta C. Lourenco 教授为学生讲授长达一的博物馆与策展理论方法，学生在课堂上接受了专家系统的理论培训，深刻把握藏品研究方法。同时专家带领学生在最后两节课走进博物馆，将学生分为5个小组，每个小组真听真看真触摸真研究1个代表藏品，并通过所掌握的方法论进行讨论策展最后在课堂上汇报呈现。

暑期学堂理论课程结束后，电子科技博物馆工作人员邀请受教学生正式加入博物馆，这部分学生们通过课程已经培养对博物馆的浓厚兴趣，具备了一定的策展理论知识。事实上每组中至少有一位学生正式加入了博物馆，把所在小组的策划真正实现，成为一名"学生策展人"。

（2）一件藏品，就是一场展览

鉴于"学生策展人"投入展览的时间精力有限，笔者所在电子科技博物馆提出"一件藏品，就是一场展览"的策展理念，在有限的时间和精力中，学生不仅可以深入挖掘藏品的学术价值与内涵，厘清发展脉络，而且使学生游刃有余，处理好与学习的关系，坚定不移，始终保持兴趣并专注于策划展览，最终实现展览上墙。

（3）开辟"学生策展人"专门展览区域

为保证策展实现，电子科技博物馆为"学生策展人" 在"未来展厅"设置专门的展览区域，寓意新生代的学生是博物馆的未来，电子科技的未来。沉浸式的策展体验给学生充分的展示空间，提升"学生策展人"的成就感与积极性。当这些藏品在"未来展厅"的展览结束以后，部分代表藏品将纳入基本陈列，但是学生策划的展览形式不会发生改变。

"学生策展人"活动的成功实施，不仅仅是一次展览的呈现，同时也将带来更大的衍生效应：

① 将“学生策展人”的策展纳入常规博物馆工作，发挥以点带面的辐射效应，暑期学堂的5组藏品的展览呈现只是开始，后期将在此基础上推出一系列的藏品研究展览，同时参加暑期学堂的学生作为“学生策展带头人”将带领所有博物馆的学生助理去掌握方法，解读藏品，策划展览，最后实现博物馆所有学生助理都成为“学生策展人”。

② 大学博物馆乃至社会博物馆的策展价值导向将突出公众参与性，电子科技博物馆计划通过线上渠道邀请公众挑选展厅或仓库藏品进行策展，增强博物馆与公众的互动，提升公众参与感，引起文化认同与共鸣。此时“学生策展人”可以作为公众策展带头人来组织策划展览。

③ “学生策展人”反哺博物馆，形成强大的团队力量。笔者所在的电子科技博物馆只有4名工作人员，但需承担博物馆所有的工作，通过“学生策展人”教育模式，学生增强了对博物馆的认同感，能以主人翁的身份投入到博物馆工作中来，很好地分担部分工作，例如博物馆最近开展的专题展览“表达的魅力——学术期刊艺术封面展”策划中，“学生策展人”在收集资料、校准翻译文字、展现布置等方面做出重要贡献，确保了展览的顺利开展，获得参观者一致好评。

④ 增强了“学生策展人”即全体博物馆学生助理的成就感，提升学生的文化自信。教育功能是大学博物馆的核心功能，文化育人不可或缺，帮助馆内学生助理的个人一个周价值实现是大学博物馆的工作重点，通过“学生策展人”项目，博物馆为学生营造健康向上、生动活泼的育人环境，让学生在亲身参与中增知识、受教育、长才干。

综合上述电子科技博物馆“学生策展人”实施的实际情况，将此教育模式提炼总结为图1。

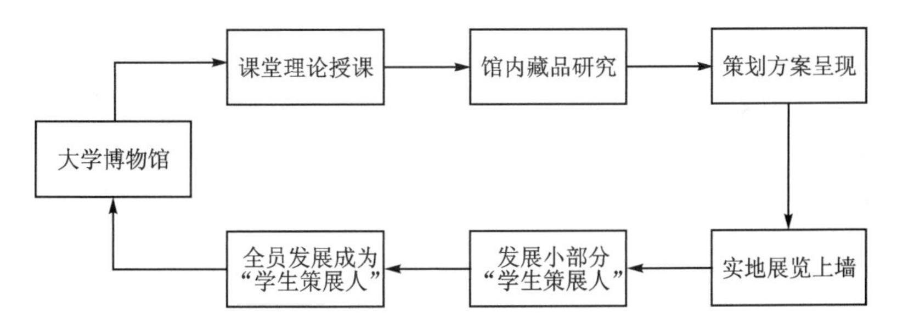

图1　“学生策展人”项目实施模型

由图1可以看出，大学博物馆开设的暑期学堂理论授课作为一个触发点，产生了一系列的连锁反应，并在最后形成一个闭环，反哺了博物馆，实现学生与博物馆互利共赢。

四、总　结

“学生策展人”教育模式已经实践成功，对学生和博物馆均产生积极影响，增强学生了文化自信，在提升博物馆的展陈设计能力、藏品研究能力、充实博物馆团队等方面都也有重要意义，具有一定借鉴价值。同时，社会博物馆也同样可以借用此模式，突破招募志愿者讲解员局限，通过招募志愿者策展人，必将极大程度提高公众参与度，形成更加强烈的反响，同时志愿者策展人也将成为博物馆的一支强有力的生力军，反哺博物馆。

如今大学博物馆仍在持续探索如何更好地实现教育功能，在开放包容的环境下为学生搭建自我实现的平台是大学博物馆义不容辞的责任。目前各个博物馆遇到的难题不一，但是通过各种方式提升大学博物馆学生助理的各方面能力，必将助力大学博物馆教育功能的实现。

参考文献

[1] 宋伯胤.博物馆与学校教育[J].文博，1986(02):67-75.

[2] 陈德富.再论高校博物馆的功能[J].中国博物馆，1994(01):4.

[3] 陈国宁.从21世纪博物馆社会作用反思博物馆定义[J].博物院，2017(6):7.

[4] 文物博发[2011]10号.文物局、教育部通知加强高校博物馆建设与发展[R].2011.

[5] 吴燕.上海科技馆邀中学生当一回“策展人”:浦东小囡“王牌诠释”海洋传奇[N].浦东时报，2018.

浅析科普场馆展教资源建设
——以北京南海子麋鹿苑博物馆为例

胡冀宁[1]　白加德[2]

摘　要： 科学普及与科技创新是创新发展的两翼，两者同等重要。作为面向公众普及科学知识的重要场所、提高全民科学素养的主要阵地——科普场馆，如何凸显自身优势，集成多方力量，发挥科学普及的战斗堡垒功效，特别是自然类博物馆，在当下科技馆迅猛发展的同时，如何保持公众对自然科学知识的兴趣点，这些都是科普场馆工作者们一直探讨研究的话题。本文以北京南海子麋鹿苑博物馆为例，通过科普场馆核心元素——展教资源建设体系的构成、实践与经验、措施与展望等分析，提出"三五"模式的展教资源建设体系及科研科普双融双促的发展格局，对麋鹿苑未来科普工作提出建议与展望。

关键词： 展教资源；"三五"模式；科研科普

科普场馆是面向公众普及科学知识的重要场所，是提高全民科学素养的主要阵地。在《全民科学素质行动计划纲要》工作的贯彻落实中，科普场馆发挥了中流砥柱的作用，而作为科普场馆的核心要素——展教资源，更为这项工作的开展提供着不竭的动力源泉。本文以北京南海子麋鹿苑博物馆为例，探讨展教资源建设及其作用发挥。

一、展教资源建设体系构成

（一）展教资源的内涵与体系建设

展教资源，从实质内容上可分为展览展示资源与科教活动资源两部分。对于自然类博物馆，其展览展示资源包括动植物标本、历史文化藏品、科普展览、文创产品等在内的可供社会公众参观的一系列展品，科教活动资源包括科普课程、主题活动、科普读物、科教影片等在内的可供科普工作者开发设计的一系列资源。在展教资源体系建设中，以北京南海子麋鹿苑博物馆（以下简称麋鹿苑）为例，在重新梳理自身科普资源基础上，提出"三五"模式及科研科普双融合双促进的发展格局，有效提升科学传播、科学普及的社会功效，有效地促进了生态效益、社会效益、经济效益的良好发展。

麋鹿苑展教资源的"三五"模式，源于馆藏建设、科教活动、平台建设的三大内容五个方面，从整体上来讲，是立足自然科学研究的基础上，全面深入发掘麋鹿苑科普教育的自身优势与特

1　胡冀宁，北京麋鹿生态实验中心展览部部长，助理研究员。研究方向：科学传播。通信地址：北京市大兴区南海子麋鹿苑博物馆。邮编：100076。E-mail：hujining2008@163.com。

2　白加德，北京麋鹿生态实验中心党总支书记、中心主任，副研究员。研究方向：科学教育。通信地址：北京市大兴区南海子麋鹿苑博物馆。邮编：100076。E-mail：baijiade234@aliyun.com。

色，将高大上的科学研究与普惠化的公众教育相连接，延伸科学研究的社会价值，将麋鹿苑科普教育资源与社会公众更加紧密联系在一起，将麋鹿苑科普教育基地的功能充分凝练展示，使麋鹿苑科普宣教职能进一步提升。

（二）麋鹿苑现有展教资源概述

1. 物种资源——麋鹿

麋鹿是中国的特有物种，国家一级保护动物，世界珍稀动物，曾在中国大地上广泛分布，也曾在中国本土灭绝又重引入成功，是彰显了"国家兴麋鹿兴，生态兴文明兴"的代表性物种。麋鹿苑，作为麋鹿这一物种的科学发现地、本土灭绝地、重引入回归地，中国历史上五朝皇家猎苑核心区域，立足麋鹿科学研究与生态科普教育，为全国38个麋鹿自然保护地输送麋鹿近千头，建立麋鹿健康监测体系，成立麋鹿科学研究重点实验室，以麋鹿、生态为主题开办主题鲜明的科普展览、展示设施，创作设计了独具特色的科教活动、科普作品，成为国家级科普教育基地、北京市爱国主义教育基地、首都生态文明宣传教育基地、北京市环境宣教基地等，是为中小学生及社会公众提供着生态教育的示范场所。

2. 生态环境——湿地

麋鹿是湿地的旗舰物种。湿地为麋鹿提供着广袤的生存空间、充足的食物来源，麋鹿也因为生活在湿地生态系统中，长期以来进化形成外貌上的"四不像"。麋鹿苑，多年来实施湿地修复工程，现已完成苑内10万平方米的表流湿地，形成了潜流、表流湿地实验区，具有陆地、湿地植物200余种，迁徙鸟类及湿地常见鸟类种类数量逐年增加，湿地生物多样性丰富，为自然体验、自然科考等科教活动提供良好的活动场所。

3. 标本藏品——鹿类动物

在自然类博物馆中开展科学研究与科普教育，必不可少的就是馆藏标本。麋鹿苑作为以麋鹿保护、生物多样性保护为主的科研科普单位，最为突出的馆藏特点就是世界鹿类标本的含有量。近年来，麋鹿苑基于开展世界鹿类动物的生理生态、繁殖防疫及古生物学等科学研究，通过收集、征集、制作等多方渠道将世界上现有的50余种鹿类动物及已灭绝的鹿科动物（如大角鹿、宿氏鹿等）标本收藏于馆内，包括鹿类动物的鹿角、皮毛、化石及生态标本近5 000件。在此基础上，从鹿类动物学分类起源、自然属性、生理特征及历史故事等多角度全方位地设计布展，推出"世界之鹿"展览，成为北京、中国乃至世界上唯一一座以鹿类动物为主题的专题展览，更是麋鹿苑开展公众教育的主要场所之一。

二、展教资源体系建设实践

基于麋鹿苑特有的展教资源—麋鹿、湿地、世界鹿类标本，整合多年来麋鹿苑可供公众参观体验、互动参与的展品及资源，从馆藏建设、科教活动、平台建设三大内容出发，提出"五个一"的框架，涵盖标本、展览、文创、活动、课件、读物及科学研究、公众教育、历史文化传播等全方位分支式的结构图，将麋鹿苑现有的展教资源进行系统性分类，成为麋鹿苑公众教育的指导性规划，并在实践发展中不断完善与提升。

（一）馆藏建设的"五个一"

一件标本保存安置于仓库中即为藏品，当他们以一定的科学规律和教育内涵，借助适当的技术手段面向公众展示，即成为展品[1]。藏品向展品的转化关键是如何将藏品“改造”为“会讲故事”的展品，这也是“让文物活起来”、让标本活起来、让展览活起来的关键所在。馆藏作为科普场馆的发展之基，是自然类博物馆开展研究、展示与教育的最基本保障，也是开展传播教育的最重要载体。

麋鹿苑的馆藏，从广义来说，涵盖自然类的动植物标本、历史文化藏品及文创产品三种类型。麋鹿苑馆藏建设的“五个一”，指一件标本（或产品）、一张照片（动植物生态照片或产品外观照片）、一个故事（标本蕴涵的科学知识或产品的设计理念）、一个标记（馆藏登记号）、一种展示形式（场景展示或产品形式）。麋鹿苑馆藏建设的“五个一”是基于麋鹿及生物多样性的科学研究基础上提出，从广义标本的收集、采集、征集、制作等渠道，全面阐释标本自然科学知识、适时适当展示标本故事、逐步形成北京地区生物多样性标本档案，是科研科普双融合双促进的有效见证。

举例来说，作为馆藏数量最多的麋鹿标本，我们在制作之前，是科研人员的试验品，他们从形态、疾病、生理等方面研究并确定安全后，由展览部与合作方进行沟通，根据展示需求确定标本形态。在制作完成后，对标本外观、形态、大小等进行图片、数字、文字信息采集记录，匹配馆藏登记号，完成标本档案。在后续展览展示中，根据展览主题完成湿地静动态场景设计与标本形态的搭配布展。近年来，我们以麋鹿标本的建设思路为蓝本，在麋鹿塑化标本、麋鹿生理切片标本及3D模型标本上不断取得新进展，为麋鹿主题展览展示及科教活动注入了活力。

与此同时，围绕麋鹿认知与麋鹿文化、麋鹿卡通形象、生物多样性文化三大系列，设计制作文创产品，用于麋鹿的科普宣传及推广。

（二）科教活动的“五个一”

科教活动，作为科普展览的延伸教学，是开展公众教育必不可少的一环。科教活动依托主题资源、展览展示，通过专业人员的深入研究与挖掘，借助浅显易懂的传播模式，向公众阐释展品的内涵与意义，从而达到科学的有效传播与普及。

麋鹿苑科教活动的“五个一”，指资源、设施、课件、活动、读本等五个方面。举例来说，以“麋鹿认知”为活动内容，主要普及麋鹿—四不像的科学知识点。科教人员利用麋鹿苑户外、室内相结合的特色，开发设计“追寻麋迹 探访湿地”科普课程，用活动任务单将室内外科普设施与麋鹿自然保护区紧密结合，借助麋鹿文化读本，从发现问题—探求答案—解决问题，从而达到“听麋鹿故事，探湿地家园，学麋鹿文化，悟生态和谐”的核心要求。

近年来，麋鹿苑在“五个一”思想的指导下，设计湿地观鸟、湿地动植物科考、湿地微景观等多项科普课程与活动案例，从最初的公众科普讲解发展到现如今的系列科普课程、主题体验活动、科普读物产品等“五个一”，将麋鹿与湿地科教资源充分利用展示，彰显了麋鹿特色、生态及爱国主题，充分发挥了科普教育示范基地的职能功效。

（三）平台建设的“五个一”

多年来，麋鹿苑秉承着科学研究与科普教育并重的发展理念，不断完善发展公众教育，逐步形成自身的教育体系，形成了科学研究平台、未成年人生态道德教育平台、自然科学探索平台、公众教育平台、历史文化传播平台等五个平台。

科学研究平台是对麋鹿保护开展研究，形成一系列麋鹿保护的成果，为麋鹿保护教育提供优质资源。

未成年人生态道德教育平台、自然科学探索平台与公众教育平台是麋鹿苑科普教育工作的三个层面。通过培育“小小追梦人”生态文明体验系列活动，搭建起未成年人教育平台，筑起人与自然和谐共处的“梅花桩”，磨砺生态保护的“七星剑”，让“保护地球家园、人类命运共同体”的责任与义务在孩子们的心里生长。麋鹿苑自然大讲堂、夜探麋鹿苑、麋鹿保护行组成自然探索平台，为公众自然科学探索提供服务；自然生态解说、自然生态主题科普剧展演的公众教育活动，将自然科学知识的传播、未成年人自然探索科学精神的培养、社会公众保护自然意识的提高达到有机结合。

历史文化传播平台建设，主要从自身科普宣传工作的开展及对外合作两个方面进行分析。首先，麋鹿苑自身基于科普宣传工作的不断深入与拓展，充分利用传统媒体与新媒体等宣传渠道的优势特点，传播科普作品和科普活动，将科教活动进社区、进学校、进网络，并在“一带一路”沿线国家进行科普交流展示，助力于麋鹿历史文化的广泛传播。麋鹿作为世界野生动物保护的中国样板，中国历史文化中祥瑞福鹿的吉祥象征，应充分挖掘麋鹿历史文化知识和新时代研究成果，促进多渠道的合作共建，为麋鹿文化传播提供更为广阔空间。自2018年起，连续两年合作举办“麋鹿文化大会”，开辟了弘扬中国传统文化的新路径，掀起了麋鹿文化传播的新热潮，开启了传播网络“国际化”的新纪元，向世界展示了中国生态文明建设的丰硕成果，向世界发出了生态保护的中国声音。

三、展教资源建设的经验与问题

（一）展教资源建设的经验分享

1. 资源优势的有效转化

麋鹿是麋鹿苑展教资源的优势所在，不足与短板在于麋鹿主题的局限性，不能像大型自然博物馆的展教资源系统完整。

基于此种情况，麋鹿苑的展教资源在内容上侧重麋鹿主题资源、主题活动、主题文化的深入挖掘与延伸，将麋鹿讲清楚、讲明白、讲全面，讲完整。通过麋鹿引出生物多样性保护、自然科学考察、关爱自然等主题，从而将内容拓展到自然保护、生态文明建设等宏观主题内容。在形式上侧重体验式教学、情景式教育的融会贯通，近距离参观麋鹿保护区，开展湿地动植物科学小调查、探访体验生态教育路径及博物馆传统意义上的展厅讲解互为补充，从而达到科教活动“可听、可看、可玩、可悟”的四个境界。

这样，立足于充分审视自身资源的基础上，以展览展示、科教活动、平台建设三大内容为发展方向，以户外麋鹿自然保护区与室内科普展馆并存为特色，明确定位与目标，强化资源的特色与优势，弥补不足与短板，将资源优势有效转化为教育优势，形成展教体系的特色化、完整化，实现了展教资源优势向教育资源优势的有效转化。

2. 科研科普的双融双促

科学研究是运用严谨的科学方法认识客观世界、探索客观真理的活动过程，科学普及是让公众尽快、尽可能地理解科学研究的成果，使科学研究成果真正成为大众的财富、成为全社会的力量[2]。在我国“创新驱动”发展的战略下，科研与科普的两翼齐飞、两轮齐动是最佳状态，科技创新与科学技术普及同等重要。科研成果的发表不应该成为终点，而应该是一个新的科学传播的起点[3]。

麋鹿苑的展教资源建设正是在科学研究与科学普及相互融合、相互促进的良好发展格局下建立起来的。一是让科研人员走进科学传播队伍中，参与科普工作，将科技成果及时讲给公众；在科普工作中发现问题，为确立研究方向提供思路和方案。再就是让科普工作者参与科研工作，帮助将科研成果及时孵化成科普作品，同时在科普作品创作中准确把握其科学性。成功将科学研究成果科普化，也更促进了科学研究的进一步深入开展。

3. 科普惠民的有效实施

麋鹿苑展教资源三个平台、五方面内容的“三五”模式建立，是将社会公众的不同需求作为首要考虑因素，在科教活动的内容和形式设计上分年龄、分层次开展，做到让社会公众“各有所需、各有所获”的体验效果，切实地将科普惠民精神有效实施，受到社会公众的广泛、高度认可。

（二）展教资源建设的存在问题

1. 场景设置不科学

场景设置不科学是众多博物馆或多或少存在的问题，这也是展教资源不能充分发挥作用的主要问题。举例来说，在麋鹿苑博物馆的“世界之鹿”固定展厅中，大角鹿标本作为核心展品，平躺于橱窗中，并配以生活于同时期的猛犸象图片及灭绝原因分析文字，简单的图片与文字不足以展示出核心展品的重要性，也常常成为公众忽略的标本。反思这件展品的场景设置，可以利用图片与文字，但需要一系贴近公众的话语，如将大角鹿拟人化，先提出“大家知道我是如何在地球上消失的吗”，再以时间轴为展示思路，分别绘制不同时期的共生动物及重大自然事件，让大角鹿自己来讲述发展历程，从而引出其灭绝的根本原因。而大角标本的展示形式也需要立体化呈现，从而突出“大”的显著特征，让公众有着视觉冲击，震撼内心的感觉。

“让文物活起来”是习近平总书记向文博系统提出的新命题。作为从事自然类博物馆展览策划的工作人员，我认为相比于“如何讲述标本故事”，“如何展示标本故事”更为重要。“讲述”衡量的是科普人员对标本的科学认知程度及科学表达能力，而“展示”是需要从标本的自然科学属性分析，掌握标本内外特点及其与自然环境的关系，乃至与生态系统、生态链的多层面、多角度的关联，更要注意的是生态场景的设置，力求达到“让标本讲述故事”的境界，让公众直观地通过场景中的标本就能领会到其存在的意义与价值、表达的主题思想。因此，科学设置展品是让文物活起来的内在因素。

2. 探究性科教活动不足

探究性科教活动不足是展教资源建设的另一个问题。就拿麋鹿苑来说，在户外动植物科学小调查活动中，可指导学生完成湿地鸟类认知、辨别湿地鸟类特征，分析鸟类与湿地协调进化关系，但就其鸟类的特征变化与环境变化是否存在关系、鸟类丰富度与何种环境因子存在关系等探究式的话题不能进一步展开。这表现在开展科教活动的设计中，只注重内容与形式的设计，而缺乏活动探究性、开放性问题的引导与深入。还有就是在活动指导中讲解多，让受众提问少，指导老师成为标准答案的背诵师，而不是引导受众求索的科学辅导员。

3. 主题活动的内容不丰富

主题活动有，但内容体系尚未形成，内容不够丰富是科教工作人员面临的重要挑战。比如麋鹿苑围绕自然物种资源，开设了麋鹿、观鸟、植物、湿地微景观、湿地水体监测、生物多样性监测六个主题活动，并广泛应用于麋鹿苑自然大讲堂、小小科学家、小小园艺师等科教活动，形成麋鹿特色科教活动品牌。六大主题活动均可以针对不同年龄段、不同知识水平受众开展，但内容单一。举例来说，麋鹿主题活动，现只有"追寻麋迹 探访湿地"课件一个，可解决受众对麋鹿认知的科普需求，但无麋鹿解剖学、组织学、行为学等科普课程课件，不能全面系统地将麋鹿的自然科学研究成果展示给公众，这势必会影响麋鹿保护教育工作的整体推进。

四、展教资源建设的思考与展望

麋鹿苑的科普教育工作，从最初的公众讲解到现在科研科普双融双促发展格局以及馆藏建设、科教活动、平台建设的"三五"模式，从起步阶段到体系化建成，总结麋鹿苑展教资源建设中的问题与经验，对未来展教资源建设提出以下几点思考与展望。

（一）展览展示要与时俱进

1. 要以需求为导向

评价一个展览的好坏，不是看展品的高大上，也不是看展示手段的新特奇，而是看展览参观者的认可度。如何将一个展览做得贴近公众，让不同需求的公众可以通过展览有所获、有所得；如何将一个展览做得符合社会时代发展主脉搏，适应自然、社会、人类发展规律与现状；如何将一个展览做得符合国家世界发展主旋律，体现创新驱动发展、科技科普两翼、建设"美丽中国梦""人类命运共同体"的思想与步伐，这是策展人在进行展览策划时首要考虑的问题。因此，要以公众、社会、国家三个层面的需求为导向，这是展览定位、展品遴选、展示方式等各项工作的关键，也是展览被公众认可、展览成功的最关键一环。

2. 要具有国际视野

作为科普场馆，不论是科技类博物馆还是自然科学类博物馆，其展览展示的核心元素是科技与自然，是具有普适性的客观理论与现象，"放之四海而皆准"的道理。因此，在进行展览展示时需要有国际化的视野，纵观科学史发展，横看世界各国在当今科学发展的日新月异变化，这也是促进世界各国交流合作，共进步谋发展的重要举措。

3. 要注重文化与技术深度融合

文化与技术的深度融合，是让"展品自己说话"的基本条件。科学技术迅猛发展的当下，科普场馆的展览形式也在紧跟时代发展，高新技术得到适时应用与展示。一件展品，从自身形态（自然类标本）、展示形式（标本生境展示、科技展品的运转或互动）可参透其展示的内容，想要表达的主题，但其发展历程、科学精神、"展品背后的故事"就需要对其进行更为深入地了解与认识，这其中必不可少的就是文化元素。只有做到了文化与技术深度融合，才能讲好"展品背后的故事"，塑造出展品的核心力。

4. 要建立专业策展人制度

策展人，普遍意义上来说，是在科普场馆中从事展览策划、实施布展、开展与展览展示相关工作的人员均可称为策展人。但就本人从事展览工作 3 年多的经验来说，我认为，策展人是一个专业性极强、需要具有思维空间、美工设计、场馆运营、科教活动开发等多方面知识水平的综合型人才。专业的事需要专业的人，需要专业的团队和组织，这需要单位建立专业人才的培养机制与体制，注重专业能力培养，提升专业素养，从根本上改善场馆人才队伍的建设。另一方面，需要发挥市场的作用，通过招投标方式选择专业团体，从而扩展各方面的局限性。

（二）展教活动要多措并举

1. 展览＋活动＋讲座

“展览＋活动＋讲座”的模式，是指一个展览＋一项活动＋一套专题讲座。在这个模式的指导下，麋鹿苑近年来推出了生物多样性系列展，围绕生肖动物，从动物自然属性、文化故事、人类关注热点话题三个方面开展展览展示、设计科教活动，举办专题讲座三大模块内容。在2016年推出的“鸡年说鸡”展览中，依托临时展览的展示内容，设计了“鸡蛋染”“蛋壳画”“羽毛画”等多个主题科教体验活动，组织了“鸡年说鸡”脱口秀团队并参加全国科学大咖秀取得“脱口秀十佳”荣誉，举办“中国雉鸡”“鸡年说鸡”“生肖文化”专题讲座数场次，开创了新模式下麋鹿苑生物多样性之生肖展的先河。

2. 展览＋研讨会＋快闪

“展览＋研讨会＋快闪”的模式，是指一个展览＋一次研讨会＋一项快闪。在这个模式的指导下，麋鹿苑于2019年推出了第二届麋鹿国际文化大会，围绕麋鹿保护、麋鹿文化、麋鹿生态，通过举办国际研讨会、推出麋鹿东归展、策划麋鹿快闪活动，进一步调动起社会公众对麋鹿保护的积极性。同时，共同促进麋鹿保护的国际合作，也向世界传达了麋鹿保护的样板形象。

3. 固定＋巡回＋网络

“固定＋巡回＋网络”的模式，是指固定展览、巡回展览、网络展览三展并进形态。在这个模式的指导下，麋鹿苑依托现有的麋鹿传奇固定展览，孵化出“麋鹿还家”巡回展览，开办“中国鹿文化”网络展览，借助传统展览展示方式与新媒体展览展示方式，将麋鹿故事、中国鹿文化故事广泛传播。“麋鹿还家”巡回展览不仅辐射京津冀地区，还服务于全国乃至“一带一路”沿线国家的科普展示交流活动，仅2018—2019年度，就先后赴新加坡、波兰、捷克、瑞士、马来西亚等国家参加科学节、科普日等展示活动，将代表世界物种保护样板的中国麋鹿，推向了国际文化科技交流的舞台。

（三）展览收藏研究三结合

1. 一流的研究

研究是博物馆的重要基础，优秀的研究成果是博物馆展教资源的根脉与源泉。博物馆需要建立一支能够承担国家及省市等重大研究项目的科研队伍，产出具有自主知识产权的先进科技成果，建立一支能够将重要科技成果转化为优质科学传播成果的科普队伍，积极营造敢创新、勇创新等争先创优的和谐文化氛围。一流的人才队伍、一流的研究成果、一流的文化氛围，才能产出一流的科普精品力作。

2. 一流的收藏

藏品是科学研究和科普教育的奠基石。现在的博物馆收藏有个趋势，就是数量为王，过多地关注收藏的数量而忽略了藏品的质量。镇馆之宝、金典藏品是博物馆永远的品牌和荣耀。藏品的唯一性、藏品所蕴含的文化独特性、藏品的典型性应该成为一流藏品收藏的标准。同时，要对藏品进行深入细致的研究，让研究成果不断赋予藏品内涵，促进其提高在科学传播中的地位与作用，成为精品力作。

3. 一流的展览

展览是博物馆的标配，是投入人力物力资金较多的部分，也是博物馆水平的象征，更是博物馆科教活动的重要载体。博物馆的展览是每一位参观者必去的地方，是参观者学习探究和接受教育的平台；是博物馆展教活动的开头，文化传播的阵地。因此，无论大馆小馆，必须在内容、形式、艺术等达到高标准的设计，让参观者在接受知识的同时实现美的欣赏，从而促进知识吸收。展览内容应该是先进的研究成果，展示方式应该体现时代性、多样性、文化性、艺术性、安全性、互动性等高水平的陈列。如果说设计是展览的灵魂，展示是展览的面貌，那么，高质量的建设就是展览的体魄，展品质量、展览说明、展览视频制作、展板精致度、灯光设置、文创产品制作等需要做到高质量。一流的教育需要一流的展览，一流的展览需要高标准设计、高标准陈列、高质量建设做支撑。

参考文献

[1] 音袁，王家伟，苏昕. 从藏品到展品，从沉默者到讲述者——科学博物馆藏品向展品的转化模式与传播效果分析[J]. 自然科学博物馆研究，2019(3)：5-11.

[2] 房迈莼，任海. 科研与科普有效结合 促进公众科学素养提高——以英国皇家邱植物园和爱丁堡植物园为例[J]. 科技管理研究，2016(3)：252-266.

[3] 王大鹏. 科研与科普相结合：历史、理念与展望[J]. 今日科苑，2016(4)：18-21.

在科技馆教育中融入在地化教育理念的思考与实践

肖付莉[1]

摘　要：在地化教育并非新兴事物，其重点在于将当地的知识、技能和问题融入课程中。目前人们对项目式学习(PBL)越来越感兴趣，在开展PBL项目时，很多教育者发现若将项目放在学生熟悉的环境中如家庭、社区等开展可以加深其意义和影响，由此可见在地化教育可以为教育者提供更多的可能。科技馆也可尝试在教育活动中融入在地化教育理念，丰富科技馆教育的内涵，使教育活动更多元化。

关键词：科技馆；在地化教育；教育活动

一、什么是在地化教育

根据美国在地化教育实践的权威机构TSS的定义，在地化教育(PBE)是一种利用地域优势为学生创造真实、有意义和有吸引力的个性化学习的学习方法。更具体地讲，在地化教育是一种沉浸式的学习体验，即让学生置身于地方遗产、文化、景观以及机遇和经历之中，并将其作为学生学习语言文学、数学、社会研究、科学等其他科目课程的基础，它以深度学习和个性化学习为第一要务，促使学生能够自主学习，并扩大接触面和机遇。

正因为在地化教育充分利用地域优势，让学生置身于真实的生活环境中去成长，所以在地化教育可以提升学生对家乡和地区的归属感，并发展其解决问题的能力，培养对自然环境和生态平衡的责任感，在学习的过程中逐渐意识到对于家乡的发展，自己具备作为积极的变革者和领导者的能力。

事实上，在地化教育并非新兴事物，1987年，环保主义者和教育家鲍尔斯提出了"在地化教育"的主张，呼吁学校教育应该关注地方经济、社会文化和生态状况。在地化教育的倡导者格雷戈里·史密斯也提出观点：强调学校所在地区的生态环境健康和可持续是教育的当务之急。这些观点的提出与当时的社会背景息息相关，二十世纪六七十年代，西方工业化造成严重的环境灾害，经济模式怂恿土地的拥有者们以过度开发甚至糟蹋土地的方式牟利，同时，城市化、全球化催生了人口的高度流动，社区活力和公众参与一度进入低谷，在地化教育的提出，正是为了解决这些实际问题。换言之，在地化教育产生的社会背景主要是生态环境危机、乡村教育危机、社区活力衰弱、自然缺失综合症等几个方面，在地化教育所立足的"地方"承载了本地生态环境、社区、农耕、人文历史等不同侧面的意义，所有这些都构成了真实的教育资源，每一个地方的整体性和独特性，为可持续导向的教学提供了极佳的情景和内容。[1]

1　肖付莉，重庆科技馆助理馆员。通信地址：重庆市江北区江北城文星门街7号。邮编：400000。E-mail：505360149@qq.com。

二、科技馆教育的特色

科技馆作为提高全民科学素养的科普场所，具有极高的教育意义，科技馆教育面向大众，通过科学普及满足多方面的教育需求。[2]科技馆教育具有自主性、灵活性、立体性、通透性、实践性。[3]

科技馆为市民尤其是青少年提供非正式科学学习环境。非正式科学学习环境相较于正式教育体系而言，学习者处于个体化的、自愿的、开放性的学习状态，学习者的专注度及专注时长与其兴趣浓度息息相关，所以科技馆想要吸引观众进入学习状态并达到理想的学习效果，重在激发兴趣、启迪思维。展厅里包罗万象的科学展品就为科技馆提供了培育观众兴趣的良好条件，展品是科技馆特有的资源，它们运用多媒体高科技展示，打造沉浸式的体验环境，给人们的感官带来强烈的刺激，将科学知识以直接经验的形式传递给观众，通过直观的科学现象来有效激发观众对科学的兴趣和渴望，这是科技馆展示教育的一大特点。

除展品展示外，科技馆还为观众提供形式多样的教育活动。科技馆教育活动的一大特点是具有很强的探究性，观众通过动手操作、观察、体验、探究等过程，像科学家一样去发现问题、提出问题、研究问题、解决问题，验证在学校课堂中学习的理论，收获新的认知。自由的学习环境能充调动观众的活跃思维，这样的教育活动重在培养观众的能力，让观众收获的不仅仅是科学知识，还有科学知识背后的科学方法、科学思想和科学精神。

三、科技馆教育与在地化教育

科技馆虽然是非正式学习环境，但其本质还是在进行科学教育，并且科技馆作为正式教育的补充和延伸，教育重心不在科学知识上，更应聚焦于对科学方法、科学思想、科学精神的培养，然而，科学方法、科学思想、科学精神的培养，往往不只与科学本身相关，还会涉及个人的情感、态度、价值观，与社会现状、国情世情相关联，这也就意味着科技馆在开展教育活动时，应立足实际，从个人发展和社会需求出发，使科学教育不浮于表面，能实现深入内化，那么科技馆的教育是否也能利用在地化教育来助力观众对于科学的深度学习呢？根据在地化教育的定义，学生在学习语言、数学、社会研究、科学等时，在地化教育可以成为课程的基础，在地化教育利用真实的生活环境促使学生进行自主学习，并侧重对于学生能力和情感的培养，所以，将在地化教育与科技馆教育相结合，可以使科技馆教育更具有实践意义，更能激发参与者的学习动力，并且更易产生情感上的共鸣。

科技馆教育与在地化教育有何联系？首先，科技馆本身属于在地资源。各地科技馆在建设时，往往会融入地方特色，如重庆科技馆的外墙由玻璃和石材组成，玻璃象征重庆的水，石材象征重庆的山，外观设计隐喻重庆山水之城；武汉科技馆打造室外"舰船世界"展区，展品数量达 600 余件，既将自然科学与工程科学有机地融合，又突出了鲜明的地方特点；内蒙古科技馆生命与健康展厅的"蒙医药简介"和"蒙医针灸铜人"等展品展示了民族和地方特色。并且科技馆作为城市公共设施，本就属于城市的一部分，所以对于正规教育而言，科技馆本身就是在地资源。但科技馆这种形式的在地资源与地方遗产、社区机构、人文景观相比，在地化的程度较弱，毕竟科技馆传播的科学知识多为普适性的、全球化的。

与此同时，根据在地化教育的定义及科技馆教育的特点，我们不难发现在地化教育与科技馆教育其实有着的一些共同点。例如，在地化教育是一种沉浸式的学习体验，科技馆也是通过打造沉浸式的体验环境，丰富参观者的体验感受；在地化教育强调个性化学习，科技馆作为非正式科学学习环境，同样重视参观者的个性化学习。

此外，在地化教育让学生解决真实环境下的问题，问题的解决往往需要科技的参与。当人们想知道如何善用一片沃土或乡村时，科学家应该提供怎样的指导？当人们想知道以何种技术手段或伦理限度才能实现地尽其利时，科学家应该提供怎样的帮助？[4]科技馆可以作为技术支持，为学生提供问题解决的方法来源。

所以，科技馆能在在地化教育中找到明确的定位，将科技馆教育与在地化教育相结合，是可行并且有利于更好地实现教育目标。

四、如何寻找科技馆教育活动与在地化教育的结合点

根据在地化教育的定义，正规教育实施在地化教育时可以将科技馆作为“工具”使用，让科技馆成为整个教学设计的一个环节。但从科技馆的角度出发，在整个教育过程中，若只是将自己定位为“工具”是不行的，科技馆应该是主角，应立足科技馆，将科技馆作为主要阵地，将在地化教育理念融入科技馆教育中。

根据在地化教育理念设计科技馆教育活动，可从以下几个方面入手寻找结合点。

（一）寻找科技馆的在地化元素

前文提到，地方科技馆往往具体在地元素，如果地理位置、外观设计、展厅设置、特色展品，科技馆在设计地化教育活动时，首先可以分析自己拥有哪些在地化元素，这些元素往往可以成为课程设计的切入点，为课程提供主题。

以重庆科技馆为例，重庆科技馆地处嘉陵江和长江两江交汇之处，呈中部高两边低的地形走势，突显出重庆“山水之城”山水交融的特色，那么重庆科技馆在进行在地化教育活动设计时，可以设计与重庆本地特有的地势地形相关的活动。

（二）分析本地存在的实际问题

在地化教育需要将学生置身于真实的情境中去解决与当地有关的真实问题，通过对问题的解决，提高学生的综合能力，同时也增强学生的主人翁意识，提升对家乡和地区的归属感与责任感，所以，在设计教育活动时，问题的选择就非常关键。

本地实际存在的问题有哪些？哪些问题与科技馆有关？哪些问题适合科技馆的观众去思考解决？如果能确定本地实际存在的，与科技馆有关的，适合在科技馆开展活动进行研究的问题，那么活动的切入点自然也就明确了。需要注意的是，与科技馆有关的问题，往往与科学相联系，但实际生活中存在的真实问题，并不会是单纯的科技问题，问题的解决通常会涉及多方面，所以在对问题进行选择时，也是需要考量科技在问题解决中的占比。

（三）挖掘展品与问题解决的联系

科技馆相较于正规教育，最大的优势在于拥有丰富的展品，在科技馆的教育活动中，展品

可以作为教具，凸显出科技馆教育的特色。若从科技馆整体的角度出发，没能找到合适的在地化元素或真实问题的联系，那么从展品出发也许会更容易，毕竟展品的展示主题更为聚焦。

如结合新能源、垃圾分类为主题的展品，可以针对当地的可持续发展问题展开在地化教育，根结合食品、营养、人体健康为主题的展品，可以设计与当地食品安全相关的教育活动，正因为展品展示的主题聚焦，则更易于我们明确问题寻找的方向。

五、科技馆教育活动与在地化教育结合实例

以上三个方面可以为科技馆教育活动与在地化教育提供结合点，但在进行活动具体设计时，找到结合点只是一个开端，如何在设计中体现在地化，同时发挥科技馆的教育特色，才是关键。本文将以重庆科技馆"爬坡上坎的水"教育活动为例，介绍重庆科技馆如何将教育活动与在地化教育相结合，此教育活动入选2019年科普场馆科学教育培育项目。

"爬坡上坎的水"活动立足重庆本地山水之城的特点，提出真实问题：什么因素会造成重庆与其他城市的居民自来水水价差异。居民用水本就与实际生活息息相关，每月需缴纳水费是城市居民熟悉的生活常识，不同城市自来水的水价不同也是人们习以为常的现象，但为什么不同，什么原因导致的不同却是一个陌生的问题，这种对熟悉事物的陌生面进行剖析的问题，能很好地激发活动参与者的探究欲望。不仅如此，为突出在地化，将居民用水聚焦于重庆本地，以重庆的自来水水价作为参照，对比其他城市，便能凸显出地方性的特点，同时也为活动融入在地化教育理念做好铺垫。自来水的水价分为供水价格和污水处理费等部分，其中供水价格又包括基本水价、水资源税、水利工程费等相关的费用，所以自来水的定价受多因素影响，考虑活动时长以及重庆科技馆本身具有的在地化元素，《爬坡上坎的水》将影响因素聚焦于水的运输，也就是重庆的地势地形对于自来水水价的影响，通过问题研究，加深活动参与者对重庆地势地形的认知。

问题明确后，如何将科技馆融入问题解决中？前文提到，重庆科技馆地处嘉陵江和长江两江交汇之处，呈中部高两边低的地形走势，从江边到重庆科技馆，一路爬坡上坎，将重庆山城这一特点呈现得淋漓尽致，这也是前文提到的活动之所以聚焦于水的运输的重要原因。根据重庆科技馆所在地理位置的特点，课程设计引入环节：活动参与者从江边取水，然后以人力将水运送至科技馆。这一环节，既利用科技馆自身的在地化元素，让参与者充分感受重庆的地势特点，也引导参与者思考自来水运输与重庆地势地形的关系。为发挥科技馆的教育特色：直接经验的获取和探究式的学习，活动设计展品体验环节：参与者体验展品"水流滚球"中的水泵，根据水泵的外部连接和人力压水的体验感受，分析水的运输与能量消耗的关系。此环节的设计，充分利用了科技馆的展品优势，实现了展品与问题相联系，参与者通过展品体验获得的直接经验将作为他们后期结合重庆地势地形来分析自来水的运输对水价影响的铺垫。

以上两个环节为"爬坡上坎的水"活动中与在地化教育结合较巧妙之处，活动中还有其他围绕问题研究而设计的环节，在此不做详细介绍。

六、结　语

通过案例分析，可以发现在科技馆的教育活动中融入在地化教育，研究问题的选择非常关

键，找到了需要研究的合适的真实问题，后续的活动设计便能有的放矢。另外，通过案例分析，还能发现在地化教育与 PBL 教育之间也有着很明显的联系，如都以真实情景下的真实问题作为研究对象，都致力于培育学生解决问题的能力。对于科技馆的教育工作者而言，PBL 教育并不陌生，并且许多科技馆也有着丰富的 PBL 教育经验，所以在了解和学习在地化教育时，不妨结合 PBL 教育，思考如何在科技馆的教育活动中融入在地化教育，同时结合 PBL 教育项目的设计经验，来尝试在地化教育的活动设计。与此同时，具有科技馆特色的融合了在地化教育和 PBL 教育的教育活动，也是科技馆教育工作人员可以思考并尝试的活动形式。

参考文献

[1] 汪明杰. 在地化教学：教育生态转型的支点[J]. 世界教育信息，2018(12)：13-24.

[2] 崔鸿，张海悦，朱家华，刘伟男. 馆校结合提升学生科学探究能力的现实与反思[J]. 教育教学论坛，2019(17)：243-245.

[3] 扈先勤，刘静. 对科技馆教育功能的再认识[J]. 科技创新导报，2011(34)：191-192.

[4] 温德尔·贝瑞. 为多样性而辩[J]. 世界教育信息，2018(11)：34-40.

[5] 赵小娟. 非正式科学学习环境中科技馆教育作用初探[J]. 科协论坛，2017(04)：28-31.

[6] 孙艺闻，但菲. 浅议台湾地区幼儿园在地化课程[J]. 辽宁教育，2018(4)：87-89.

[7] 邱建生. 在地化知识与平民教育的使命[J]. 中国图书评论，2014(06)：42-47.

TRIZ 理论的发明原理在科普展品创新研发中的应用
——以南京科技馆的创新展品为例

翁帆帆[1]　张辉

摘　要： 面对科普展品研发面临的创新性误区和局限性问题，本文试图通过 TRIZ 理论来解决问题。通过分类和举例说明的方式，分析了 TRIZ 理论的 40 个创新发明原理在科普展品研发中发现问题、解决冲突的过程，为科普展品研发提供方法。

关键词： TRIZ 理论；40 条发明原理；展品创新研发

一、引　言

科技创新、科学普及是实现科技创新的两翼，我国已把科学普及放在科技创新同等重要的位置。近些年，我国科技馆建设进入了新的高潮。紧跟科技发展的脚步，关注社会热点、保持科技馆自身活力是目前科技馆人的主要工作。科普展品作为科技馆普及科学知识、弘扬科学精神、传播科学思想、倡导科学方法的重要载体，是科技馆建设水平和展览成效的重要体现。

各个场馆在建设和改造过程中都开始强调展品的创新型，但目前由于行业所限，展品的创新性有很强的误区和局限性，目前主要的创新方式主要包括：一是选择没有展示过的科学知识来研发展品，科学知识是无穷无尽的，但这样只能算是开发新展品，而不是真正意义上的展品创新研发；二是修改现有展品的展示技术，例如将实物操作改为多媒体形式操作等，换汤不换药，在展示方法上并没有什么区别，有时候新技术的过多应用反而会影响展品所要传达的科学规律。

真正的创新应该是根据观众对展品的理解和接受程度，对现有的科学内容和展品进行改进和完善，以期达到真正传递科学知识、科学方法的目的。就目前国内现状而言，单纯依靠展品公司来进行创新已经不太可行。因为对企业来说，他们更看重短期效益和利润，验收之后就不再关心展品的改进情况和教育效果了。因此，作为科技馆自身，要更加重视展品的创新研发工作。创新离不开有效的创新方法，通过对 TRIZ 理论的学习，希望能在展品研发中得到应用。

二、TRIZ 理论概述

TRIZ 即为发明问题解决理论，是由前苏联天才发明家和创造创新学家阿奇舒勒创立的，他指出：一旦我们对大量好的专利进行分析，提出其问题的解决模式，我们就能够学习这些模式，从而创造性地解决问题。归根结底，TRIZ 理论也就是提出问题及解决问题过程的一种思

1　翁帆帆，南京科技馆助理工程师。通信地址：江苏省南京市雨花台区紫荆花路 9 号。邮编：210000。E-mail：691615102@qq.com。

维方法。解决发明问题，其核心在于解决设计中的冲突。阿奇舒勒带领一大批学者在对大量的专利文件中提取、总结、凝练出来最具有普遍用途的 40 条最基本的发明原理。这 40 条原理作为 TRIZ 的工具之一，可以直接、反复地应用在各行各业的发明创新中。

40 个发明原理，旨在用有限的 40 条原理来解决无限的发明问题，具体见表 1。

表 1

1、分割原理	16、不足或过度作用原理	31、多孔材料原理
2、抽出原理	17、多维化原理	32、变换颜色原理
3、局部质量原理	18、振动原理	33、同质性原理
4、不对称原理	19、周期性作用原理	34、自弃与修复原理
5、合并原理	20、有效持续作用原理	35、改变状态原理
6、多功能原理	21、减少有害作用时间原理	36、相变原理
7、嵌套原理	22、变害为益原理	37、热膨胀原理
8、质量补偿原理	23、反馈原理	38、强氧化原理
9、预先反作用原理	24、中介物原理	39、惰性(或真空)环境原理
10、预先作用原理	25、自助原理	40、复合材料原理
11、预置防范原理	26、复制原理	
12、等势原理	27、一次性用品替代原理	
13、反向作用原理	28、替换机械系统原理	
14、曲面化原理	29、气压或液压结构替代原理	
15、动态化原理	30、柔性壳体或薄膜结构原理	

三、科普展品创新研发的一般原则

科普展品使用频率很高，并且要允许各类观众的不当操作，不能以易损坏为由拒绝观众的参与。科技馆要鼓励观众动手参与操作展品，通过探究性学习，可以引发他们深入思考，达到对观众的教育和启发作用。这是科技馆内的科普教育区别于学校教育和家庭教育的固有特色。因此，我们在进行科普展品创新研发时必须遵循以下一些基本原则。

(一) 科学性的原则

科技馆不同于游乐园，科普展品的展示内容和方法必须体现科学原理、符合科学精神，这是对科普展品的最基本的要求。展品研发一方面是对展品内涵的科学本质有着清晰的认识，另一方面展品研发过程本身也要具备科学性。

(二) 互动性的原则

科技馆科普展品要充分发挥探究性学习的功能，要通过互动提高观众学习的积极性，让观众在不断参与和尝试中领悟科学精神、学习科学方法，因此必须要具备较高的互动性。

（三）趣味性的原则

一件科普展品要达到最好的展示效果，除了科学内容丰富以外，展示形式多样、操作简单有趣也是十分必要的。往往最受欢迎的经典展品就是最吸引眼球或操作最方便的项目。

（四）多功能性的原则

科普展品的研发初期，往往是为了表现某一个科学原理，用于某一个固定学科。但通过逐步对展品本身进行探索和深化，往往可以集中为展项集群，表现出多个知识内容；再进一步将技术与艺术相结合，往往还能实现跨学科的表现手法。

（五）节约成本的原则

科技馆为公益性事业单位，其建设和维护均需使用财政资金，应该严格合理使用资金，而展品公司作为企业也是要将盈利最大化。因此在展品的研发时还需充分考虑成本的问题。

（六）安全可靠性的原则

科技馆作为公共场馆，往往人流较为密集，且以青少年居多，科普展品是需要观众直接接触的，同时互动形式中使用了水、电、液压、机械、电子等多种技术，存在着各类特定的技术缺陷和安全隐患，都可能造成展品损坏和安全事故。

（七）易维修的原则

展品一旦投入运行，其组件的磨损、老化以及观众不当操作引起的损坏都是不可避免的。在研发时就要充分考虑到后期运维的可持续性。

四、TRIZ 理论 40 条发明原理在展品研发中的应用

科技馆的科普展品基本都是非标产品，每个展品展项都需要经过一整套的研发流程。细究起来，展品研发的一般原则之间往往存在着不可避免的冲突与矛盾。为了最大限度地强调科学性，往往展品枯燥无味缺乏吸引力；如果增加展品的互动功能，那么必然加速磨损老化和破坏程度，增加展品维修的工作量，也相应地增加了安全隐患；为了展品的多功能性，往往展品的结构比较复杂，不仅价格较高，可靠性也会随之下降，也增加了维修的难度等。这些问题都是展品研发中的难点。

而 TRIZ 理论及创新方法，就是用冲突解决理论来解决问题的。根据科普展品研发的一般原则，将适合的发明原理进行分类（见表 2），并对其中的原理进行应用分析。

表2

序　号	原　则	相对应的原理
1	科学性	3、20、28
2	互动性	5、17、23
3	趣味性	17、32
4	多功能性	5、6
5	节约成本	26、28
6	安全可靠性	3、9
7	易维修	10、19

(一)在科普展品创新研发中的发明原理浅析

① 局部质量原理:在物体的特定区域改变其特性,从而获得必要的特性。

要充分考虑不同年龄层观众的互动需求,根据场馆实际情况科学地设计展品的高低、大小、形状等,既便于参与,也避免对人身的伤害。

② 合并原理:将空间或时间上同类或相邻的物体或操作进行合并。

在展品研发中,可以以展项集的形式来呈现,如将静态展示的展项和互动展项放在一起,既节省空间,又将多种展示形式组合起来,满足人们多感官的互动。

③ 多功能原理:使一个物体能执行多种不同的功能,从而可去掉其他部件。

展区中静态展项的空间可用于展区教育活动的开展,避免了静态展品与区域的枯燥。

④ 预先反作用力原理:事先给物体施加反作用力,用以消除不利的影响。

在展品研发中要充分考虑安全性,通过提前预设保护机制,确保展品在安全合理的范围内互动,避免安全事故。

⑤ 预先作用原理:预先完成部分或全部工作,或事先把物体放在最方便的位置,以便能立即投入使用。

在研发中尽量将结构装置模块化,并备好易损配件和易丢失组件,可提高维修效率。

⑥ 多维化原理:把物体的动作、布局由一维变为多维。

如展品中的虚拟现实技术就是充分应用了这一原理,将二维空间三维化,打造让人身临其境的感觉,极大地增强了互动体验感。

⑦ 周期性作用原理:用周期作用代替连续作用,或利用脉冲的间歇完成其他作用。

对于易消耗的展品采用定时演示和开放的方法,就是利用了周期性作用原理,提高展品使用寿命。

⑧ 有效持续作用原理:物体的所有部分均应一直满负荷工作,或者消除空转和间歇运转。

为了达到展示效果,部分展项需要一直持续工作的状态,保证展示内容的覆盖面。例如多媒体循环播放等。

⑨ 反馈原理:引入反馈或改变已有反馈,其特征是巧妙运用技术过程中的有关伴随信息。人机交互的展品一般都会搜集人的指令作出反馈,达到互动的效果。

⑩ 复制原理:用简单而便宜的复制品代替昂贵的、易损坏的物体。因此一般科技馆中许多静态展项都采用模型而不是实物,以此来节约成本。

⑪ 替换机械系统原理:用光、电、嗅觉系统替代机械系统,用电、磁场替代机械场,或者用移动场替代静止场,用时变场替代恒定场,用结构化的场替代随机场。

⑫ 变换颜色原理:改变物体或外部介质的颜色和透明度,或者增添某种容易观察的颜色添加剂。色彩感的环境营造,可以给观众带来愉悦、温馨的感受,让观众更愿意在展区停留,与展品互动。

(二)展品创新研发实践

在展品研发的实际过程中,TRIZ 这 40 个原理往往是交叉、组合来产生作用的。下面将以南京科技馆几件创新展品为例,对 TRIZ 发明原理进行实践探索。

1. 数学展区“阿拉伯数字”

数学展区“阿拉伯数字”,如图 1 所示。

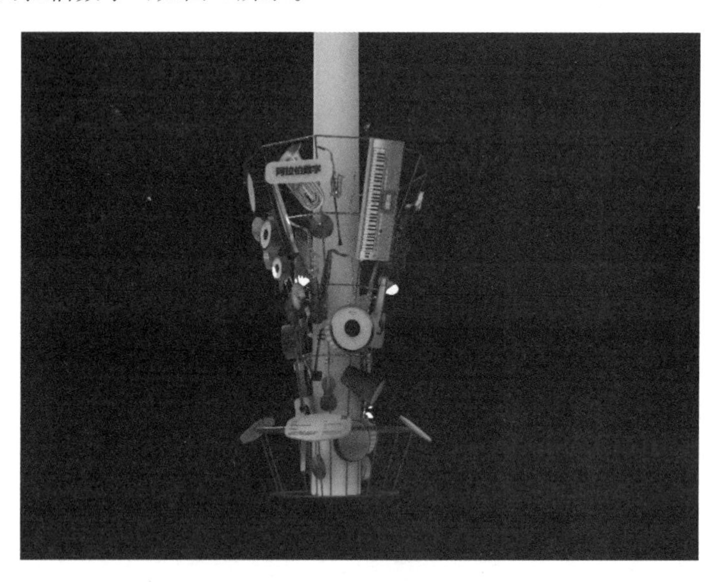

图 1　“阿拉伯数字”展项

① 局部质量原理:由于是改造项目,展品研发时充分利用馆内现有结构,将展品布局在钢结构柱上,既节省了空间,又利用了空间高度,丰富展区视觉效果。

② 多功能原理:此展项在其他场馆也出现过,主要用来表现音乐,而这次通过寓意展示,用生活中常见的各类乐器来比喻阿拉伯数字像音乐一样普及,表现数学是全人类的共同语言,和乐曲一样美且人人能懂。

③ 多维化原理:将枯燥的阿拉伯数字转化为音乐符号,乐器实物堆砌的艺术装置和多媒体互动形式,可以将数字转化成美妙的音符,实现视觉与听觉的双重享受。

④ 反馈原理:互动多媒体可以实现认识数字、弹奏数字、数字与音符之间的关系介绍等功能,都是根据观众的选择来确定。

2. 生命展区“人体溜溜球”

生命展区“人体溜溜球”,如图 2 所示。

① 局部质量原理:充分利用展厅的倾斜支柱,整体造型呈现“溜溜球”的外观,参与者双手抓握住上方的金属棍,做用力下拽的动作,使上方的“溜溜球”转动,直至将身体拉上半空。

图 2　“人体溜溜球”展项

② 预先反作用力原理：为了避免儿童升空过高造成安全隐患，在研发中增加限位装置，将升空高度控制在 0.5 m 的范围内。

③ 多维化原理：什么是生命，简而言之就是活着，有活着也就有死亡。通过人体溜溜球的形式，观众感受生命强大的活力，以及逐渐慢慢消亡的生命。

④ 有效持续作用原理：此展品在设计时特别注重展项机械结构的稳定性，保证展品持续工作，以满足观众排队参与的热情。

3. 生命展区“多样的生命”

生命展区“多样的生命”，如图 3 所示。

图 3　“多样的生命”展项

① 合并原理：展项整体为阵列块组合而成，综合使用图片、视频、文字的展示形式，分别展

示多样化的生态系统与多样的生命。

② 多功能原理:展项作为生命展区的明星展项,除了展示相应的科普内容,还有助于展区的宣传,展墙前空地可开展小型科普教育活动。

③ 有效持续作用原理:通过图片灯箱、滚动视频的形式,保证展品始终处于工作状态。

④ 变换颜色原理:通过绚丽的色彩和高清动态视频模式,充分表现生命的速度、力量、生存策略及生物在自然界中独一无二的韵律美,它们体现了各种适应性帮助生物存在于它们自身的生态位或栖息地。

五、结　语

TRIZ 理论的 40 个发明原理可以帮助人们打破思维定式、解决冲突问题、激发创新思维,在科普展品具有自身的特殊性和非标性,在研发过程中合理运用 TRIZ 理论,可以及时发现问题,解决矛盾冲突,得到有效的解决途径,提高展品的创新度和稳定性,让展品更好地发挥出科普的功能。

参考文献

[1] 檀润华. TRIZ 及应用:技术创新过程与方法[M]. 北京:高等教育出版社,2010.

[2] 崔憧遥,张简一,杜强,等. TRIZ 理论的 40 个发明原理在儿童家具设计中的应用[J]. 包装工程,2017(2):175-179.

[3] 刘立伟. TRIZ 理论在科技馆展品研发和维修中的应用[J]. 科技传播,2019(09).

[4] 王厚鸣. 浅析科技馆展品问题和展品设计的一般原则[J]. 科技应用,2016(33):38.

球幕影院和天文馆互动天文课开发研究[1]

赵然子[2]　王丽[3]　赵奇[4]

摘　要：随着天文科普在我国的课外教育领域的重视程度不断增加，球幕影院和天文馆因其画面独特的表现形式，作为天文科普的载体展现出巨大的先天优势。我国近年来兴建的科技馆大多配有球幕影院或天文馆，但是由于多方面的原因，这些设备的应用大多局限在科普影片的回放上，单一的应用形式导致设备的利用率低，科普效果不理想。本文通过梳理天文学基本知识框架，分析6—13岁青少年知识结构和认知水平，调研国内外球幕影院天文馆互动天文课的开展形式和对经典案例进行分析。以青少年为主要目标人群，以相关教育理论为基础，探索互动天文课的形式、结构、脚本设计思路，依托中国科技馆新改造后的数字天象系统，尝试开发完整的可移植、可复制的互动天文课资源包。

关键词：球幕影院；天文馆；互动天文课；课程资源包

天文学是一门包罗万象的综合性学科，天文科普教育能吸引人们去探索科学、开拓视野，提高科技素养、培养科学精神，形成科学的世界观。当代天文学的迅猛发展，世界各国纷纷加大研究投入，不仅公众对于天文的关注程度在与日俱增，国家也越来越重视天文知识普及。天文知识在小学科学教学中是很重要的教学内容，小学生学习天文知识不仅能够更好地理解科学知识，更能扩大学生的知识领域和各方面素质，开阔眼界和胸怀。

球幕影院和天文馆作为特效影院最重要的形式之一，具有大尺寸的半球形银幕构造，在演示模拟星空、演示天文内容方面具有独特的优势，可以在播放电影节目之外，作为天文学可视化工具使用，丰富天文科普的形式和内容[1]。伴随着国内科技馆等科普场馆的兴建，球幕影院越来越多地出现在大中型城市中。但能够利用其进行天象演示和科普活动的国内场馆却很少，这方面的课题研究和论文也很少。因此，亟待就天象演示系统的应用进行研究和案例开发，并在科技馆中推广应用。

近年来新建成的数字球幕影院所配备的数字天象演示系统在功能和效果上与天文馆基本相同，因此下文均以球幕影院代替。

一、互动天文课优势分析

在科技馆这种非正规学习环境下收获的知识，和从传统意义上的学校教育中收获的知识是不同的，因为这种知识不是系统性的知识灌溉，也不拘泥于概念层面。在科技馆中无论是青

1　基金项目：中国科技馆青年创新基金项目“基于球幕影院天象演示系统的互动性天文课开发”

2　赵然子，中国科学技术馆影院管理部工程师，主要研究方向为影视科普教育，天文教育活动开发，Email：superdz@sina.com；

3　王丽，中国科学技术馆影院管理部副主任，主要研究方向为影视科普教育；

4　赵奇，中国科学技术馆影院管理部工程师，主要研究方向为影视科普教育。

少年还是成年人，都可以提高对科学的认识和兴趣、转变常规的思维习惯，学到更多的东西。所以科技馆的教育理念和常规学校教育有着不同的定位。

1. 从场馆的角度分析

研究人员发现对科学产生的兴趣可以通过不同的物理情境来产生。例如，球幕影院能够提供特定的场所、工具(望远镜、天文数据库)和专门组织的活动(组织大家观察、动手操作等)，使人们可以从理论和实践上都有所收获。科技馆提供给观众的学习场景和组织的相应活动是很重要的，人们通过观看、动手或讨论，能够真正地参与到学习过程中，主动去思考，这种过程实际上也体现为一种灵活的学习方式，有良好的学习效果[2]。

球幕影院使用光学或数字投影系统创造出宇宙、空间以及其他科学主题影像，能够产生一般方法无法做到的壮观影像。球幕影院逼真震撼的观感体验具有很强的趣味性，可以大大提升青少年观众的学习兴趣，对学习带来潜在影响。也正是这个原因，球幕影院和天象仪被用于越来越多的科技馆中。

2. 从参观者的角度来分析

从幼儿开始，人们就凭直觉产生对世界的思考，孩子们会去听成年人解释为什么有时候看不见月亮、为什么会有四季更迭之类的问题。青少年时期的这些知识对其将来几乎所有学习行为都有影响。最终，人们能力的体现在于会运用所熟知的知识去解决某些问题，而不仅仅是拥有"一堆知识"。

博物馆教育学者乔治·海恩认为：真正的教育来自学习者自身的经验，特别是学习者主动参与的经验，博物馆教育的目的并不在"教"，而在帮助观众"学习"。他强调，博物馆中观众的角色是主动的，应鼓励博物馆观众去自行探索问题、建构知识，这才是博物馆教育的本质[2]。因此，互动天文课在设计时会充分考虑青少年对世界的认知这一因素，并非仅仅着眼于让他们掌握多少知识，而是更多地关注他们怎样表达自己的思想、如何自主地探索知识、运用新的知识转变自己固有的观念。

3. 从活动本身分析

面对各种媒介相互融合的信息化时代背景，科普节目的策划设计是科学与艺术的再平衡，是自然科学与人文艺术的碰撞融合。

青少年的注意力不稳定、不持久，且常与兴趣密切相关。生动、新颖、直观形象的事物，较易引起他们的兴趣和注意，对具有一定抽象水平的概念、定理的注意则正在发展中，不易长时间地集中注意力。天文知识中不可避免地有一些概念和专业性语言，因此，基于青少年的这一特点，为了获得更好的参与体验，互动天文课中可以利用设备优势，大量采用震撼的图片、视频等形式来丰富视听语言，同时将互动性、游戏性融入科学性阐释中，不断吸引青少年的注意力。

二、互动天文课需求和现状研究

(一) 互动天文课需求分析

通过对北京市天文特色校进行走访，发现中小学越发重视培养学生的科学素养，许多学校都设有天文社团，一些学校还设置了天文校本课，但缺乏专业设备、专业老师和好的教学方式，球幕影院天文课可以作为中小学的第二课堂，成为学校的有益补充，提高学生的科学素养，对于天文特色校能够有效帮助学生提高天文专业水平。

通过对国内已建有球幕影院的科技馆进行调研，截至 2017 年底，在 192 家达标科技馆中，已建有球幕影院 61 座，具有天象演示功能的超过 27 座，利用特效影院开展活动场馆仅占总量的 1/10，其中利用球幕影院开展天文科普活动则更少。

通过访谈了解到，已经利用影院开展相关活动的场馆收到很好的反馈效果，受到观众欢迎，未开展相关活动的科技馆对于教育活动也具有浓厚兴趣，希望在技术和资源上得到支持。

通过对调研结果的总结分析可以看出，各科技馆对影院科普功能的重视程度普遍提高，然而对于大多数具备硬件条件的科技馆来说，结合球幕影院开展天文教育活动的能力尚且不足，主要表现为，一是对数字星空系统功能的了解还非常有限，系统操作和编程能力较低；二是缺乏天文专业人才和策划人才，策划天文科普活动的能力较弱。因此，进行天文课的系统性开发，促进各馆交流共享，是各地科技馆的共同需求。

（二）国内外球幕影院天文互动节目案例分析

1. 合肥科技馆“球幕影院玩天文”活动情况

合肥科技馆开发了“球幕影院玩天文”品牌活动。活动选取与天文有关主题，主要有“太阳系二三事”“我们的星座在哪里”等以太阳、月球、地球、四季星空为主题的活动。活动对象主要为 7 岁以上青少年和家长，活动形式是现场演示讲解、观众互动提问，每场人数约 130 人。

活动中，活动主讲人提前准备好活动主题所需的资料，并根据球幕影院放映系统内能使用的资源加以制作合理的授课方案。活动时长大致在 30 分钟以内，期间包含对天体的介绍、与观众的互动、播放与之相关的天象影片等。

2. 澳门科学馆“点亮星辰”活动情况

“点亮星辰”是澳门科学馆天文馆举办的天文科普系列活动的概念总称，系列活动主要包括专题讲座、户外观测两部分，同时通过工作坊、天象节目、路边天文等多种形式，为公众传播天文知识。“点亮星辰”寓意“虽然光污染的城市夜空星光黯淡，但让我们一起把星光点亮”，希望通过天文馆的努力，在澳门能有更多人热爱天文科学、参加天文活动。“点亮星辰”一般每月首个周六举办一场专题讲座，第三个周六举办一场户外观测，并且根据重要天象举行特别活动。已举办包括“天煞—天文异象”“恒星演化”“星星去哪儿—光污染”“占星大师 VS 观星大师”等专题讲座，为公众提供持续、高质量、时尚、有吸引力的天文科普活动，受到澳门市民欢迎和认可。

3. 国外场馆球幕影院天文互动节目案例分析

通过对国际知名球幕影院的调研，分别选取美国、德国、西班牙、波兰和加拿大的八家球幕影院，以邮件形式进行了沟通和问卷调查，结果显示 100％的被调查场馆在日常对公众开放时都开展了天文教学及演示活动。调查问卷预设了四种活动形式，分别为天文教学、天象演示、互动问答、观测演示，在 8 家场馆中，不同活动形式占比如表 1 所列。

表1　国外8家场馆开展各类型天文活动情况

活动形式	实施场馆数量	占比
天文教学	8家	100%
天象演示	6家	75%
互动问答	7家	100%
观测演示	6家	75%

通过对调查问卷的结果分析可以看出，所调研的场馆在播放常规的球幕影片以外，都通过球幕影院这一平台在天文演示方面的优势，进行天文教学、演示等天文科普活动，天文教学及演示活动普遍存在于世界各大球幕影院中，在对公众开放的内容中是十分重要的组成部分。

波兰哥白尼科学中心作为波兰最大也是最先进的科学中心，其所拥有的天文馆在互动节目的开发与应用上具有十分丰富的经验和先进的理念，值得我们学习和借鉴。

该天文馆所面向观众的天文节目主要有七种形式，分别为现场秀、电影、激光秀、音乐秀、演奏会、与科学家面对面和展览。其中展览是在影院外的公共空间中进行的展示，其他六种则全部是在影院中进行的。

其天文相关的现场秀主要有两种类型的表演，其中之一是以映前秀的形式，在电影播放前进行的表演，内容通常是季节性变化的，且与影片相关，通常在20分钟左右。另一种则是单独售票的节目，时长在45分钟左右，通常由两位工作人员配合，一名进行讲解，另外一名则控制星空的变化，节目的形式是互动的，内容会根据观众的反应进行相应的调整。

三、球幕天文课设计理论研究

（一）青少年认知发展分析

儿童从幼儿园到小学低年级阶段，基本可以通过视频动画、科普读物、幼教教学等途径熟悉地球、宇宙飞船、星球等天文相关词汇和大致概念，但是对表面现象和本质原理的联系还不能有效理解，因此，这个年龄段(4～8岁)的儿童一般以现象描述、激发兴趣，引导思考为主，原理性的解释传授为辅。

进入中、高年级以后，学生应当对宇宙和地球的概念和规律有更深了解，但由于儿童的空间想象能力有限，使得学生理解星球空间位置关系等有一定的困难。而数字星空系统正是在此阶段教育中有着独特优势，它可作为天文学可视化工具，在天穹一样的银幕上实时演示数字宇宙星空、天文现象以及行星构造等内容，配合视频等多媒体手段，使这部分的教育变得容易理解。

在小学科学课程的课纲中，明确提出了小学生应建立的地球与宇宙概念，如：在太阳系中，地球、月球和其他星球有规律地运动着；地球上有大气、水、生物、土壤和岩石，地球内部有地壳、地幔和地核；地球是人类生存的家园。其知识结构如图1所示。

同时，课标明确提出在各年级阶段，对地球与宇宙理解的具体程度要求如表2所列。

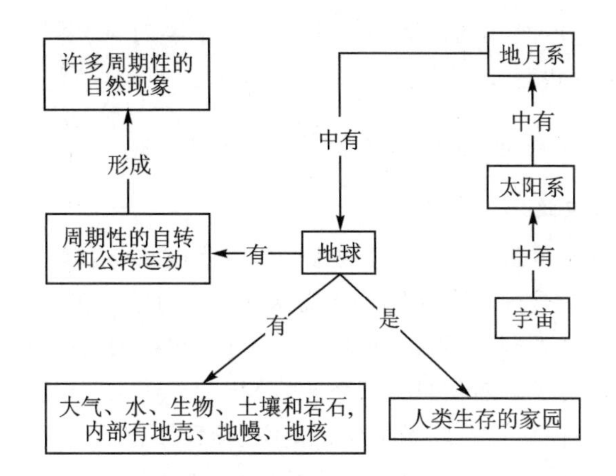

图1　小学科学课“地球与宇宙科学”部分知识结构

表2　小学科学课“地球与宇宙科学”各年级学习目标

学习内容	学习目标		
	1～2年级	3～4年级	5～6年级
13.1 地球每天自西向东围绕地轴自转，形成昼夜交替等有规律的自然现象	描述太阳每天在天空中东升西落的位置变化；描述怎样利用太阳的位置辨认方向	描述一天中在太阳光的照射下，物体影子的变化规律	知道地球自西向东围绕地轴自转，形成了昼夜交替与天体东升西落的现象； 知道地球自转轴（地轴）及自转的周期、方向等
13.2 地球每年自西向东围绕太阳公转，形成四季等有规律的自然现象	描述一年中季节变化的现象，举例说出季节变化对动植物和人类生活的影响		知道正午时物体影子在不同季节的规律变化； 知道四季的形成与地球围绕太阳公转有关
13.3 月球围绕地球运动，月相每月有规律地变化	描述月相的变化现象	知道月球是地球的卫星； 描述月相变化的规律	
13.4 太阳系是人类已经探测到的宇宙中很小的一部分，地球是太阳系中的一颗行星	知道太阳能够发光发热，描述太阳对动植物和人类生活有着重要影响	知道地球是一个球体，是太阳系中的一颗行星； 描述月球表面的概况； 知道太阳是一颗恒星	知道太阳是太阳系的中心；知道太阳系中有八颗行星，描述它们在太阳系中的相对位置； 描述月球、地球和太阳的相对大小和相对运动方式； 知道宇宙中有无数星系，银河系只是其中的一个； 知道大熊座、猎户座等主要星座；学习利用北极星辨认方向； 了解人类对宇宙的探索历史，关注我国及世界空间技术的最新发展

通过研究分析不同年龄段的认知水平以及学习需求，结合数字星空系统的技术优势，选取

了6～13岁的青少年作为本次互动天文课开发研究的主要对象。同时，也适用于有一定天文学启蒙基础的学龄前儿童和对天文学了解不多的成年人。

(二) 球幕天文课教育思路与一般性设计规律总结

1. 球幕天文课教育思路

结合以上研究，确定球幕天文课的教育思路，即围绕地球与宇宙的大概念，从知识技能、过程方法、情感与价值观三个维度来构建球幕天文课课程。其中，知识技能包括获得地球和宇宙环境的基础知识，学习天文观测(观星)等技能；过程方法包括通过天文观测(观星)或借助其他手段获取地理位置和信息，了解对信息进行整理、分析的方法，并能应用到生活其他方面(如地理知识)；情感与价值观方面包括激发学生探索星空、探索宇宙的兴趣和动机，增强利用宇宙资源、保护宇宙环境的使命感，以及关注航天事业发展，增强爱国情感等。

2. 设计球幕天文课时应当遵循的一般性要求

一是探索性。天文课的开发要善于把握青少年的心理特点及所需，策划中要注意贴近生活，具有感染性、探究性。使青少年通过参与活动，在生活中可以应用这些知识，激发对科学的兴趣；并形成科学的意识和观念，转变对世界的认知，促进思维水平产生质的飞跃，同时也为将来培养天文科技人才奠定基础。

二是知识性。天文知识是天文课的基础和核心，作为线索贯穿于天文课活动的始终。青少年乐于接触和感知周围的新鲜事物、学习新的知识，同时青少年在思维上正逐渐由具体思维向抽象逻辑思维度过渡，将抽象的天文现象和形成原因用更加直观的形式体现在银幕上，能够帮助青少年理解空间的含义，也有利于其在具体的视觉现象和抽象的语言或数字表达之间建立起直接联系，利于其建立抽象逻辑思维，促进思维能力的发展。

三是趣味性和互动性。趣味性和互动性是每一个科普活动都要追求的重要特征，是让青少年接受并迅速融入其中，保证活动效果的一个重要因素[3]。球幕天文课应当是一种双向的交流过程，需要讲解者和青少年相互交流与对话。通过趣味性的问题设定，营造轻松的情境，引导其通过思考、观察和对比从而发现答案，这一过程有利于培养青少年的科学思维，同时也容易增强记忆。蕴含趣味性和互动性的天文课，有利于培养青少年独立思考和探索能力[4]。

四是艺术性。艺术性是球幕天文课区别于其他天文科普活动的重要特点。由于活动场所主要在球幕影院中，重点靠呈现在银幕上的视觉效果和讲解者的语言来进行传达科学内容，因此，对于视觉内容和语言具有很高的要求。应当根据青少年的心理特征，选取艺术性强的图片、视频作为天文课的素材，同时在课程编排上也要注意天文演示中的视觉效果，应当色彩恰当，观感舒适。总之，球幕天文课设计也是对科学与艺术的平衡，是自然科学与人文艺术的碰撞融合[5]。

四、球幕天文课框架设计研究

(一) 球幕影院数字天象系统的演示功能与优势分析

天文课最终将以讲解和设备演示相配合的形式体现出来，球幕影院数字天象系统是开发天文课的硬件基础，了解掌握其功能、分析其特殊优势是课程策划的首要工作。

中国科学技术馆球幕影院数字天象系统在2018年刚刚完成升级改造，新建成的数字天象系统集成了大量天文学数据，并可将其进行可视化展示，具有天文数据丰富、可视化能力强、模拟运动流畅、运算能力强等特点，在展示宇宙中天体的相互关系和天文现象方面具有独特优势。对于宏观空间想象能力有限的青少年尤其是小学阶段的儿童而言，可以帮助其理解和认知天体的空间位置关系，建立直观视觉思维和抽象逻辑思维的联系。同时，软件可将可视化内容编程固定为分步展示流程，形成固定节目。

（二）天文课结构框架设计和课程选题

天文课程结构框架设计既要充分考虑学校的需求和青少年认知水平，将课程与小学、初中科学课程标准中的天文学教学目标和教学内容相结合；又要避免成为知识点的罗列，从天文学要解决的基本问题出发，系统梳理天文科普教育的主线，点、线、面相结合进行天文课程结构框架设计。

根据专家访谈和分析研究了中小学科学课课纲中对天文方面的认知要求，梳理出天文课的结构框架（见表3）。

表3 天文课的结构框架

项目	内容
太阳系	认识太阳系（太阳系组成；八大行星；小行星带；彗星、流星）； 太阳相关（太阳运动；太阳构成；日珥日冕、太阳黑子等现象）； 地球相关（地球运动，自转、公转；四季、昼夜、极昼极夜的形成原理）； 月球相关（月相含义；月相变化规律；了解月相和月球运动的关系）； 日食、月食等天象（日食、月食的现象；日食、月食产生原因）
星空、星座	观察星空（引导观察星星的亮暗、颜色、大小、闪烁、运动）； 认识星座（认识主要星座；观察星座运动；十二星座；中国古代星座）； 四季星空（四季星空最有代表性的星座；神话故事和科学家的故事）
天文观测、工具和概念	光年等天文单位、黄道、星系、星等概念；天球坐标；制作活动星图； 望远镜的知识和使用方法
宇宙星系	恒星的亮度、运动、诞生、演变和灭亡；星云；星团；星系；宇宙演化

五、球幕天文课开发

在分析系统优势、青少年学习需求和认知特点的基础上，选取了“四季星空”和“太阳系漫游”两个主题，确定教学目标主要为启蒙学生对科学、对天文学的兴趣，使学生了解基本的天文学知识，探索星空的奥秘。

球幕天文课脚本创作和普通的实验教案、电影节目脚本设计有一定的类似之处，但同时存在其特殊性，探索最优的表现形式和脚本内容是课题的难点和重点所在。在课程的教案设计中，专门针对青少年特点，设计了交流和互动环节，注重激发青少年对时间、空间、哲学等大概念的思考，注重知识性和趣味性的结合，注重我国航天成就及中国古代神话等内容的扩展等。

以下是两个天文课案例的详细介绍。

(一) 天文课案例一"今夜踏上观星路"

1. 受众人群

6岁以上的中小学生。

2. 教学目标

① 知识目标：建立星座的概念，了解中外星座的不同划分，了解各季节的典型星座。

② 能力目标：建立宇宙的立体概念，能够辨识典型星座，利用北斗七星辨识方向等。

③ 情感目标：培养对天文方面的兴趣及认识天文的重要性，认识观察和记录的重要性。

3. 主要知识点

(1) 星座的概念

介绍什么是星座，星座是远近不同、没有联系的恒星在天空中的视觉图像。如果从不同角度观察，图形不同。了解中外不同文化下星座的区别及原因，从而正确地理解星座的天文学属性。

(2) 星空四季变化

通过讲解和数字天象设备的演示，向学生介绍星空在同一时间同一地点不同时节出现变化成因，从而引出星空也有四季变化。

(3) 介绍四季星空

课程重点，演示四季星空的代表星座及认星方法，同时讲述星座背后的中外故事。

(4) 其他知识点

在介绍四季星空时，穿插介绍亮星的命名方法、光年的概念、影响恒星亮度的原因、星等的概念等知识。

(二) 天文课案例二"太阳系生命曲"

1. 受众人群

6岁以上的中小学生。

2. 教学目标

① 知识目标：了解银河系、太阳系的构成，了解恒星、行星的不同，了解太阳系内的主要天体特点，了解生命的起源和存在的条件。

② 能力目标：建立宇宙、银河系、太阳系的立体概念，能够辨识太阳系主要天体的特点，理解生命和星球环境的关系。

③ 情感目标：建立大的宇宙观，培养对天文方面的兴趣，认识天文学对人类生活的重要作用，建立保护环境的意识，了解观察和分析的重要性。

3. 主要知识点

(1) 认识地球之外的宇宙，引发对外星生命存在与否的思考

向学生介绍宏大的宇宙观，直观认识宇宙的浩渺，解释外星生命存在的可能性以及为何人类至今尚未接触到外星生命。

(2) 人类对宇宙的探索

介绍部分人类对于宇宙探索做出的努力和得到的成果，重点介绍旅行者号的相关知识。

(3) 太阳系内可能存在生命的天体

介绍生命存在的必要条件，寻找太阳系内可能存在生命的地点(主要包括太阳、地球、火星、木卫二及土卫六)，人类对这些星球的探索历史以及已经掌握的一些生命所存在的间接证据。

(4) 人类对月球的探索

主要介绍月球探索在太空探索中的重要地位，展现中国近年来的探月工程所取得的巨大成就，并以人类登月50周年作为结尾。

六、成效分析与展望

(一) 成效分析

为了不断改进天文课的内容和形式，分别对中小学生及家长、天文专家、地方馆影院负责人、影院专委会特邀专家等进行了五次试讲。与同行业专家进行了座谈，并对青少年观众进行了问卷调查。调查结果显示：对于天文课的画面演示效果，82.74%的观众认为很好，沉浸感强，演示效果直观；对于试讲内容，75.6%的观众认为难易度适中；对于参与活动的收获，92.86%的观众认为参加本次讲座有一定收获。综上分析，本次开发的特色天文课对象为6－13岁的青少年，内容以课纲为基础，较为丰富，符合目标青少年的认知水平；讲授形式配合先进的数字天象演示设备，具有很好的沉浸感和天文数据可视化效果，具有一定的趣味性和多样性，能够较好地吸引目标人群的注意力；在情感和价值观的输出较为潜移默化，能够被目标人群接受，较好地达到了预期效果。

(二) 研究成果应用展望

球幕影院互动式天文课在国内科普场馆尚属于新的教育活动形式，此互动天文课的开发是对球幕影院数字天象系统的演示功能和天文数据可视化功能进行深入挖掘和利用，是中国科技馆对于天文科普教育新的尝试，期望在国内中起到引领示范作用。

对科普工作而言，使科普内容触达更多受众，落地更多地域尤为重要。此次开发的互动天文课具有可操作、可共享的特点，可为有类似设备的场馆提供可移植、可复制的内容资源包。资源包将包括课程教案、完整脚本、相关图片和视频素材，如需要完全移植可以提供全部编程文件，由各场馆课根据各自硬件情况进行编辑使用。

参考文献

[1] 袁惠明.天象厅中的数字革命——数字技术在科普场馆中的应用[J].现代电影技术，2011(03)：5.
[2] 菲利普·贝尔，赵健，王茹.非正规环境中的科学学习：人，场所和探究[M].北京：科学普及出版社，2015.
[3] 刘媛媛，常娟，赵然子.浅谈天象节目的特点和创作要求[J].科普研究，2013(02)：7.
[4] 刘菁.浅论青少年天文科普活动的现状与发展对策[J].大众科技，2012，14(05)：4.
[5] 潘希鸣，科普影视的审美转向与叙事策略[J].学会，2018(07)：6.

万维望远镜在科技馆的天文科普中的应用

万望辉[1]　陈丹　陈迪

摘　要：武汉科技馆基于宇宙展厅的重点展项——万维望远镜（World Wide Telescope）开设展教活动——"宇宙小课堂"。"宇宙小课堂"基于小学科学课程标准、小学生的兴趣及热点选取活动主题内容，活动形式多样化。通过实践表明，拥有海量真实天文科学数据和先进的数据可视化功能的万维望远镜在科技馆的天文科普及科普信息化中具有重要意义。具体表现在：能拓展以展为教方式，以互联网、大数据等现代信息化技术为天文科普搭建新平台，提高学生的科学探究能力和创新思维，促进跨学科融合及科学、人文、艺术的融合，给科普注入信息化的生命力。

关键词：科技馆；万维望远镜；宇宙小课堂；天文科普；信息化

1　引　言

近年，中国天文成就辉煌，航天事业跻身于世界前列。习近平总书记在"科技三会"上提出"科技创新、科学普及是实现创新发展的两翼，要把科学普及放在与科技创新同等重要的位置"，天文馆、科技馆等场所成为了解天文、关注地外世界最直接、最有效的方式。

武汉科技馆基于宇宙展厅的重点展项——万维望远镜（World Wide Telescope）开设"宇宙小课堂"，结合小学科学课程标准，利用万维望远镜的海量数据、科学性、直观性和互动性等优势，开展活动形式多样化的展教活动，努力贯彻《全民素质行动计划纲要实施方案（2016－2020）》中提出的科普信息化的要求，利用"互联网＋科普"的方式创新天文科普方式手段，激发小学生学习天文的兴趣，提高学生的天文科学素养。

2　万维望远镜

万维望远镜（见图1），是一架虚拟望远镜，将世界上大型的望远镜所拍摄的真实的天文科学数据资源融合成一个无缝的数字宇宙，并通过极富创新性的数据可视化方式呈现给公众[1]。该软件具有操作简单方便、互动性强、先进的数据可视化及强大的数据资源等优点。其数据资源来源包括美国宇航局（NASA）、哈勃空间望远镜（HST）、斯隆数字化巡天（SDSS）、钱德拉X射线天文台等等，中国郭守敬天文望远镜（LAMOST）的数据也会在不久的将来融入万维望远镜中。

万维望远镜中现有的数据包括三维太阳系、中西星空数据、巡天数据、行星数据以及梅西

1　万望辉，武汉科学技术馆展教辅导员，通信地址：湖北省武汉市江岸区沿江大道91号，邮编：430010，E-mail：swyw-wh@163.com。

耶星云星团表、深空天体的高清照片等真实天文科学数据资源，同时软件中的数据还会持续更新。比如万维望远镜集成的嫦娥2号探测器获得的7米分辨率全月球数字影像数据，是迄今公开发布的最高分辨率全月面遥感影像数据。通过这些真实且实时的数据共享，结合"一带一路"的国家战略，与全球共享我国所取得的成就和天文数据资源。

武汉科技馆是国内首个引入万维望远镜软件的科技馆，并将其作为一个重点展项放在宇宙展厅。该展项有操作平台和互动平台，其中操作平台是由四台安装万维望远镜的电脑组成，互动平台是由电脑与互动体感 kinect 结合（见图2），公众用手势就可以操作软件，轻松穿越太阳系、银河系乃至宇宙。

图1　武汉科技馆宇宙展厅重点展项——万维望远镜

图2　万维望远镜与互动体感结合

3　基于万维望远镜开设"宇宙小课堂"

随着我国航天及天文事业的发展，公众越来越关注天文。天文类场馆在公民天文科学普及和提高全民天文科学素质方面发挥着越来越重要的作用，单纯的展品展示、讲解已经无法满足公众的需求。基于展品开发教育活动是延伸展品生命力和提高科技馆科普功能的重要途径，同时也是克服"新馆效应"的重要方法。科技馆需加强自身在中小学科学教育和综合实践活动中的引领作用，将场馆功能从提高全民科学素质延伸至提升学生综合素质。2018年5月1日，武汉科技馆宇宙展厅基于万维望远镜开设"宇宙小课堂"。

3.1　活动内容基于小学科学课程标准

参照小学科学课程标准（2017年版），小学科学课程内容以学生能够感知的物质科学、生命科学、地球与宇宙科学、技术与工程中一些比较直观、学生有兴趣参与学习的重要内容为载体，重在培养学生对科学的兴趣、正确的思维方式和学习习惯。其中"地球与宇宙科学"领域的知识总目标主要包括：了解太阳系和一些星座；认识地球的面貌，了解地球的运动；认识人类与环境的关系，知道地球是人类应当珍惜的家园等内容。

课程标准基于学生的年龄特征与认知规律将小学科学——"地球与宇宙科学"划分了三个学段，其中与宇宙学相关的内容分别是：1～2年级学段，知道与太阳、月球相关的一些自然现象。3～4年级学段，知道太阳、地球、月球的运动特征，知道与它们有关的一些自然现象是有规律的。5～6年级学段，知道太阳系及宇宙中一些星座的基本概括，知道昼夜交替、四季变化分别与地球自转和公转有关；知道地球是人类应当珍惜的家园。

基于万维望远镜开设的"宇宙小课堂"紧紧围绕小学课标选取活动的主题，如"我们的位置""观察星空与星座""用万维望远镜认识太阳系""被降级的冥王星""太阳系新年轰趴""恒星的寿命""八大行星系列之众神的信使——水星"等等。当然也会根据学生的兴趣及最新热点开展基于课标又高于课标的主题活动，如"不同波段的望远镜""盖亚眼中的银河系""太空探测器""唱给外星人的歌——旅行者新唱片""江城十二时辰之计时工具"等等。通过问卷调查提前调研学生感兴趣的知识内容，充分迎合学生的需求和兴趣，打破传统的"教师教、学生学"的模式。

3.2　活动形式多样化

小学科学课程以培养学生科学素养为宗旨，涵盖科学知识，科学探究，科学态度，科学、技术、社会与环境四个方面的目标，课程实施的主要形式是探究活动。根据课标的要求，"宇宙小课堂"的活动形式多样化，如操作型、游戏型、制作型等，引导学生提出问题、探究研讨问题及总结分享所学内容，培养学生的科学素养、创新精神及实践探究能力。

① 操作型。万维望远镜操作强，在简单的软件介绍之后，初学者马上就能利用该软件寻找自己需要的数据内容。活动——"我们的位置"是基于万维望远镜开设"宇宙小课堂"的第一课，辅导员引导学生操作软件，寻找地球，寻找武汉科技馆的具体位置，寻找喜马拉雅山脉等。

② 游戏型。在小课堂中引入游戏环节，加强学生对科学知识的认识。比如在小课堂——"观察星空与星座"中设置"为什么会有四季星空？"的游戏，引导学生在体验中理解是由于地球在绕太阳运动过程中，地球和太阳的相对位置不断变化，因此，一年中同是在晚上，不同季节看到的星象是不一样的。

③ 制作型。小课堂"太阳系新年轰趴"中以折纸的方式引导学生知道八大行星距离太阳的位置。

④ 探究型。小课堂"太阳、地球和月亮"，把白炽灯、地球仪和乒乓球分别当做太阳、地球和月亮，先让学生观察万维望远镜中三者的相对运动、自转、公转，引发学生用道具模拟探究为什么有白天与黑夜、为什么有春夏秋冬四季变换、为什么我们永远只能看到月球的一面等问题，使学生在实际动手操作中寻找答案。

3.3　万维望远镜在展教活动中发挥的作用

万维望远镜拥有海量真实的天文科学数据，知识性强。软件虚实结合、可视化功能强大，能打破时空的局限性，在时间与空间上实现任意转换，回放已发生的天象或者推测即将发生的天象。软件操作简单方便，基于万维望远镜开展展教活动，在形式、内容、资源以及规模和普及面上具有很强的优势。

第一，基于万维望远镜的天文科学教学拓展以展为教的方式。万维望远镜平台拥有的海量数据资源是宇宙展厅其他展项所涉及的天文知识的扩充、延伸和提升，将该软件与宇宙展厅其他展项相结合开展主题活动，增强科普教育活动的系列性和延续性，有助于形成展教活动课程体系，提升展教科普资源的质量。软件操作性强，使辅导员传播天文知识的手段变多，利用其他多媒体、游戏、虚拟现实等前沿技术让科普内容充满新意，增强展教活动的科学性、趣味性、探索性。

第二，基于万维望远镜的天文科普教学有助于提高学生的科学探究能力。

万维望远镜有助于转变前概念。软件中含有海量数据，将世界上大型的望远镜所拍摄到天文科学数据融合成一个无缝的数字宇宙，包括很多深空探测到星星的数据也均融合在软件中。所以万维望远镜的“天空”模式下，用户还可以将视场放大，看到很多我们平常观星时用肉眼看不到的星星。利用该软件能很方便地帮助用户转变前概念。比如利用万维望远镜开展“观察星空与星座”的课程时，问大熊座和小熊座哪一个星座的星星比较多？大熊座和小熊座如图 3 所示。大部分的孩子都认为星座是由连线上的几颗亮星所组成，立马齐声回答“大熊座”，当然也有孩子反其道回之，“小熊座”。这时候，再用软件展示星座区域线，如图 4 所示。孩子能意识到，其实每一个星座代表某一个方向某一区域的所有天体，而不仅仅几颗亮星，所以星座之间不能单纯比较星星的多少。甚至还可以将大熊座和小熊座的视场放大，如图 5 所示，发现每个星座区域其实都有数不清的星星。

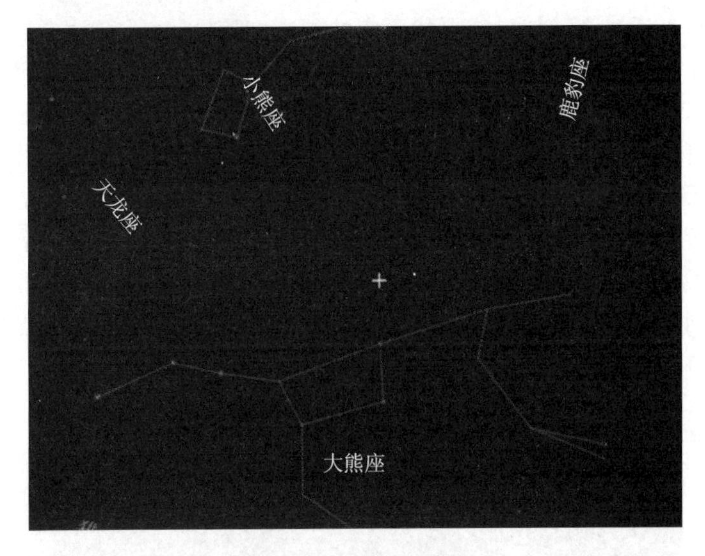

图 3　大熊座和小熊座

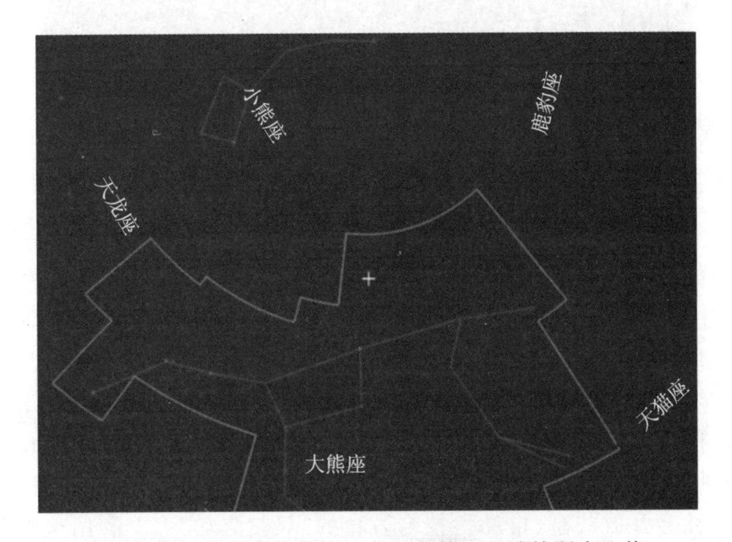

图 4　每一个星座代表某一个方向某一区域的所有天体

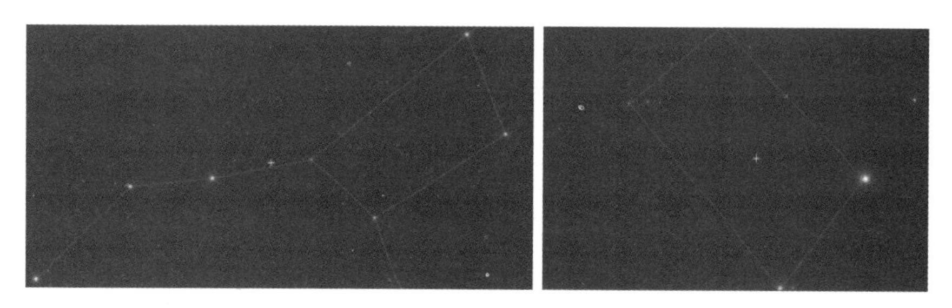

图 5　放大大熊座和小熊座区域发现都有数不清的星星

利用万维望远镜可以引导学生理解科学研究的方法。万维望远镜中的数据是集成融合的,用户可以根据自己的需求选择或不选择、放大或缩小某些数据,以方便展示或教学。比如"宇宙小课堂"——利用万维望远镜介绍"夏季大三角",就可以利用软件的图层区功能很方便地引导学生理解古人通过亮星认星或寻找星座的方法,理解科学研究的方法。

我们知道夏季星空的重要标志,是从东北地平线向南方地平线延伸的光带——银河,以及由 3 颗亮星,即银河两岸的织女星(天琴座 α 星)、牛郎星(也叫河鼓二、天鹰座 α 星)和银河之中的天津四(天鹅座 α 星)所构成的"夏季大三角",如图 6 所示。将软件的视场转入"天鹅座""天琴座"和"天鹰座"处,如图 7 所示。引导学生认识三个主要星座后,提问:如果我们将星座连线取消后是否还能找到这三个星座呢?在软件的图层区将连线取消后,如图 8 所示。听课的学生马上能发现"大三角"上的三颗亮星,再根据银河系的方向找到亮星"天津四",从而找到"天鹅座"。以同样的方法再找到其他的星座,进而逐步告诉他们古人也是通过亮星认星,理解天文学观星的科学方法。

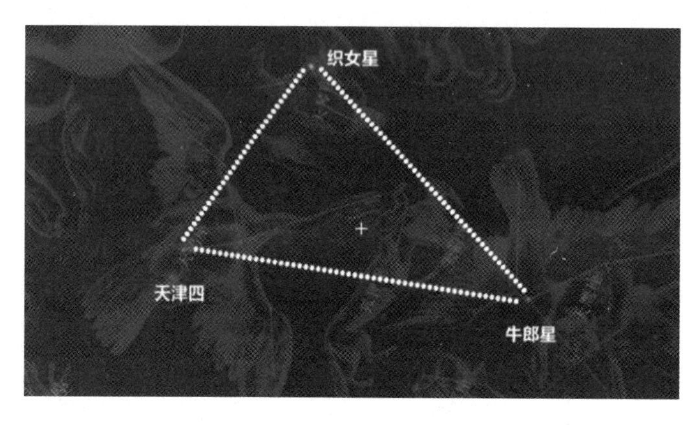

图 6　"夏季大三角"

第三,基于万维望远镜的天文科普教学有助于传承中国文化,促进科学、人文、艺术的融合。万维望远镜还具有简易方便的漫游创作功能,互动性和探究性强。教师可以制作漫游课件进行教学,学生可以创作宇宙漫游与别人分享[1]。中国虚拟天文台首次以万维天文望远镜为平台,融合《漫步中国星空》一书中所恢复的中国宋代传统星空原貌数据、现代 HR 星表和 SAO 星表数据,同时将徐刚先生所绘的生动、形象的中国古代传统星官艺术图案巧妙地整合在 WWT 的环境中,以数字化形式呈现宋代星象,并开发成可供公众自主学习和研究的优质数字化资源,向全社会开放共享,推动科技与教育的"双轮驱动"[2]。利用这些数据制作漫游进行教学,能引导学生更好的理解中国传统文化,而且还能共建共享中国传统文化数字化科普资

图7　“夏季大三角”主要星座

图8　“夏季大三角”亮星

源，服务更多人。另外，学生制作漫游的过程也是一个自我学习和探索的过程，漫游的知识点内容要保证科学性，制作一个优秀的漫游画面需要有流畅性和美感等等，通过这些自我探索的过程，促进科学、人文、艺术的融合，有助于提高学生的科学素养。

第四，万维望远镜有助于提高学生的创新思维。创新思维包括批判性思维、发散思维、聚合思维、逆向思维以及计算机思维等等。万维望远镜是一软计算机软件，学生使用该软件时，能有效地帮助学生理解计算机功能，潜移默化地形成一种计算机思维、编程思维等等。万维望远镜是一款虚拟现实结合的软件，可以满足学生对天文学的兴趣和爱好，漫游制作功能还能激发学生对天文知识的自主探索性，调动想象力和培养学生对天文认知的思维能力，拓展创新思维。

第五，万维望远镜有助于促进跨学科融合。该软件不仅融合海量天文数据，还包括大量地球数据，而且该软件还具有先进的数据可视化功能，结合 Excel 软件就可以轻松地将其他数据融合在该软件中，并用非常直观的方式展示给公众。这样在教学过程中就能实现天文、地理以及大数据的跨学科融合。如“宇宙小课堂”开展的课程——“我们的地球”，不仅可以轻松地向观众展示喜马拉雅山脉，如图 9 所示。还可以将最新的地震数据通过万维望远镜进行可视化，引导学生认识地震带的分布情况，如图 10 所示。

图 9　连绵起伏的喜马拉雅山

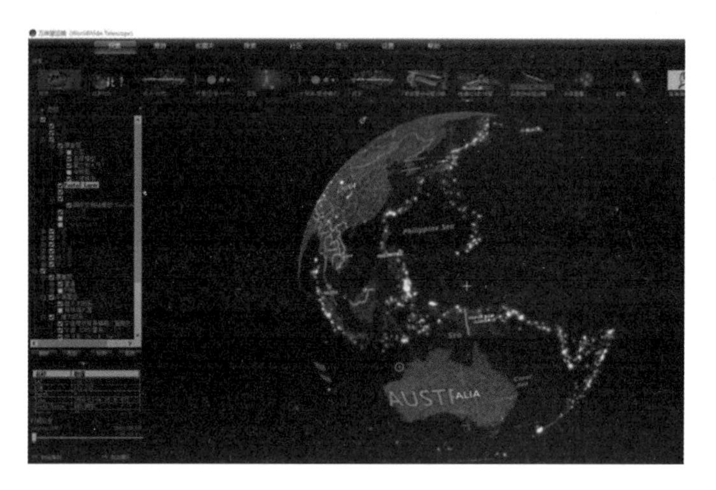

图 10　地震数据可视化

4　展　望

"宇宙小课堂"不是终点，仅仅只是武汉科技馆开展天文科普活动的起点，从 2018 年至今，我们陆续举办了四场天文科学讲座活动和寒暑假"小小讲解员"活动，创新天文科普教育方式手段。今后我们将继续努力，提高天文科普活动的知识性、探索性、趣味性、体验性等，根据学生的年龄特征和学习需求，多开展贴近生活、感染力强、探究性强的天文科普活动，满足学生的需求，提高参与度，丰富学生的业余生活，让学生近距离体验宇宙的魅力的同时提高天文科学素养。推动武汉科技馆天文科普活动的发展，创新天文科普方式，使天文走近每一位公众。

参 考 文 献

[1] Gray J, Szalay A. The World - Wide Telescope[J]. Communications of the ACM, 2002.
[2] 乔翠兰、崔辰州，郑小平等. 基于真实数据的天文教学实践探索[J]. 大学物理，2013，32(6)：48-51.
[3] 万望辉，崔辰州，乔翠兰，等. 中国传统星空资源的 WWT 集成与共享[J]. 天文研究与技术，2018，15(2)：240-244.

融合科学课程标准下的科技馆天文展教案例分析

许文[1]　虞阳[2]

摘　要：中小学科学课程作为一门基础性课程，对培养中小学生的科学素养起着至关重要的作用；科技馆等校外科普机构，也承担着普及科学知识，培养公众科学精神的社会责任。将 二者统一规划、有机结合可以培养学生实践能力，提高学生的科学知识水平。充分发挥科技馆内展教资源，更好地对照科学课程标准，进而达到更细致全面地诠释科学课程内容，拓展校外科学知识的根本目的。天文学科作为非基础学科之一，虽不作为考试科目，但一直受到了广大师生的热切关注，很多学校都有开设校本课程、天文社团的意愿。科技馆作为校外科普阵地，挖掘了课程标准内天文知识，充分发挥了展品内在含义，开设了形式多样的天文科普活动。

关键词：科技馆；课程标准；天文

一、科学课程分析

科学课程作为一门基础性、实践性、综合性的课程，其贯穿于学生科学素养的形成过程，对于培养学生的创新精神和实践能力等都具有重要的价值。中小学生作为一个国家发展的后备力量，提高他们的科学素养，也有利于增强经济发展能力，对建设创新型国家提供了有力保障，对于实现经济社会全面、协调、可持续发展都具有十分重要的意义。

探究式学习，其实是人类认识宇宙、了解自然的基础手段，早在远古时代，人们就利用星空理解天文学等基础性学科。延续到现在，探究式学习也符合了科学探究的主要特点，让学生主动参与、积极动手、查找问题根本原因。而科技馆作为校外科普阵地，也应充分发挥阵地作用，让学生利用科技馆展教资源，创设探究式学习环境，以探究式的方法理解展品内在含义，加深科学课程标准内的知识内容印象。

天文学科以其独特的内容和活动形式，一直激发着学生的好奇心和求知欲，好奇心和求知欲是推动学生自我学习的强大内在动力，对学生未来发展都起到了积极促进作用。天津科技馆结合本馆天文展教资源并紧密围绕科学课程大纲，开展一系列天文探究式活动，并采用多学科交叉互动形式，增强了学习的意义性和趣味性，广泛吸引着我市的广大天文爱好者。

二、对接课标与科技馆天文展教资源案例分析

科技馆天文展教活动与学校天文社团实践活动或天文校本课程的不同之处在于教学载体

1　许文，毕业于北京师范大学天文系，文博系列馆员，主要研究方向天文科普教育。通讯地址：天津市河西区隆昌路94号，天津科学技术馆。E-mail：550341389@qq. com。

2　虞阳，文博系列助理馆员，主要研究方向天文科普教育。通信地址：天津市河西区隆昌路94号，天津科学技术馆。E-mail：fishsun2007@163. com。

不同，学校多以教材为载体，而在科技馆中，学生可以通过馆内展品并结合展品拓展的活动进行体验式互动及探究式学习。利用科技馆校外科普阵地资源，通过对展品的理解、展教活动的参与，利用身边现有的简单材料可以直观地将科学原理展示出来，摆脱了校内枯燥抽象的教学模式，并可进行多学科的交叉式学习，达到科学知识的融会贯通。

（一）物质科学领域展教资源活动案例

天津科技馆结合自身展品特色并根据《小学科学课标》，从学习内容和学习目标上深入理解内涵，丰富学生眼界，带领学生利用身边简单易取的材料开展活动，培养学生分析问题、动手探究的能力和综合利用多学科知识解决实际问题的能力，加深其对天文学科的理解和认知。

1. 天文与大气

《小学科学课标》中的学习内容"空气具有质量并占有一定的空间，形状随容器而变，没有固定的体积"，结合该知识点及科技馆内探索与发现展区内的"真空"展品，让学生自主操作，会发现展品中"空气与质量"展品简单易懂地展示出来空气有质量，即当玻璃罩与大气相通时，无孔及有孔的两个等径玻璃球内充满空气，天平保持平衡，当玻璃罩被抽空时，有孔玻璃球中的空气被抽出，无孔玻璃球内的空气仍存在，天平不平衡，证明了空气有质量。

从该展品的演示过程中，会发现有物理、化学、天文的多学科知识点，并引发学生思考，既然空气有质量有体积，那么我们如何将空气可视化，展品"希罗喷泉"中再次激发学生思考，古希腊物理学家希罗发现，两个具有一定高度差的大容器（A、C）之间用管连接，形成连通器，会造成压力差，利用这种压力差，可将另一容器（B）中的水通过A容器的喷嘴喷出，形成喷泉。配合《小学科学课标》学习目标及"希罗喷泉"展品拓展知识，天津科技馆开发了"自制小喷泉""徒手劈筷""自制土豆枪"等系列实验，目的是让学生直观地理解空气的存在。

在认识了大气的存在后，结合梦想空间展区内的"旋转飞球"展品，开展了流动的空气活动。根据《小学科学课标》中要求，知道空气的流动是风形成的原因。对展品进行实际操作，发现当空气从管子里吹出来时，放在管口的球没有被吹跑，而是悬浮在空中，从而体现了伯努利原理，让学生自发思考生活中的伯努利现象，并开发了"用嘴吹长1米塑料袋"的探究活动，加深学生对伯努利原理的理解。

最后将活动进行整体概括总结，提出大气对天文观测的影响，并引发同学思考天文台的选址应该考虑什么样的因素，对比世界著名天文台地点，激发同学们对天文学的兴趣。

2. 太阳光与电磁波

《小学科学课标》中的学习内容"太阳光包含不同颜色的光"，通过对天津科技馆探索与发现展区内的"电磁波谱"展品，二者进行有效结合，展品中介绍了从γ射线到无线电波不同波段的电磁波，重点强调了可见光也是电磁波并准确给出了该波段的波长数值。

通过对电磁波的认识，让学生自主挖掘身边的"白光"，例如展厅内的灯光，展厅外的太阳光等，在联系身边的日常现象后，开展两个实验，一是按照学习目标，通过三棱镜观察太阳光被分成了七种颜色，并结合身边的自然现象，如彩虹的形成；二是在感性上认识了太阳光的组成后，从理性上了解太阳光谱的波段范围，利用纸膜和DVD光盘制作"简易光谱仪"，通过该实验可以让学生记住可见光波中不同颜色的光波的波长范围，并以提问的方式让学生自主思考生活中不同波段的光产生的能量大小，如家中的煤气灶火焰，红光和蓝光哪一个波段的光能量更大，表现的现象即为煤气灶火焰内芯为蓝色，温度更热，外部为红色火焰，温度相对较低，通过“简易光谱仪”的制作还可以对起到关键作用的DVD光盘有所了解，探究利用光盘的成因，进而结合光栅的物理知识进行自主学习。

此外，针对“电磁波谱”展品，也与当前著名的FAST射电望远镜进行知识链接，了解射电波段的基本知识，对比天文观测在不同波段观测的优势和劣势，了解不同波段望远镜的工作原理，引发学生对天文学科更多的思考和理解。

该活动不仅做到了物理、天文学科的交叉结合，也将展教资源和《小学科学课标》完美对接，用简单新颖的活动内容让学生理解背后深奥的科学知识，突破传统枯燥乏味的讲解，以活动带知识点，采用对比列举的方法，让学生自主完成知识的串联，引发思考。

(二)地球与宇宙科学领域展教资源活动案例

在该领域中，与天文相关内容知识点较多，大多围绕太阳系中，地球、月球和其他星球的运动等相关知识，天文活动作为天津科技馆的特色活动之一，穿插在其中的实践性活动种类很多。

1. 认识时间和方向

《小学科学课标》中的学习内容“地球每天自西向东围绕地轴自转，形成昼夜交替等有规律的自然现象”，结合科技馆院内“日晷”展品，让学生自主探究日晷的使用方法，辨别方向。位于天津科技馆院内东北角处的日晷，是以天津的地理纬度为标准制定的时刻较差表，可以较为清晰地反应地方时和“北京时间”的差别，并通过太阳的影子基本判定地理方向。

该活动不仅可以让学生从直观上认识古代天文仪器——日晷的真实面貌，还可以更深层次地探究其中的科学原理。此展教活动会选择在特殊的节气当天，一般选择二分二至，即春分、夏至、秋分、冬至四个节气，利用节气当天太阳影子的特殊位置判定方向、对比日晷计算出的时间和真实的时间之间的差异和联系，并理解古代天文仪器——日晷的使用。此外，此活动采用分时间段进行的模式，在活动开始，带领学生认识日晷，并简单讲解日晷的使用原理，记录当时太阳影子的位置；通过日影运动过程中的变化，让学生自主探究日晷的使用原理，在等待的同时，配合此活动，设计了让学生亲自动手制作简易日晷，利用日晷纸膜亲自动手制作简易版日晷，让学生认识到日晷摆放的角度是受到了地理纬度的影响，并且在春夏和秋冬两季的晷面不同，并让学生探究其中的原因。在简易日晷制作完成后，再次对比天津科技馆院内矗立的日晷，比较二者的相同点和不同点，并利用二者对比当时的时间，探究区别与联系。再次记录当时日影的位置，并结合两次日影记录的位置不同，探究其中的原因并找出地理方向，并与实际的方向作对比。

通过此活动，可以让学生了解古代天文仪器的伟大与神秘，自主通过太阳影子的长短、位置判定时间和方向，并理解产生此现象的成因，找出科学规律。并以此引发学生思考其他天体的运行规律。通过观察天津科技馆院内日晷展品，探究时刻表与其他地区时刻表的差异与联系，更深层次地挖掘地理纬度与日晷摆放的角度及时刻表的关系。

2. 描绘苍穹

对比《小学科学课标》中5～6年级的学习目标“知道太阳是太阳系的中心；知道太阳系中有八颗行星，描述它们在太阳系中的相对位置”，结合天津科技馆内直径8 m的穹顶数字化天象厅，以先进的交互技术，可以让学生实现与星空、天体的虚拟互动，天象厅内目前开放有关天文的有“太阳系之谜”，模拟宇航员乘坐飞船从空间站出发，对太阳系中的八大行星进行科学考察的过程，主要介绍八颗行星的基础知识。

在此活动中，让学生从虚拟到现实，先直观感受太阳系的广袤无垠，结合影片，设计了太阳系尺度实践活动，利用一条 33 cm 的长条纸，让学生自主探究八颗行星在长条纸中的位置特点，并在同样的长条纸内给出精准测量的太阳系八颗行星位置图，对比发现其中的特点，进而可以让学生自主总结出提丢斯波德定则，了解八颗行星的位置关系，发现其中的奥秘。我们不仅从太阳系八颗行星的距离尺度上给出探究式活动，还开发了太阳系八颗行星的体积尺度模型，根据太阳系八颗行星的体积等比例缩小，分别制作出八颗泡沫球，并让学生利用颜料给泡沫球上色，更生动地描绘出太阳系八颗行星的样貌。后期待开发按照真实缩小的太阳系八颗行星的距离和体积模型，开展太阳系知识相关活动。

通过此活动，可以让学生充分认识到宇宙的奥秘，并记住太阳系中八颗行星是围绕着太阳这颗恒星在转动的，记住八颗行星的位置关系，并且可以引发学生对行星的探索，自主学习八颗行星其他的相关知识。

3. 认识黄道十三星座

《小学科学目标》的学习内容“太阳系是人类已经探测到的宇宙中很小的一部分，地球是太阳系中的一颗行星”中，5～6 年级的学习目标“知道大熊座、猎户座等主要星座”，结合科技馆内“星座与星图”展品，了解黄道十三星座的组成和由来。

在理解星座中，很多人都会联想到十二星座，但事实上黄道上是有十三星座的，对比占星学中的十二星座和真实的黄道十三星座，让学生自主了解星座的秘密，并理解黄道十三星座的成因，结合此展品及课标，我们设计了动手画星图的活动，除十三星座外，还设计了四个季节代表的主要星座，让学生由点到线，由线到面地认识星座及星座中的主要亮星。并通过天象，引发学生思考行星的运动轨迹。

通过对黄道十三个星座的了解与认识，让学生自主探究全天其他星座，并结合实践观测，真正认识星座。

4. 空间天文学的发展

对比《小学科学目标》5～6 年级的学习目标“了解人类对宇宙的探索历史，关注我国及世界空间技术的最新发展”，结合天津科技馆探索之梦展区内的“中国大火箭”展品，从“东方红一号”到最新的“嫦娥工程”，认识中国航空航天的发展历程。

结合 1:15 的长征 3A 号运载火箭、长征 2F 号运载火箭、长征 7 号运载火箭等展品，了解我国航空航天的探索进展。开发了制作小火箭实验，利用离心管中添加生活中常见的白醋和碱面，多次实验，找准比例，模拟火箭发射，不仅增强了学生学习的乐趣，还提高了学生的动手实践能力。

此活动不仅让学生认识我国对宇宙探索的进展，还利用到化学科学知识，做到学科间的交叉式学习。通过对我国探索宇宙历史的了解，也传播了崇高的科学家精神，知道探索过程中的艰辛与不易，让学生在学习过程中学会感恩，珍惜现在的美好生活。

三、对场馆内外天文科普活动的思考

针对天津科技馆天文科普展教资源活动案例的分析，可以发现，将课堂引入校外科普阵地对巩固课标课程内容起到了积极的推进作用，通过一系列活动可以突破校内传统模式的学习，以探究式的方式让学生了解科学知识的内涵。但作为市级场馆的天文科普工作,也存在着不足之处。

(一) 场馆内天文科普展品不够丰富

以天津科技馆为例,虽然以天文为特色,但作为综合性场馆,场馆内天文展品种类有所局限,因此对接课标有不足之处。此外,展品反应的天文科学知识需进一步完善和提高,进而带动更多的校内学习转向校外实践,增强学生自主学习能力。

(二) 天文活动有待进一步开发

针对科技馆内天文展品,对接课标,开发了一系列天文活动,但是活动内容及形式有待进一步完善和丰富。在学科交叉上,也需联系其他学科活动,将科学知识有效合理地连接起来,不仅巩固学生课标内知识,还提高学生自主探究的能力,从而达到弘扬科学精神,提高科学素养的目标。

参考文献

[1] 周文婷.基于展品资源,引进STEM教育理念,对接课标——科技馆"馆校结合"项目开发的思考与实践[J].自然科学博物馆研究,2019(1):43-48.

[2] 许文.天津科技馆天文年科普活动中的探索与实践——以"天文与大气"活动为例[C]//中国自然科学博物馆协会,2017.

对接课标开展科普教育活动的思考
——以“寻找最美的叶子”科学课程为例

叶影[1]　叶洋滨[2]

摘　要：2017 年新的《义务教育小学科学课程标准》的正式实施，为科普场馆开展教育活动指引了方向。为更好开展馆校结合活动，科技馆需要将新课标的要求渗透于科普教育活动中。文章深入分析新课程标准提出的基本要求，结合科技馆的实际情况，基于“对接课标，区别课堂”理念，以浙江省科技馆“寻找最美的叶子”活动进行案例分析，展示科技场馆科学教育活动的设计内涵总结经验，为科普教育活动的开展探索新思路。

关键词：对接课标；馆校结合 ；科学教育活动 ；课程设计

一、科技馆对接课标开展科学教育活动的背景

2017 年新版《义务教育小学科学课程标准》正式实施，新课标对小学科学课程设置、内容、教学实施及实施环境等都做了明确的要求，

2017 年 9 月起，全国小学科学课程起始年级调整为一年级，每周安排不小于 1 课时，三至六年级的课时数保持不变。明确新增了技术与工程内容，新增对社会与环境的责任，不仅仅是科学技术在现实上的应用，还新增了科学技术对伦理、环境、生活影响的思考。要求科学教师要加强实践探究过程的指导，注重引导学生动手与动脑相结合，增强学生问题意识，培养他们的创新精神和实践能力。

新课标的发布使得科技课的地位大幅度提高，从小学三年级调整到小学一年级就安排科学课，科学课有望成为小学阶段与语数外齐肩的重点科目。强调让学生“动手”和“动脑”相结合，养成通过“动手做”解决问题的能力，这也意味着光动脑不动手的学生时代即将结束。

而科技馆的功能和定位正好符合小学科学课程调整的理念，新课标的修订对于科技馆工作者而言是一个新的机遇和挑战。学校的科学课程理论性较强，过于局限于课本，动脑多而动手少，学习的时间、内容和方法往往被限制。而科技馆具有丰富的科普资源，大量的互动展项、完善的实验设施，丰富的教育资源、与学校相比有资源优势和空间场地优势，更能够带领学生开展体验式学习、探究式学习。

在馆校结合的大环境下，利用科技馆非正规教育机构的优势与中小学科学课程标准相衔接，将场馆教育融入学校教学中，建立“对接课标又区别课堂”的科学活动课程，是馆校合作中的首要任务也是今后科技馆科学课程开发的一个趋势。

1　叶影，浙江省科技馆科普活动部主管，馆员；研究方向：科普活动研发：E-mail：530805850@qq.com。

2　叶洋滨，浙江省科技馆科普活动部副部长，副研究馆员；研究方向：科普活动研发：E-mail：35609931@qq.com。

二、对接课标开展科学教育活动的设计思路——以“寻找最美的叶子”科学教育活动为例

（一）科学活动的设计要充分利用场馆自有资源对接学校课程

科学活动或者课程的设计开发不能脱离自身科技馆的基础，在进行设计时要充分考察和了解场馆内有哪些可以为我所用的教学资源，各个展区展品的设计理念，有哪些值得挖掘的教育“宝库”。可以邀请老师观摩场馆资源、参与课件实施、探讨课程设计和开展专家对话等形式，馆校双方利用科技馆展品展项资源开掘教育课程，在教案设计阶段要重视与学校科学教师之间的沟通，内容重点包括知识点是否脱标、超纲。利用科技馆现有资源根据某一特定的课程内容设计课程，带领师生在科技馆开展拓展性、探究性的展教活动。

“寻找最美的叶子”科学活动于2015年底上线实施，主题为“认识身边的叶子，寻找最美的叶子”，教学场地主要为地球展区的活动角，配合地球主题展区内保护自然与节能环保的两大核心理念，巧用生活中落叶推出关于叶子主题的“造物”实验活动，包含“叶脉书签”“植物拓印”等子活动，配合地球展区的整体布置营造沉浸式、体验式的教学效果。

活动针对新教科版科学三年级上册《植物》单元中《植物的叶》课程进行拓展，对接于课标，区别于课堂，倡导探究式学习，通过情景教学、参与互动、“造物”实验等多方面让学生在叶脉书签制作、树叶拓印等动手实验活动中引导学生通过对树叶的观察，动手实验，学习观察和简单归类的方法，掌握实验原理，帮助其进一步认识生活中常见的叶子和相关的科学知识。

（二）科学活动的设计要加强探究实践和自主动手环节

新课标的颁布和实施已经有一段时间，由于我国科学教育改革尚处于探索阶段，受场地和教学设备等条件的限制，许多学校在科技活动课和教学实验环节投入不足，科学教育在真正提升小学生的科学素养方面，仍然有一定的落差和距离。目前，还有许多学校采取的仍是传统教育的单学科、重书本知识的教育方式，比较偏向于“动脑”思考，而忽略了思考与创造力落地实现的过程相比。

而科技馆的科学活动、科学课程设计就要注重对接课标又区别于课堂，设计的教案和活动环节要采取“动脑”+“动手”的形式，弥补学校教育，不仅给予孩子思考、想象的空间，还在“动手”中，检验自己思考的正确性→做出调整→再实践→得到正确答案。通过增强动手实验操作环节，帮助孩子养成解决复杂问题、逻辑思考的能力，激发着孩子的想象力、创造力、求知欲（教学目标的设定见表1）。

《寻找最美的叶子》活动对接新教科版科学三年级上册《植物》单元中《植物的叶》课程，设计了包含“叶脉书签”“树叶拓印”等多个动手实践体验环节，有多学科融合的安排。以建构主义学习理论、体验式学习、多感官学习、情境教学为主要教学方法，引导学生观察叶子，使学生在采集叶子、观察叶子，利用叶子进行艺术创作的过程中，帮助学生掌握学习观察、简单归类的方法和科学的实验步骤。对于教学目标，可以进行细分，引导学生达到的不仅仅是科学知识目标，还应包括科学探究目标、科学态度目标、科学、技术、社会与环境目标。

表 1　寻找最美的叶子教学目标设定

科学知识目标	1. 了解树的叶是多种多样的，同一种树的叶具有共同的基本功能特征 2. 了解生活中常见的几种树叶，了解树叶的形态和结构 3. 了解叶子的生命过程和现实生活中的作用
科学探究目标	能从"叶脉书签"和"树叶拓印"的动手体验过程中，分析和总结出适合做叶脉书签的叶子和适合用于树叶拓印的树叶特点，并能做猜想式的解释
科学态度目标	能够在参与活动的过程中了解科学探究、动手实践是获取科学知识的主要途径，学会通过多种方法寻找证据、运用创造性思维和逻辑推理解决问题，学会通过评价与交流等方式解决问题、寻找答案
科学、技术、社会与环境目标	1. 发展研究树叶的兴趣，培养爱护环境，与自然和谐相处的态度和意识 2. 通过观察叶子，联想叶子与人的关系，开阔学生的眼界，增强学生的环保意识 3. 学习适材、适形、适色的即兴创造，制作精美的叶脉书签、树叶拓印画等工艺品

(三) 科学活动的设计要确定目标受众，进行学情分析

学情分析是教学内容分析和设计的依据，没有学情分析的教学内容分析往往是一盘散沙或无的放矢。科技馆要对接课标开展科学教育活动，需要针对具体学生才能界定内容的重点、难点和关键点。学情分析是教案设计的落脚点，没有学生的知识经验基础，任何讲解、操作、练习、合作都很可能难以落实。学情分析包括了解学生的知识基础，学习态度、习惯与能力，已知经验和学习环境等要素。科技馆的辅导员，实际上扮演着科学老师的角色，对活动参与者整体水平做到心中有数，以便于把握整个教学节奏。

《植物的叶》是新教科版科学三年级上册《植物》单元中第 5 课时的内容。本课是在观察了陆生植物和水生植物的个体之后，出现的专门观察植物器官的内容。为后面学习植物的生长做必要的准备。对《寻找最美的叶子》《植物的叶》课程进行拓展，招募的目标学生群体为 3～4 年级，可以通过动手环节，巩固学生们在课堂上已经学过的知识，拓展课外知识。

确定了目标受众后就要分析受众的具体情况和心理特征选择合适的教学方法和技巧。三、四年级年龄段学生对周围世界有着强烈的好奇心和探究欲望，他们乐于动手操作具体形象的物体，很好动，比较喜欢表达自己的思想。虽然，对于生活中常见的叶子学生有一定的感性认识，但是这种认识不完整，也不够深刻。针对学生的情况，在设计教案时，特别设计了多个观察、研究、讨论、动手的环节，强调用符合学生年龄特点的方式学习科学知识，激发学生兴趣。同时，针对三、四年级段学生教学时，沟通语气要温柔亲切，鼓励动手，强调探索实践的过程。

三、对接课标实施科学教育活动的建议——以"寻找最美的叶子"科学教育活动为例

(一) 在课程实施的过程中要善于观察、发现问题，及时调整，积累经验

当下已经有不少科技馆开发了馆校结合主题的教育项目、科学课程，而课程的开发实施是一个动态变化的过程，在进行中会发现许多原本设计教案时未能考虑和注重的问题，这都需要

我们在实施过程中及时进行调整，在原有课程基础上进行二次研发和创新，开发系列课程活动，积极塑造活动品牌。

“以寻找最美的叶子”课程为例，在实施过程中也发现诸多问题：第一、学生年龄较小，纪律性不够强，注意力不够集中，容易被外界其他因素吸引分心，需要巧妙设计以趣味引起学生兴趣。第二、小学生的动手能力相对较弱，不够细致，操作没有严格遵守步骤和要求，需要加强引导以一个科学、严谨、细致、安全的态度对待科学实验和科学探究。第三、受场地限制、实验材料、教师精力限制问题，目前这个活动的最佳效果人数为 10 人，出于效果考虑采取的是一个小班化的体验式教学模式，一旦报名人数较多时，需要根据报名顺序安排到其他时间段，或者邀请观众在旁边观摩。

（二）教学场地和教学器材的准备要安全、灵活、简单、方便携带

考虑到课程活动实施的便捷性和可操作性，教学器材的准备要安全、灵活、方便携带，同时可以反复使用，所有的实验器材和教学手册可以以资源包的形式呈现。教学场地的安排也应当根据实际情况进行调整。

目前，“寻找最美的叶子”活动常规地点为浙江省科技馆场馆内的地球主题展厅—造物空间工作室，根据实际需要也可以在教室、实验室、表演台、公园等地进行教学活动的开展。课程设计灵活，内容安全有趣，器材简单易寻。以课程中的动手实践环节树叶拓印为例，所需的都为日常性的器材（见表 2），有利于活动的开展。

表 2 树叶拓印教学准备

序　号	物品名称	数　量
1	木棰	12 个
2	白布	1 卷
3	纺织颜料	1 盒
4	画笔	12 支
5	调色盘	12 个
6	厨房用纸	1 卷

注：材料每次可供 12 名学生参与动手体验，提前预约报名，需要学生自备各色树叶花草，其他器材由馆方提供。

课程活动自 2015 年上线以来，按照活动安排表有序开展，实施的时间点为寒暑假、节假日、周末等观众旺期，截至目前，在馆内服务观众在馆内展区已经服务观众上万人次。在馆外参与到了全国科普日、中国科博会、学校科技活动周、科技馆小达人活动中，并且将课程活动加以改进后带进了商场、社区、杭州市中小学校、跟着科普大篷车下乡走进边远山区小学，累计参与外出活动 20 余次，非常受师生的欢迎。

（三）课程活动的内容要注意突出区别于课堂的特色

作为科技馆开发的科学课程或是活动，应该要突出科技馆区别于课堂的特色，凡是学生能见到、可触摸、可理解的东西，只要没有危险性，都可以作为学生学习实践的内容，利用生活化

的器材道具让参与者体验和领悟到科学就在自己的身边。

"寻找最美的叶子"课程以植物的叶子为主题，致力于创造一种开放式的活动空间，包括围绕叶子开展的一系列创意体验、生活美学、艺术分享，同时结合地球展区的展项进行参观，在学习科学知识的同时，可以培养孩子的观察力、思考力，动手能力，分析归纳能力。

通过制作书签、树叶拓印作品来学习科学课堂上的知识，更容易深化和固化知识，活动中将植物知识巧妙穿插其中，大大吸引了孩子们的注意力，在活动中培养了他们对动植物的好奇心和观察能力，拉近了植物与孩子们的距离。

最后通过手工作品成果的展示来体现孩子对知识点的掌握情况而非采用测试或问答形式进行评估，更加活泼、开放。孩子都较为喜欢这种动手动脑、参与感、带入感强的课程。

（四）建立多元化的活动反馈评估机制

没有科学而有效的评价，就没有高质量的教学。要注意对课程评价反馈信息的收集，活动过程中通过对受众的行为、注意力的集中度、参与的热情度等方面进行观察，活动后与家长、老师、学生、专家进行访谈，通过问卷调查等方式掌握课程的效果和满意度等信息。还可以聘请退休科学老师作为科普志愿者参与到活动中来对教育活动的情况进行点评。

在评价形式上可以采取辅导员自我评价、学生评价和第三方评价相结合的形式，建立起多元化、科学化、专业化的监督评估制度。通过建立比较完善的评价体系，以学生需求和教学目标为导向，促进教学过程中辅导员与学生共同完成对知识、能力、情感、价值观的建构。

"寻找最美的叶子"课程推出后，通过收集反馈信息，我们发现受众对于这种多学科融合的教育活动，尤其是包含动手制作、团队合作、利用植物开展手工、培育观察的活动非常感兴趣，这也为我们今后开发其他教育活动提供了思路。

四、结　语

目前，我国馆校结合学习活动的研究还处于摸索阶段，许多馆校结合学习活动的课程设计与学校教学衔接不够紧密，虽然许多科普场馆都开发了面向学校的科学教育项目，但是尚未形成成熟的机制体系。随着社会的发展、科技的进步，大众的科学教育理念也在发生着转变，更加注重科学素养、科学精神的培养，科技馆的科学教育与传播实践及其模式也在随着时代改变。科技馆作为非正式教育场所，在未来与学校的联系合作会更加密切，与观众的互动会更加频繁多元。在此背景下，"寻找最美的叶子"科学课程，是浙江省科技馆对接课标进行课程和教案设计的有益实践，将探究式学习方法融入科普场馆科学教育活动中，充分发挥科技馆的展品、场馆优势，让学生在有趣的科技馆里完成学校的学习目标，也希望通过该案例的分享与分析给其他科技馆科学教育课程的开发带来一些借鉴参考意义。如何开发设计出既对接课标又区别于课堂的科学课程，仍需要进行大量深入的分析与研究。

参 考 文 献

[1] 刘晓峰，于舰.对接于课标，区别于课堂——辽宁省科技馆"馆校结合"项目开发思路[J].自然科学博物馆研究，2017(03):40-46.

[2] 张磊，曹朋，李志忠.科技馆资源与学校教育——馆校合作实现双赢[J].开放学习研究，2017(10):

33 - 38.
[3] 陈晓君，鲍贤清，李燕，等. 对接课标，学校博物馆教育活动的设计[C]//面向新时代的馆校结合・科学教育——第十届馆校结合科学教育论坛论文集，2018.
[4] 梁志超. 馆校结合大戏的领衔主演——主题式教育活动的研究与思考[C]//中国科普理论与实践探索——第二十四届全国科普理论研讨会暨第九届馆校结合科学教育论坛论文集，2017.
[5] 朱世定，陈文龙. 科技馆基于 STEAM 理念的科学教育课程模式研究[C]//面向新时代的馆校结合・科学教育——第十届馆校结合科学教育论坛论文集，2018.
[6] 于舰，孙龙. "对接课标，区别课堂"理念在主题教育活动中的应用——以"大自然的恩赐"为例[C]//面向新时代的馆校结合・科学教育——第十届馆校结合科学教育论坛论文集，2018.

新时代的大数据化的博物馆

黄克力[1]

摘　要：以人为中心是智慧博物馆的主要特征之一，观众智慧服务是智慧博物馆的重要组成部分。博物馆观众服务大数据是建设智慧博物馆观众服务体系的有效驱动力。通过对观众服务大数据进行主动收集、科学管理、有效分析，可以推动博物馆观众服务体系建立。有利于以全面感知、泛在互联、智能融合为特征的智慧博物馆体系建设。本文以国家海洋博物馆观众智慧服务系统应用场景为例，分析观众服务大数据的来源和特点，分享以业务需求和观众行为分析为导向的数据架构，呈现观众服务大数据可视化展示的形式内容，展示观众服务大数据驱动的观众智慧服务应用成果，希望给其他博物馆观众大数据分析与观众智慧服务提供借鉴和参考。

关键词：博物馆；智慧服务；大数据；可视化

云计算、物联网、社交网络等新兴服务促使人类社会的数据种类和规模正以前所未有的速度增长，大数据时代正式到来。数据从简单的处理对象开始转变为一种基础性资源，如何更好地管理和利用大数据已经成为普遍关注的话题。[1]博物馆作为独特的城市人文空间，每天也在产生着大量的数据。博物馆在数字化建设中多采用数字媒体平台与交互网络等新兴技术，为观众提供陈列、体验、分享等多种数字化服务内容，这些数字服务时刻都在通过各类传感器材、交互设备、社交媒体等媒介生成大量的数据。[2]如果说数据是信息时代的石油，那每一家博物馆都是一座油田，是数据的富矿。

随着博物馆信息化建设的持续推进，博物馆产生的数据的获取不再成为难题，为构建新时代的大数据化博物馆提供了良好的基础，怎样利用这些数据去提升博物馆的业务水平和公共文化服务能力是下一步研究的重点。博物馆数据一般意义上包括展品本体数据、环境数据和观众数据。展品本体数据和环境数据是博物馆展品保护的基础，各家博物馆通常都很重视而且具有比较好的基础。[3]但对于观众服务数据，尤其是博物馆环境、展览、文物、活动等与观众服务相关联的数据是目前博物馆数据工作中较为薄弱的环节。通过各种信息和数据的收集处理手段，博物馆可以改变过去展览、教育的模式，通过智慧管理系统和智慧服务系统，向观众提供更优质的服务，是博物馆可持续发展的必然趋势。[4]而观众服务数据又对智慧服务有着重要的指导意义。如何利用观众服务大数据为博物馆观众提供更加科学、贴心的服务是新时代的博物馆智慧化建设研究的重要内容。

国家海洋博物馆是集收藏、展示、研究与教育一体的国内唯一的国家级综合性海洋博物馆。观众智慧服务系统是其中的重要建设内容。通过结合物联网、大数据、人工智能、移动互联网等最新科学技术进行观众服务大数据的采集、管理和分析，有利于博物馆针对不同数字化

1　黄克力，国家海洋博物馆研究员。通信地址：天津市滨海新区中新生态城海轩道 377 号。邮编：300450。E-mail：ke5528li@163.com。

展示程序做到智慧优化，并实现馆外展区与馆内展厅、博物馆观众与工作人员、人与物之间的智能化管理，有利于构建智慧博物馆体系，从而实现更透彻地感知、更全面地互联、更深入的智能。[5]

一、博物馆观众服务大数据的来源和特点

1. 博物馆观众服务大数据的来源

在博物馆中，观众服务类产品多样、场景众多，观众数据来源非常庞大，以国家海洋博物馆观众服务大数据为例，观众服务大数据的来源可以分为四类：

① 观众主动数据，指观众自主行为产生的数据，包括：观众在电脑端、手机端预约基本门票、3D影厅、社教活动等的预留信息；会员、志愿者招募填报信息；观众出示预约二维码、身份证验证、刷脸入馆过程中，智能闸机采集到的观众身份特征信息；观众租用导览终端时的手机支付信息；观众在互动大屏现场实时留言信息；观众通过人脸识别登录导视屏，查询修改个人收藏，变更影厅场次，修改活动预约，文创产品订购等信息。

② 观众被动数据，指观众在参观体验过程中无感知自动生成的数据，包括：博物馆微信、网站、头条号、小程序等融媒体平台的点击浏览、阅读习惯；观众点触导视互动屏查询展厅、展品及服务设施，智能语音交互问答，地图指引导航过程中采集到的信息；观众使用手机APP、小程序、专用导览硬件终端参观游览过程中获取到的位置、轨迹、收听时长、停留时间等信息；观众跟随团队讲解服务时，行进轨迹，和讲解员的提问互动，对讲解服务的评价等信息。几乎每一次观众和信息化系统的功能交互都能够留下数据痕迹，结合用户系统、会员系统以及越来越普及的人脸识别，又可以将这些数据和观众个体关联。

③ 机器和传感器数据，指博物馆中机器设备和传感器采集到的数据，也是观众服务数据的重要来源。包括：建筑智能化系统提供的数据，观众参观区的用水、用电、能耗，光照，甚至是洗手间的占用情况；公共空间和展厅的环境温湿度；基于机器视觉和无线电探测的智能客流统计传感器矩阵采集到的实时观众客流量和聚集度等信息。

④ 与观众相关的外部数据，来源于国家权威机构和第三方平台，包括未来几天内的天气预报数据，海博馆外周边海域水文数据、潮汐预报；市内及周边高速路网来馆的交通信息、出行数据；融媒体平台舆情分析、热门词云等信息。

2. 观众服务大数据的特点

根据IBM提出的观点，大数据具有5V的特点，即数据体量巨大(Volume)、数据类型多样(Variety)、数据的高速实时获取(Velocity)、数据具有价值(Value)、数据具有真实性(Veracity)。[1]通过前面对大数据来源的分析，总结出观众服务大数据的特点。可以看到，观众服务大数据不仅是只符合这5V的特征，而且是符合8V的特征，即增加动态性(Vitality)、可视化(Visualization)、合法化(Validity)三种特征。

以国家海洋博物馆为例，按照8V模型，进行如下分析。数据规模庞大，高速增长，符合Volume的特点；通过多种的数据采集途径，高速实时获取当前数据信息，符合Velocity的特点；数据类型多样化，从字符串数据到音频、视频数据，符合Variety的特点；观众个体相关的数据准确、集中、有价值，便于可视化展示，符合Value的特点；各种数据来源基于现实产生，真实可靠，符合Veracity的特点。数据实时波动变化，并且受多种因素的影响，符合Vitality的

特点。数据需要根据观众实际需求，支持可视化展示，符合 Visualization 的特点。为保证公共信息安全，数据的采集处理到统计分析的全流程，必须符合 Validity 的特点。数据安全、合法，保护观众的数据隐私，是观众服务大数据工作的底线和红线。国家对于数据安全和隐私方面颁布了多条法律法规，也提升到了前所未有的重视程度。在隐私保护和数据安全方面，不仅要依靠法律和技术手段保障数据安全合规，还需要从大数据使用透明化、个人自律与行业自律建设、培养良好的数据隐私道德观方面着手。加强服务数据在采集、存储、应用和开放等环节的安全保护，加强文化数据在公开共享等环节的安全评估与保护。国家海洋博物馆通过客户隐私数据加密，数据结构加密算法；内外网隔离，隐私数据本地存储；历史用户轨迹数据清洗及分析结果加密存储；风险自适应访问，权限控制；网络信息安全等级保护评估等手段保证数据的安全性。

综合分析观众大数据符合大数据的基本特征，可以进一步应用大数据的思维与技术开展研究应用。

二、以业务需求和观众行为分析为导向的数据架构

在大数据时代下，博物馆拥有一个更好的平台——我们可以充分利用新媒体技术建立以观众为导向的数据架构，精准、实时地把握和预见观众需求，建立以观众服务为核心的观众智慧服务系统。[3]

在博物馆细分领域中，针对观众服务大数据体系遇到的突出问题是数据来源众多，类别多样，如何进行数据采集加工、统一化管理和分析利用是一个难题，因此数据的分类和数据库设计尤为重要。

以国家海洋博物馆观众智慧服务系统为例，它包含了 20 余个子系统。这些子系统包含着庞大的数据种类，针对梳理出来的大量元数据，从数据的存储、归类以及应用角度，按照具体的业务划分了数据库的分类存储架构，包含了智能检测数据、观众的服务数据、展览展品数据、内容资源数据、工作管理数据以及第三方的采集数据等，如图 1 所示。

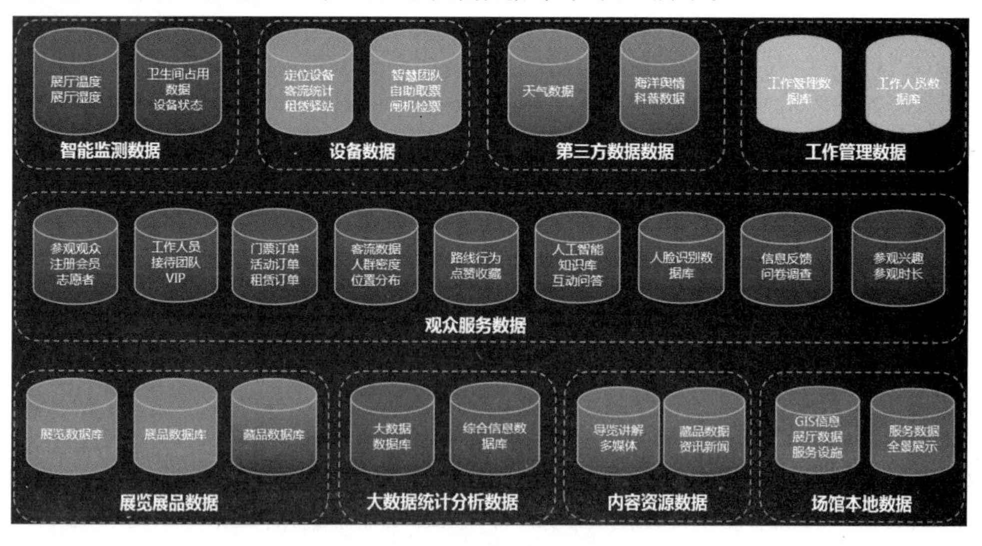

图 1　数据分类存储

考虑到数据来源的多样性和系统结构的复杂性，我们对系统的数据架构进行了全面设计和规划。在数据源区，也就是数据的产生源头进行了分类规划；在数据的采集、处理、加工以及存储管理区，针对不同的数据类型、存储类型、访问频率、同步更新了架构设计，从数据的集成操作、数据交换到数据存储、数据准备以及数据加工和数据管理等方面，采用并行计算、数据挖掘清洗以及数据中台等技术手段对数据进行有效加工和处理。以数据驱动为导向，为实现对公众需求的分析预测及决策管理，提供了技术支撑。

三、观众服务大数据驱动的观众智慧服务

1. 观众服务大数据数据分析

观众服务大数据来源于观众服务相关系统内容的建设和运行，对观众服务大数据进行科学合理地分析又可以为观众服务提供反馈和参考，可以进一步促进观众服务的提高，二者相互促进，形成良性的业务闭环。管理好数据，并不仅仅是管理好数据库，数据的质量不仅仅取决于它本身，更取决于它的用途。数据分析 的核心工作是 KDD (Knowledge Discovery in Database)，即从数据集中识别出有效的、新颖的、潜在有用的，以及最终可理解的模式的非平凡过程。[2]观众的智慧服务数据来源于多个场景、多个子系统，为把这些零散的数据汇聚分析，建立了面向业务需求的数据分析 ETL(Extract - Transform - Load)模型。通过从多媒体来源、各式传感器渠道等各种信息来源中抽取相关信息数据，并将提取的数据进行清洗冲刷，最终转换为数据分析需要的数据格式和规模，将不同子系统的数据组合在一起进行统一分析，根据分析结果进行观众服务大数据的可视化展示并为观众智慧服务提供基础支撑。

2. 观众服务大数据可视化展示

① 面向观众及工作人员的观众服务大数据展示。

通过对观众服务大数据进行简单可视化展示，即可为到馆观众及馆方的工作人员提供服务。例如在观众入馆通道信息发布屏上，实时显示当天预约观众数量，实时入馆观众数量，在馆观众数量，安检入馆速度，排队等候时间等。在智慧服务前台信息发布屏上实时显示 3D 影厅影讯场次，门票销售余票情况，活动预约剩余情况，方便观众合理安排参观和活动时间；在公共空间信息发布屏上显示各展厅的实时客流密度，拥挤情况，并同步推送到手机 APP、小程序地图，方便观众错峰参观合理安排路线；如图 2 所示，11 米长的大型互动屏也可以切换成数据可视化模式，为专业观众展示博物馆运行数据。

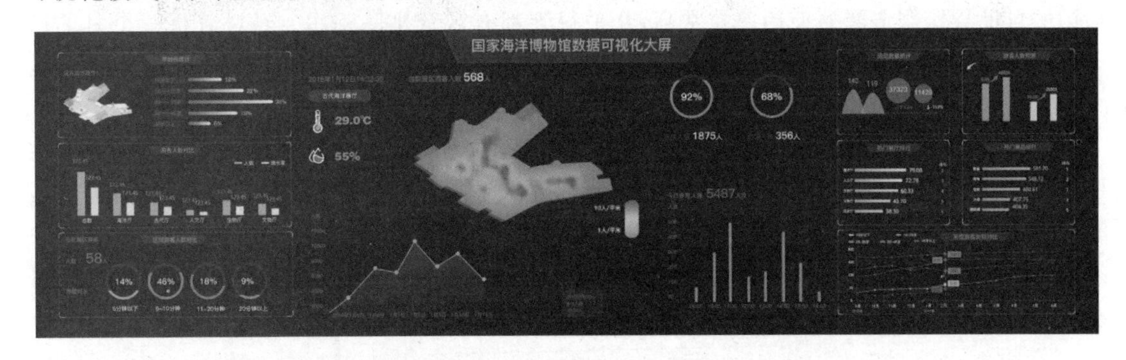

图 2　面向观众及工作人员的观众服务大数据展示

② 面向管理人员的观众服务大数据展示(如图 3 所示)。

面向管理人员的数据可视化内容则更加丰富，例如"数据驾驶舱"中客流管理、观众参观管理、观众信息汇总、数字内容管理数据可视化都更加精细。一些不便对外展示的如销售财务数据，观众的批评意见也都可以显示。

图 3　面向管理人员的观众服务大数据展示

国家海洋博物馆展品数据以三维模型和数据图表相结合的形式呈现，重点展示与展品相关的讲解情况、观众喜爱度和观众利用设备收听讲解的情况。综合这些可视化数据，可以掌握热门展品排行榜、讲解设备使用情况等信息，为国家海洋博物馆精细化管理提供数据支撑。

3. 观众服务大数据数据驱动的观众智慧服务案例

依托于观众服务大数据，通过数据驱动的方式实现对公众需求的预测分析及决策管理。下面列举几个国家海洋博物馆运用数据分析驱动观众智慧服务改善的小案例。

① 导览机数据分析(如图 4 所示)。

设备运行状态监测数据的来源是最准确，最及时的。所以最先从数据分析中受益的也是设备管理。这里列举的是国家海洋博物馆自助导览服务驿站导览机的租赁数据。国家海洋博物馆的自助导览服务驿站使用率非常高，几乎每天都有观众排队租用。经过分析三个月的试运行数据，掌握了海博馆观众的租用时间分布，使用时长，归还规律，掌握了导览设备电池的衰减规律。

最初设定是导览设备归还回来之后必须充满电到 80%以上才能出租。造成很多观众在那里排队。通过三个月积累的几万条数据，分析得出不同人群、时段的租用时长，智能电量匹配，无需导览机充满电就可出租，充分利用导览设备，提升使用率。国家海洋博物馆在暑期旺季来临之前启用了新的电量-时长租用策略，结合观众分类和时段，动态调整可租用电量，同时配合现场客服，大大增加了轮转率，更好更有效率地满足了观众需求，也增加了租赁收入。

② 讲解点位调整。

通过分析展厅内观众分布热力图与展厅现有的讲解点位进行对比，可以发现前期讲解点

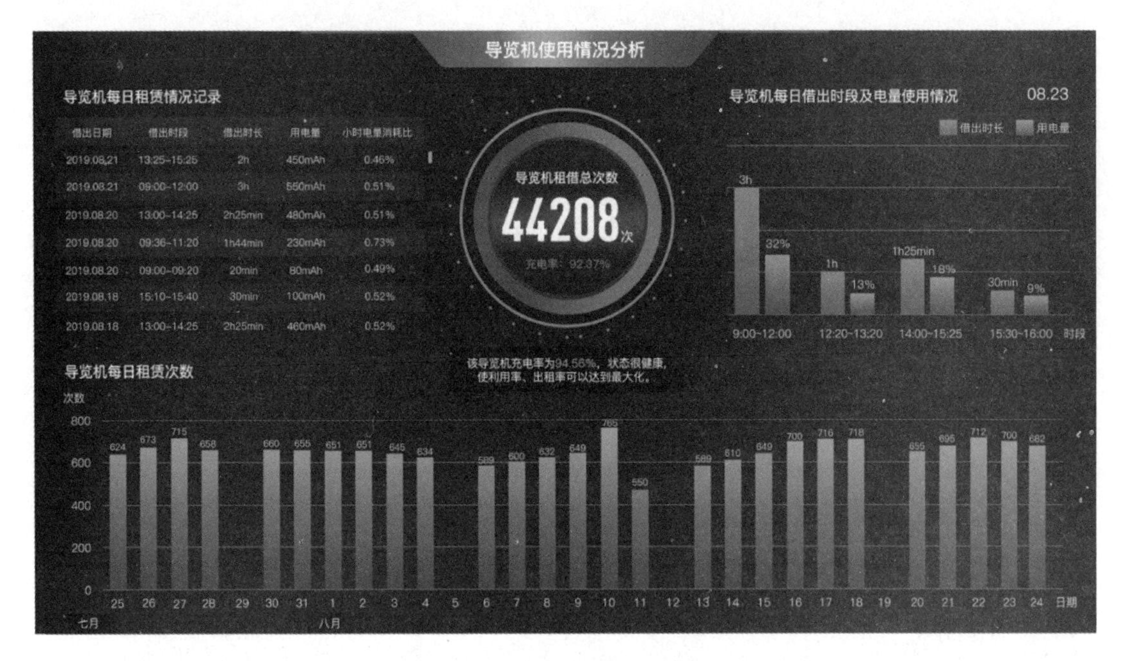

图 4　导览机使用情况分析

位的设计中存在一些问题。从图 5(a)中，可以看到观众热力分布的情况，从图 5(b)中，可以看到讲解点位规划的情况。通过把图 5(a)与图 5(b)进行叠加分析，我们发现观众参观的热点和前期设置的讲解点位存在出入，有部分展项观众停留的时间长，参观兴趣浓厚，但是并没有设置讲解点位。从而可以有针对性地调整讲解点位，让观众接受更好的参观服务，如图 6 所示，我们在三处位置增加了对应的讲解点位。

我们还可以通过手机、导览终端分时段讲解数据的统计分析，基于统计学获取观众喜好和注意力、疲劳度数据，为馆内讲解点布局调整优化、休息区合理规划，提供更多的数据指导。

(a) 观众分布热力图

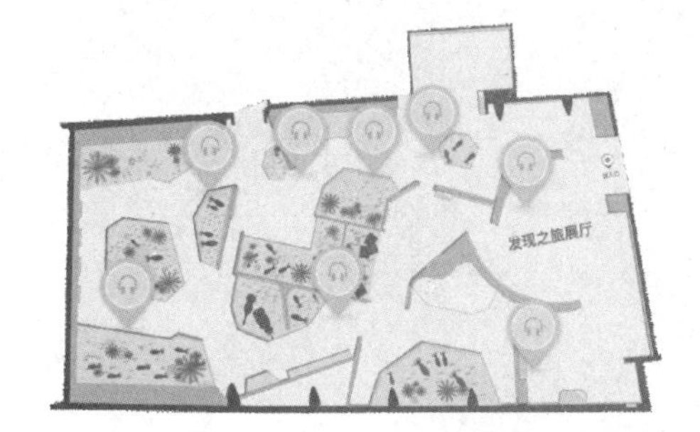

(b) 展厅点位图

图 5　观众分布热力图和展厅点位图

③ 词云分析。

国家海洋博物馆展品的种类比较丰富，有自然类也有人文类。通过统计导览终端的收听时长、收听频次、复听率，统计微信、网站、导视屏、互动屏等媒体的浏览点击率，再结合互联网相关词云分析，掌握观众参观热度趋势及文化流行方向。分析这些热词和话题，可以使下一版迭代更新的讲解内容在一定程度上更贴近观众的喜好，更能结合时下热点，更能受观众的欢迎。

图 6　叠加比较,分析推荐新增点位

④ 客流分析、预测与疏导。

基于全馆各展厅实时客流统计,建立起客流量动线分析模型,系统可以一定程度上帮助馆方提前预警。如图 7 所示,当前一展厅的拥挤程度为 81.61%,二展厅的拥挤程度为 75.32%,三展厅的拥挤程度为 26.33,目前各展厅观众量并没有超限。但是可以根据以往统计的同时段一展厅向二展厅的客流转移率,预测出二展厅可能在较短时间内就会超限,从而预先发出警示。可以用定向的公众广播方式,告知观众下一场免费公益讲解十分钟后将在三楼今日海洋展厅开始,引导部分观众进入三楼参观,避免二展厅参观人员超载。

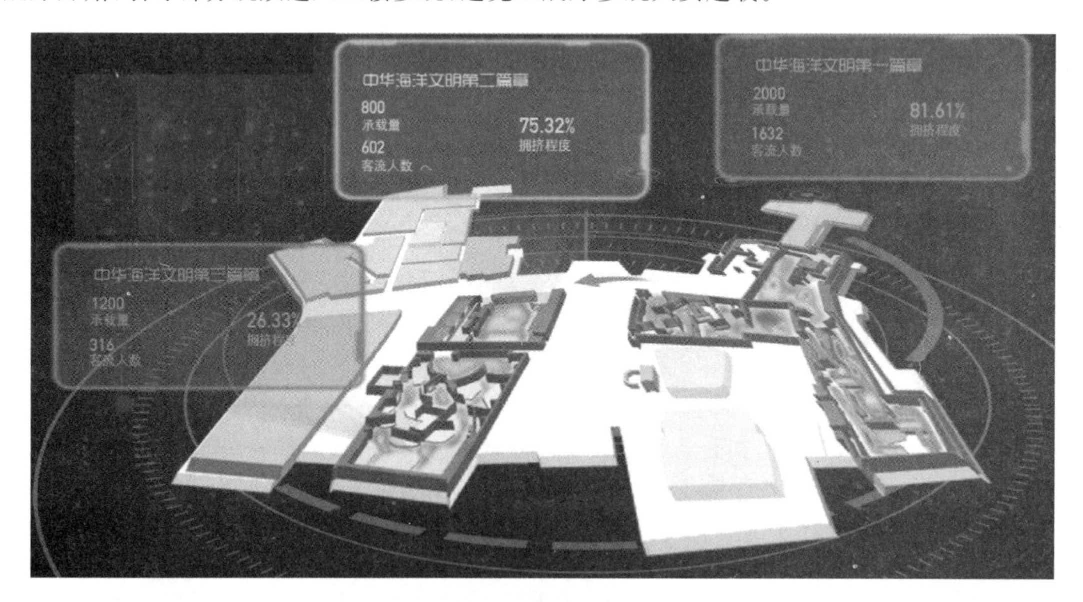

图 7　分析馆内客流量,提前预测,提前疏导

未来,不只是对馆内客流数据的分析,我们还可以通过试运行期间对观众预约数据、票务数据、进馆闸机验证数据等结合天气、节假日、活动组织等因素对观众来馆行程安排的影响,进

行模型预测。给馆方提前参考预测结果对放票量进行调配,同时将预测爽约的票量提前释放给现场没能提前预约的观众,现场手机扫码预约验证,合理、充分利用博物馆公共资源。

⑤ 城市“新移民”,博物馆新文化。

通过票务系统,智慧导览系统的数据关联统计分析发现观众身份证归属地和手机号归属地统计到的信息对比存在较大的偏差,而同类人群又在报名的志愿者中占有较大比例。可以大胆地假设,这些人群里,很大一部分是这个城市的”新移民”,而且很多是智力型城市移民。以博物馆文化服务为窗口,促进新移民融入城市社会,通过博物馆提供的各种文化服务促进城市新移民产生文化认同感,适应这座城市文化;或者说通过博物馆文化服务,使新移民“家乡文化”融入城市文化。

四、未来展望

博物馆观众服务大数据拥有丰富的价值,随着大数据分析技术的进一步发展和大数据可视化技术的进一步改进,人工智能技术的不断突破,博物馆观众服务大数据一定能够带来更加丰硕的应用成果,让观众智慧服务再上新的台阶,让智慧博物馆的建设到达新的高度。未来的观众服务数据视野肯定不止是一家博物馆,一座城市。随着观众服务大数据分析应用扩展到更多的博物馆,会使得更大尺度,更多数据的博物馆大数据分析成为可能,例如,通过对博物馆群观众服务的分析,可以发现不同博物馆之间观众服务的差异和共同点,甚至可以对观众个人参观各个博物馆的数据进行汇总分析,获得更准确的观众喜好和更精确的观众画像,从而为观众提供个性化的、定制化的观众服务,也可以以更宏大的视角研究地理、文化、人口的变迁规律。

科技部、文旅部等六部门的指导意见指出要贯彻国家大数据战略,加强顶层设计,加快国家文化大数据体系建设。依托现有工作基础,对各类藏品数据,分门别类标注中华民族文化基因。建设物理分散、逻辑集中、政企互通、事企互联、数据共享、安全可信的文化大数据体系。随着5G、物联网、大数据、人工智能技术对公共文化服务和文化产业进行全方位、全链条的改造,以观众需求为根本,构建文化大数据应用生态体系,加强文化大数据公共服务支撑。建立以观众需求为导向的数据驱动的观众智慧服务系统,将会是其中的重要一环!

参考文献

[1] 孟小峰,慈祥.大数据管理:概念、技术与挑战[J].计算机研究与发展,2013,50(01):146-169.

[2] 耿雷.数字化博物馆中的观众数据分析[J].美与时代(城市版),2017(11):92-93.

[3] 仇岩.大数据时代博物馆动态观众服务体系浅析[J].中国博物馆,2014,31(04):68-71.

[4] 屈辉. 探析智慧科技馆 [J].自然科学博物馆研究,2018,增刊2:101-104

[5] 忻歌,陈颖,鲍其洞.以“需求导向”引领智慧天文馆建设[J].自然科学博物馆研究,2019(2):37-44.

博物馆多维度解说词探讨
——以武汉科学技术馆数学展厅为例

张忠斌[1]

摘　要：一般而言，每个博物馆都有一本书面解说词。对于这本解说词，力求完美、充实、简洁。但解说词的唯一性自然就存在了局限性。武汉科技馆数学展厅的解说词约一万余字，其特征是对每个展项分别解说。讲解员可以从数学展厅的任意地点开始解说，运用比较灵活。博物馆除了常规的解说词之外，必定可以根据其本身的特点，构建多维度解说词。武汉科技馆数学展厅可以系统完整地撰写以人物、历史、事件、技术等为主要叙述对象的解说词，也可以从观众游玩观赏体验的角度来撰写解说词。数字科技馆的建设、STEM教育的开展等等都需要撰写多种类型的解说词，甚至历史博物馆也可以从科技的角度来解说。每一个讲解员都应该是科普教育的研究型专家型人才。

关键词：博物馆；解说词；多维度；数学展厅；数字科技馆

一、前　言

解说词是口头解释、说明事物的文体。一般是事先拟好文稿，通过有声和无声的语言对事物进行描述，使观众了解事物的状况和意义。解说词是讲解工作的基础、前提、蓝本[1]。

一般而言，每个博物馆都有一本书面解说词。对于这本解说词，力求完美、充实、简洁。但解说词的唯一性自然就存在了局限性。科学，之所以称作科学，其最大的特征是时时刻刻都在或潜在着进步。从这个意义上理解，科学具有不完美性；科学需要窥探、怀疑、辩论、探索和创新等等方式的发展。对于博物馆，一个版本的解说词是远远不够的，需要不同风格、目的、对象、心理、教育任务和时代主题等各种解说词。那么，编写多维度解说词，是科普场馆展教资源建设的一个具有充足价值的拓展方向和具体任务。解说词正如书籍一样，是知识和思维的一个有力的需要不断创新的载体。

莎士比亚有句名言：一千个人眼里有一千个哈姆雷特。即是说，每个人的生活经历和立场不同，对同一部作品会看出不同的意境有不同的评价。同理，对于同一座博物馆，一千个人可能会有一千种体验和一千种想法。

多维度解说词就是从多个不同的角度、层面和不同的方面撰写解说词。本文将以武汉科学技术馆数学展厅为例，对如何编写多维度解说词进行初步探讨。

1　张忠斌，武汉科学技术馆职工，通信地址：武汉市江岸区沿江大道91号，邮编：430014，E-mail：yuhuadadi@163.com。

二、武汉科学技术馆数学展厅解说词

(一) 武汉科学技术馆数学展厅简介

武汉科学技术馆可简称武汉馆，其数学展厅在一楼过道北边，半堵墙把它和最北端的临时展厅隔开。墙角斜放高约2.5米的大型红色的“0”，其内环底部平坦，可以充当座椅。透过“0”的墙面上，设置了“0的意义”透光展项，其中介绍了印度数学家婆罗摩笈多发明了“0”。墙角的另一面墙粘贴着德国数学家希尔伯特的硬质画像，右上角配有其名言：我们必须知道，我们必将知道。像这样的著名数学家硬质画像和其名言的展品，在数学展厅有十副。

数学展厅面积约600平方米，是武汉馆所有十一个展厅中最小的。其南边依次为交通、信息、光和儿童展厅。其实，武汉馆整个常设展厅就是以数学展厅为开头；从“0”开始，寓意深刻。

数学展厅出入口之间的约50平方米的墙面装饰堪称奢华；其他墙面都是灰色的，唯独这面墙是玫瑰红。墙面上设置了很多方块，几个方块是窗口，可以窥探展厅；更多的小方块里面安装了明亮的橘黄和白色的灯，像星星一样耀眼，寓意数学家、科学家们璀璨的人生。出口处还设置了一个关于数学展厅展项的“导览查询系统”触摸屏，点进去可以看到展项和展项的扩展简介，也就是书面解说词。

(二) 数学展厅解说词中的欢迎辞

武汉馆数学展厅有“数学历史墙”“0的意义”“二进制计数器”“引力的轨迹”“最速降线”“方轮脚踏车”“优雅的证明——勾股定理”等三十八个展项，分七个展区。数学展厅的解说词约一万余字。例如其中的“欢迎辞”：

数学是什么？

数学是人类智慧的一种表现形式，是人类对自然界和自身生活中数量和几何规律的解释。

纵观数学发展的历史，我们会发现，数学渗透到了建筑、文学、艺术等每个角落，改变着人类的思维和表达方式，影响着人类文明的进程和社会的进步。数学不可见，却通过自己的力量，改变着世界。因此，我们的数学展厅的展示主题就是“数学的力量”！

这里将通过“数字与测量”“证明的力量”“阿尔贝的透视学”“运动的世界”“你看到了什么”“把握不确定”和“数学如何表达”七个部分向大家讲述数学的演变、数学的创造和数学的应用与影响。这七个方面的内容我们用不同的颜色代表不同的知识点，将数学与色彩进行关联，目的是改变观众对数学枯燥乏味的印象，让观众感受到数学的力量，就像时尚一样引领着人类的生活。

走进数学世界，你会发现数学是多么的丰富多彩，快来感受一下数学的乐趣吧！

(三) 解说词的特征

这份解说词的特征是对每个展项分别解说，串联在一起。讲解员可以从数学展厅的任意地点开始解说，运用比较灵活。一般情况下，讲解员的行进路线是从数学展厅的入口处开始，绕展厅一周至出口。

数学展厅的解说词并不是该展厅的全部。诸如“唐老鸭漫游数学奇境”“数学家的画像和其名言”等一些展项就没有配解说词。这些有待观众自己去观察和了解。

三、撰写数学展厅多维度解说词

数学是什么？数学的主要特征有哪些？数学是怎样研究的？怎样学好数学？数学的历史？数学史上的重大事件有哪些？对诸如这类问题的思考和梳理，可以帮助我们撰写数学展厅的多维度解说词。

（一）围绕数学家撰写的解说词

数学展厅的玫瑰红外墙上有文字：数学是人类智慧的一种表现形式，是人类对自然界和自身生活中数量和几何规律的解释。从这个意义上讲，数学起源和发展最主要的因素之一是人，只有人才会解释。可以说，每个数学展项的科学意义都是由某个或某些数学家揭示的。这也使得武汉馆数学展厅总共设置了大约八十多位数学家、画家的画像，以及他们的名言、简介和相关展项。对如此丰富的人物的解说当然可以自成一系。因此，整个数学展厅可以从历史上出现的数学家为主体进行解说。

例如武汉馆数学展厅“二进制计数器”的解说词为：

二进制是仅利用两个字符，0 和 1，加法采用“逢二进位”的计数方法。其运算规则如下……

本展品演示二进制计数器的工作原理。现在，绝大部分计算机及其相关设备（如手机）中的计算部件就是由类似本展品的“数字电路”组成，都是利用二进制进行计算的。

以数学家为主题的解说词可以撰写为：

德国数学家莱布尼茨（1646—1726）于公元 1679 年发明了二进位制，并深入研究加以完善。数学上的一些看似简单的发明都极其重要，给人类的发展带来巨大的改变。二进位制目前广泛应用在计算机、手机和人工智能中，是现代社会最重要的科技基础。

你们知道二进位制运算规则吗？

据说，莱布尼茨发明了二进位制后在中国古代的八卦图中得到了印证。在他看来，八卦中的阴阳就是中国版的二进位制。

莱布尼茨还和牛顿几乎一同发明了微积分。数学家真的很伟大。

数学展厅的每一个展项都可以这样来解说，并撰写以人物为解说主题的解说词。这种解说词应该可以吸引观众，毕竟来科技馆体验的人都有自己崇拜的科学家偶像。因为涉及的数学家多且比展项多得多，相应的解说词必定更加充实完美，实际解说中的选择余地更大。

（二）数学的历史和著名的历史事件

以数学的起源和发展的时间轴为主线，也可以系统地撰写解说词。比如武汉馆数学展厅有“数学历史墙”的解说词：

大家看到的这一整面展示墙叫作“数学历史墙”。大数学家庞加莱说“如果想要知道数学的现状，最好的方式是了解数学的过去”。数学贯穿着人类文明的发展历程，对社会发展及人类的思维和表达方式的改变产生了极其重大的影响。数学历史墙涵盖数千年的历史，用图文并茂的方式讲述数学的发展、应用及其对人类文明和社会的重大影响。内容包括史前、古文明时期、古希腊、中世纪的世界数学，中国数学、文艺复兴与科技革命、近代数学、现代数学及最新的数学成就。

“数学历史墙”撰写的解说词比较简洁，主要是让观众自己去阅读。

数学的起源、发展、应用，数学家的出现、数学历史上的著名成果和事件等等，都能在确切的时间轴上反映出来。数学的历史在实体展厅中可能不那么容易做到与行进的路线相吻合，但在虚拟的数字科技馆上很容易做到。因此，在数字科技馆上可以撰写时间轴上的“数学的历史”解说词。

（三）STEM 教育的开展

数学是科学、技术、工程的基础，在数学展厅开展 STEM 教育比较有优势。武汉馆还没有开展 STEM 教育，正好可以在数学展厅进行尝试。这自然也涉及 STEM 教育的解说词，并且这个解说词具有很重的分量，会使武汉馆科学科普教育与国际接轨。

（四）欧几里得《几何原本》的小讲台

科技馆的观众多为中小学生，他们都或多或少学习了平面几何。结合武汉馆数学展厅这方面的资源或补充资源，可以撰写相应的解说词。在展厅入口处或欧几里得画像前设置“小讲台”，专一讲述与几何相关的科普知识。这样的科普小讲台可以常设。

除以上这些设想之外，武汉馆数学展厅还可以在技术层面上撰写系统完整的解说词。对于每一个展项，谁设计制造的，使用的是什么材料和加工工艺，体现了什么科学原理，解决了怎样的实际问题等等，都可以一一解说；以体现出数学的技术层面特征，让抽象的数学变得具体和实用。

科技馆的资源是有限的，但是科普解说是无限的。武汉馆数学展厅创设撰写多维度解说词，不仅能够丰富展厅的知识内涵以吸引观众，而且也能提升科技馆的展教资源建设的厚度和科技辅导员的素质能力的培养。在场馆、展项不变的情况下，多维度地解说可以吸引更多的观众和保持观众的热情度。

四、多维度解说词与数字博物馆的建设

博物馆的发展已经从单纯的实体博物馆走向了实体博物馆与数字博物馆一同建设的局面。这是博物馆现代化建设的必然趋势。其价值和意义是多方面的，既增长了观众的不同体验和需求以吸引观众，同时也起到了长久的影响力；甚至在现实和虚拟之中，可以有效地探索未来 AI 教育的方式和内容。

除了上述对数学展厅的人物、时间、技术等方面作完整系统的解说的设想之外，对于其他诸如数学的学习、趣味、探索、发展途径、与其他学科的联系，以及数学精神、心理、数学家的故事著作和数学在各个学科中的应用等方面，都不容易做到完整系统地解说。那么对于数字博物馆，可以排除展项设置点和数量有限等一些不利因素，做到完整系统地解说。

比如数学展厅的二进位制展项的应用，在数字平台上可以直接切换到武汉馆信息展厅。再比如，数学展厅的螺旋线展项，其原理和应用可以切换到生命展厅“螺优雅地诠释了达尔文进化论”、宇宙展厅“星空走廊”的大螺旋星系和儿童展厅的“螺旋泵”。在资源调动上讲，数字

博物馆是实体博物馆发展的一个必然的延伸，而不单单是现代数字技术简单被动地利用。

博物馆的形式将由数字与实体两方面共同体现，缺一不可。数字博物馆还可以轻易做到全国博物馆互联互通。这需要全国博物馆联合起来所要做的一项有迫切需求的工作。

五、博物馆还原

博物馆的主要因素是展项和观众。在关于博物馆多维度解说词主题下，博物馆还原是指观众自在地参观游玩并参与到讲解过程中。

（一）小小讲解员

武汉馆在2019年7月招募了40名"小小讲解员"。经过工作人员的培训，通过考核的小朋友将在武汉馆宇宙展厅"上岗"。数学展厅也可以招募小小讲解员，并以儿童少年课外学习的角度来撰写数学展厅的解说词。比如数学展厅有"飞机为什么不走直线"展项和解说词：

这个问题与球面上两点之间距离最短的路线（数学上，称为测地线）问题和绘制地图的投影法有关。

地球表面上没有直线，所以人们就去寻找连接两点的最短的路线……

我们可以为"小小讲解员"撰写新的解说词：

你坐过飞机吗？我们知道地球是球体，如果飞机走两点之间的直线，那就会撞到地面上来。球面和平面是不同的，平面上两点之间直线最短，而球面上两点之间距离最短的路线是测地线……我们现在学习欧几里得几何学，以后还可以学习非欧几何学。

你听说过中微子吗？中微子的速度和光速一样，但是中微子有很强的穿透力，甚至可以穿透地球。中微子通讯比光子更快。为什么呢？

中小学生不可能把一个展厅的展项样样都理解透彻，而且长篇的解说词也不大可能记得住。对此，可以在每个展厅配设多个小小辅导员进行分区讲解。

（二）校馆结合

很多博物馆都开展了馆校结合。这既利于博物馆自身的建设发展，也有利于学生的非正式教育效果。比如武汉馆就与鄱阳街小学开展了馆校结合活动。馆校结合也可以拓展为校馆结合。前者以博物馆为主体，后者以学校为主体。鄱阳街小学校方可以以武汉馆为对象，撰写适合小学生学习的解说词，将非正式教育的科普场所变更为正式教育的课堂。

（三）开展各种对话

对话，面对面的交流。对话超出了一般意义的解说。博物馆对话的形式有很多种，讲解员和讲解员之间的对话、科普剧、讲解员与观众的对话，观众与观众的对话、家庭对话，科普与文化、文学的对话等等。科普当然也和文学有关，一部好的科普书籍，会让一大批人受益。霍金的科普著作《时间简史》，如果没有文学性，也不可能畅销全世界三十余年。

各种对话都可以撰写出相应的解说词。这无疑会加深博物馆的深度和厚度，使之常葆青春。很多自然科学博物馆开馆两三年观众锐减，观众游玩一两次就失去了兴趣。这之中的一个主要原因就是博物馆过于单调，拘于形式，没有深化细化。创新慢了都是落后。

(四)广泛征集解说词

科普教育不只是局限在博物馆中,在我们所接触到的大自然、看似平凡的日常生活居所、各种工作公共场所,以及体育、游戏场所等等都蕴藏着科普知识。

对于博物馆,可以向社会广泛征集关于本博物馆及其相关的解说词,让所以热衷于科普教育的教与学的人都参与到科普事业中来。

六、结束语

讲解员需要有一定的写作技巧,即讲解词的编写、应用文书写作、接待方案编制能力[2]。未来博物馆讲解员很可能要转变角色,将从一般性的辅导讲解到深入学习探讨科普教育的理论与实践,进而撰写运用各种类型的解说词和科普剧剧本。这既是博物馆深入发展的一个有效途径,也是讲解员科教素质能力的一个有效提升方式。每一个讲解员都应该是科普教育的研究型专家型人才。

自然科学博物馆可以撰写多维度解说词,那么其他类型的博物馆呢?从科学技术的角度来解说历史博物馆的一些考古展项,必定也会给观众留下值得回味的科普知识。

参考文献

[1] 王莉莉.论解说词在博物馆工作中的重要意义[J].文物鉴定与鉴赏,2017(12):100-103.
[2] 杨玉娟.浅谈科技馆讲解员团队建设[J].中国西部科技,2013(12-11):74-82.

内蒙古科普大讲堂传播策略分析

王　蕾[1]

摘　要：为丰富科普内容和形式，扩大科普普惠面，进一步提升全区公民科学素质，内蒙古科技馆在充分整合展教、宣传等资源的基础上，进行了新的实践探索，创立了"内蒙古科普大讲堂"讲座品牌，以打造精品为目的，联系本地区和本馆实际，从品牌目标、精准定位、精选话题、把控节点、多元互动以及媒体宣传六个方面不断探索，形成了具有自身特色的传播策略。

关键词：内蒙古科普大讲堂；实践探索；传播策略

首届世界公众科学素质促进大会期间发布的《中国公民科学素质建设报告(2018年)》公布的数据显示，2018年我国公民具备科学素质的比例为8.47%，到2020年公民科学素质发展目标要达到10%。2019年年初，为纵深推进《全民科学素质行动计划纲要》的实施力度，进一步提升全区公民科学素质，做好科学普及工作，充分利用内蒙古科技馆科普报告厅和特效影院智能化设备和场地资源优势，发挥内蒙古自治区各学会、协会、研究会人才荟萃和智力密集的优势，开展"内蒙古科普大讲堂"公益活动。

一、内蒙古科普大讲堂简介

"内蒙古科普大讲堂"由内蒙古科协主办，内蒙古科技馆承办，以打造受众面广、常态化的精品活动为目的，以社会公众普遍关注的科学热点、重大科技事件、日常生活中的科学等为主题，通过科普讲座、科普影片、经典展品体验互动、专家访谈互动等形式，搭建普通公众与科普学者、科普达人等面对面沟通的桥梁，激发公众特别是青少年的科学兴趣。

讲座每月举办4期，每周六或周日定期免费向公众开放，全年计划举办40期以上，截至目前，已经成功举办了36期。每期从策划、选题、邀请嘉宾到确定内容形式、全方位多媒体宣传、到具体组织实施以及完成活动新闻稿和相关总结工作，每一环节不断探索创新，精益求精，逐步打造成为科技馆品牌活动，具有公益性、开放性、科普性、服务性、群众性的特点。

二、内蒙古科普大讲堂传播策略分析

(一) 品牌目标

"内蒙古科普大讲堂"从创立之初，就以打造精品、办成品牌为目标。对于科普讲座来说，品牌就是区分不同讲座，建立讲座良好辨识度、忠诚度、美誉度的重要手段，不同的讲座，就要

1　王蕾，内蒙古科技馆职员。通信地址：内蒙古呼和浩特市北垣东街甲18号。邮编：010010。E-mail：1053043279@qq.com。

有不同的品牌定位策略，展现出不同的品牌形象和内涵。

在此之前，内蒙古科技馆常设展厅基于展品展项，日常化开展定时讲解和科普活动，特效影院根据影片内容也会进行有关观影的互动问答和趣味活动，科学实验室新开发的亲子系列实验活动也颇受欢迎。唯独缺少一个普惠面广，能够充分运用和整合科技馆展教资源，特别是能够有效利用起可容纳300人的科普报告厅，定期举办精品的科普讲座就是一种适宜且高效的资源利用形式。

与此同时，在内蒙古地区鲜少举办的讲座当中，内蒙古图书馆每月举办读书讲座，但是内容多是偏向于人文的，内蒙古自治区各大高校的讲座更多的是向自己的师生开放，讲座具有较强的专业性。此时，内蒙古科技馆充分利用自身资源优势，面向广大观众，尤其是青少年群体及其家长，举办科普讲座，既体现了自己的特点又区别于其他讲座，具有自己的品牌优势与特色。

（二）精准定位

1. 受　众

科普讲座，首先要有自己精准的定位人群。“内蒙古科普大讲堂”的受众人群十分明确，主要就是对科普内容感兴趣的青少年朋友以及他们的家长，以家庭成员为单位参加科普讲座，既有利于彼此之间交流理解科普内容，也能增进亲子关系。同时，年龄小于5岁的小朋友会建议其家长去参与馆内其他科普活动，科普讲座毕竟具有一定的专业性，且时长多为45分钟到1小时，年龄太小无法长时间集中注意力，偶尔的哭闹声也会影响其他观众的视听体验。此外，为避免资源浪费，当微信预约人数不足预期的时候，还会邀请或者联合当地各大中小学及小记者团、环保团等青少年团体单位参加讲座。

2. 嘉　宾

明确受众群体后，选择合适的主讲嘉宾也是讲座成败的重要因素之一。因受众群体主要为青少年，内蒙古科普大讲堂邀请的嘉宾老师，也倾向于年轻化，多是具有一定科普经验的中青年人才。他们当中既有高校教授、讲师，医院的院长、主任，也有自治区各学会、协会、研究会的理事及成员，还有一线的科普工作者，共同特点是科普经验较为丰富，对科普讲座内容把握较为精准，有一定的亲和力、感染力，会把控讲座节奏，还能与观众进行轻松活泼的互动、实验和游戏。当然，也会在一些重要的时间节点，邀请个别有知名度的专家院士举办讲座。例如，在今年科技活动周期间，邀请中科院动物研究所研究员许木启做了题为《水体污染与水资源保护》的讲座，现场观众达到了550余人。

（三）精选话题

1. 热点话题

科普传播还要寻找与目标受众之间的共鸣与共振，社会热点话题是最容易引起受众关注的。“内蒙古科普大讲堂”充分利用热点话题，焦点事件，热门影片为讲座预热吸粉。例如，“内蒙古科普大讲堂”成功激起浪花的第4期讲座《＜流浪地球＞中的科普之旅》，就因当时《流浪地球》这部科幻影片大火，借着自带热度的电影“东风”，本期讲座内容在官方微信上一经发布，就迅速吸引众多观众预约。此外，像内蒙古科普大讲堂第13期《科技强军、航天报国》、第15期《探秘飞机飞行原理及国产大飞机C919》、第9期《人工智能与机器人》、第6期《四季星空之春季星空漫步》、第 33 期《GPS 导航和北斗导航》、第 36 期《科学认识农作物转基因技术及产品》也都是充分结合航空航天、人工智能、天文气象、北斗导航、转基因等热点话题开展的讲座，观众参与人数都近 200 人，现场效果和反响都较为理想。

2. 贴近生活

医学相关的科普讲座也因其贴近生活，比较实用的特点而颇受观众青睐。内蒙古地区医疗资源相对落后，且分布不均衡，观众对此有着较为强烈的需求。与此同时，很多内容与观众自身的健康和日常生活息息相关，贴近生活，具有亲近性，也更容易与观众建立起情感联系。例如，"耳朵里藏着多少秘密""肥胖与健康——遇见更好的自己""五颜六色吃蔬果""近视的误区与爱眼护眼科普知识""儿童骨骼的健康成长""过敏性哮喘离你有多远"等多期内容，既接地气，又让青少年观众和他们的家长都有满满的获得感。

此外，与动植物相关的科普讲座也深受青少年观众的喜爱。像"昆虫与人类的关系""本土动物保护及野生动物救护""一起探秘大熊猫"这 3 期科普讲座，参与人数都超过 200 人次。《家有萌宠》科普讲座，因当天特殊的天气原因，虽参与人数不多，但现场效果出人意料，且很多小观众积极反馈，希望多举办几期跟家养宠物相关的科普讲座。

（四）把控节点

精选内容之后，还要选择合适的时机进行科普传播，这样会取得事半功倍的效果。"内蒙古科普大讲堂"充分利用各类重要的节日、节气、纪念日等，举办相关的科普讲座，既容易短时间内聚集大量人气，又能更好营造浓厚的科普活动氛围。例如，3 月 23 日世界气象日当天，内蒙古科技馆联合内蒙古气象台开展"内蒙古科普大讲堂第 8 期 · 气象科普"活动，期间举办了《认识雷电魔法师》的科普讲座并进行直播，这期讲座近 300 人参与，直播累计观看 28.3 万人次，网友点赞 33.6 万次。4 月 6 日清明节期间，举办第 11 期《二十四节气之清明习俗》，将传统节气的人文内涵与科普讲座的科学精神相结合，广受家长好评。5 月 12 日，第 11 个全国防灾减灾日当天，联合内蒙古地震局、内蒙古消防救援总队等多家单位，举办第 17 期《你离地震有多远》科普讲座，300 余人参与，在普及防灾减灾相关知识的同时，也体现了内蒙古科技馆作为区内唯一综合性科普教育场馆的使命职责与担当。

此外，在我国第五个全民营养周期间（5 月 12—18 日）以及在 7—9 月份内蒙古地区过敏性鼻炎、哮喘高发季期间，"内蒙古科普大讲堂"举办了《肥胖与健康》和《过敏性哮喘离你有多远》科普讲座，正合时宜，也充分考虑和满足了公众的需求。

（五）多元互动

在科学传播实践当中，一个重要的指标一定需要考虑，这就是多元、有趣又有效的互动。因为科普本身是一个将高深难懂的科学原理、科学知识以易于理解和接受的方式向观众传播、普及的过程，同时，观众对科普知识的需求已不仅仅停留在获取知识表层，而是需要建立起互动的关系。

"内蒙古科普大讲堂"强调为受众打造一个了解科学的互动交流平台，致力为科普专家、科普达人与公众之间建立面对面沟通对话的桥梁，通过多种方式促进受众与讲座之间发生交互。形式多样，有吸引力，通过"科普讲座＋"的方式，将科普讲座与科普影片、经典展品、互动实验、互动游戏、互动问答、现场演练、现场义诊、现场交流座谈等诸多形式相融合，让科普讲座真正“活”起来，也“火”起来。

（六）媒体宣传

想要打造成品牌讲座，还需要建立一个连续的、有针对性的宣传推广体系，这样才能在受众心目中留下深刻的印象，并形成清晰准确的认知，培养起一批有忠诚度的受众。

“内蒙古科普大讲堂”充分利用内蒙古科协、内蒙古科技馆的官方微信、微博、网站、抖音以及区内知名纸质媒体、广电媒体、网络媒体、融媒体和微信公众号，进行全方位多角度宣传推广。馆内信息发布和宣传方面，通过发布讲座预告和预约进行预热；活动当天进行科普讲座直播，吸引线上粉丝参与；活动结束后，撰写图文并茂的活动新闻稿等内容在所有宣传渠道同步发布。对外宣传方面，通过邀请、联合等形式，内蒙古日报、北方新报、呼和浩特晚报、内蒙古广播电视台、新浪内蒙古、凤凰新闻、青核桃公号等多家媒体单位采访报道“内蒙古科普大讲堂”多次。此外，内蒙古科技馆官方微信公众号今年进行了重新升级改造，整合其他功能的同时，新增活动预约功能，实现一站式预约各类活动的服务，极大地方便了公众获取、预约及参与活动的行为。

三、内蒙古科普大讲堂存在问题及解决对策

（一）存在问题

“内蒙古科普大讲堂”从创立发展到现在，经过不断的探索、创新和自我完善，

在经费不充足的情况下，已经成功走过了 36 期，让 8 000 余人受益。并且在此过程中积累起了良好的忠诚度和美誉度，社会形象也在不断提升。但是，作为一名从头亲身参与以及见证它发展全过程的科普工作者，也看到了它需要改进和完善的一些地方。

1. 缺乏品牌标识

既然是打造精品，做成品牌，那么品牌一定要有自己独特的标识，这是一个品牌区别于其他品牌的特征。“内蒙古科普大讲堂”每期科普讲座的预告预热以及宣传海报，大屏播报以及现场直播，放置的都是内蒙古科技馆的 Logo，而没有根据自身的特点与定位设计一款属于自己的独特标识。这就不利于观众记忆和分享，也更容易在更多讲座，尤其是科普讲座增多的情况下被混淆。

2. 缺乏长效反馈机制

在传播过程的构成要素当中，有效反馈是非常重要的一环。它与传播者、受众、讯息（或内容）以及媒介共同构成了完整的传播体系。对于科学或科普传播来说，有效的反馈渠道以及双向良性的互动是非常重要的。但是，就目前大部分科技馆的科普教育活动，包括科普讲座在内，没有一套标准、成熟、有效的反馈机制。

“内蒙古科普大讲堂”也不例外。它收集以及接收到的评价和反馈，大多来自科普工作人员与嘉宾老师以及现场观众的直接对话交流，或者来自官方微信的留言与评论，虽然具有真实性和有针对性的特点，但毕竟交流访谈人员有限，收集上来的评论和反馈也就具有一定的片面性和局限性。同时，口头上的反馈似乎也显得不够正式和长久。

(二) 解决对策

1. 根据自身定位与特点,设计属于自己的标识

通过分析与深挖自身的内涵与特点,充分借鉴以往针对性强,辨识度高的品牌活动标志,尝试设计出具有内蒙古科普大讲堂特点的标识,采用可视化的符号传播方式,增强与观众、参与者的潜意识记忆,形成条件反射式的品牌美誉度和信赖感,持续打造成为本地区青少年科普学习平台、民众科普学习园地和大型科普活动标志品牌。

2. 通过深度学习与借鉴,尝试建立有效的反馈机制

以微信扫码、发放填写线上线下问卷等多种方式,多维度多层次了解受众对内蒙古科普大讲堂每一期、每一系列活动的满意程度、内容评价和其他建议。观众对讲座嘉宾、讲座内容、形式进行评价打分,嘉宾对观众的表现进行预期和现实对比,找差距,抓问题,促改进。针对科普主题、内容、授课老师讲授特色、互动方式等多项环节进行细化可控性管理,针对反映集中、可操作性强的环节及时调整,通过官方微信、现场答疑整改等方式第一时间让参与者看到反馈效果和效率,从而形成良性互动。下一步,将可整合的反馈机制以规章制度等方式固化,形成不断优化行之有效的长效机制,不断正向激励公众、讲座嘉宾老师和科技馆三方共同进步。

综上所述,"内蒙古科普大讲堂"品牌讲座是长期努力探索优化的结果,是科技馆科普活动的重要载体。科普讲座作为一种科学普及的重要形式,应在策划组织过程中,把握有效的传播策略,以科技馆应有的科普教育职责和使命,在品牌识别的整体框架下,不断创新、不断充实自身内涵 ,使其为广大公众所认知、所喜爱、进而愿意积极主动参与,最终达到激发公众科学热情和科学兴趣,提升全民科学素质的终极目的。

参 考 文 献

[1] 吴晶平,林群夫.科普讲座品牌传播策略探析——以珠江科学大讲堂为例[J].科技传播,2017(1):82-83.
[2] 宋晓阳,杨刚毅,羊芳明.公益科普讲堂品牌创建的再思考[J].科技风,2014(21):212-213.
[3] 张鹏.品牌传播关键接触点分析[D].上海:复旦大学,2006.
[4] 郭庆光.传播学教程.[M].北京:中国人民大学出版社,1999.
[5] 斯蒂文·小约翰.传播理论(中文版)[M].北京:中国社会科学出版社,1999.
[6] 李梅.整合学会资源 打造天府科普大讲堂[J].科普论坛.2010(5):50-51.
[7] 卢思锋.依托"院士大讲堂",打造科普育人新品牌[J].德育,2019(6):73.
[8] 郭曲红.品牌传播策略研究[D].南昌:江西财经大学,2013.

论前期设计对科普场馆展教资源建设的重要性

洪鹤[1] 王燕萍[2]

摘 要：目前国内科普场馆展教资源建设普遍采用“概念设计、初步设计、深化设计”三步走的设计方法。本文就沈阳科学宫展教资源建设前期设计中遇到的关键问题及一些心得体会进行粗浅论述，包括设计原则确定、各个设计阶段的核心任务、相互衔接、注意要点等等。

关键词：科技馆；概念设计；初步设计；深化设计

沈阳科学宫科普展馆历经三年的论证、设计与建设，于2018年10月17日成功开馆。截至目前，开馆效果较为理想。在前期设计阶段，我馆采取了目前行业内较为成熟的“三步走”方法，即总体分为概念设计、初步设计、深化设计三部分。据笔者了解，当前国内科技馆内容建设，普遍采用了“三步走”的设计方法，但在其具体工作衔接、最终展示效果等方面有些关键问题需要内容建设管理者及设计者特别注意，稍加疏忽就可能导致严重的后果，直接影响展示效果及建设周期，甚至给国家造成不必要的损失。本文仅就我馆建设中遇到的关键问题及心得体会进行粗浅论述。

一、关键问题一：如何将科技馆设计成为公众生活的一部分？

（一）贴近生活为目标

徐善衍老师认为，“能够最好地为公众和社会发展服务，是对当代科技馆的最高要求。现代科技馆的内容的展示方式应该主要按照科技与人类社会生活的不同关系来划分主题，即‘人本主题’，这是有别于行业主题、历史主题的特殊主题”。如何在科技馆里客观地反映人类社会发展实际，全面体现科学技术与人类经济建设、文化发展、政治文明以及社会和谐的关系，激发公众的科学创新思维，进而推动社会进步发展，是科技馆内容建设的最重要任务。

因此，内容建设的设计工作应贴近社会生活，传播大众身边的科学知识以及当代社会与科技发展前沿的热点话题和动态信息，尤其应关注生命科学、人体健康、生态环境、公共安全、信息技术，宇宙与海洋探索等技术领域并兼顾传统基础科学领域，反映生活中的科学，建立人与自然的理性关系，揭示科技与人类社会发展的关系。

（二）信息技术为手段

现代的社会是信息化、数字化的社会，科技馆的展示手段也应该紧跟时代的步伐，在设计

---

1 洪鹤，沈阳科学宫副总工程师；研究方向：科普展览，展品研究，科普信息化；通信地址：沈阳市沈河区青年大街201号；邮编：110015；Email：261234229@qq.com；

2 王燕萍，沈阳科学宫办公室副主任；研究方向：科普教育；通信地址：沈阳市沈河区青年大街201号；邮编：110015；Email：41246640@qq.com。

初期即以信息技术为依托，给观众设计营造出现代化的，贴近生活的展示空间，可通过以下几方面进行：

① 展品的数字化。展品的数字化并非单纯的多媒体类展项，而是在传统展项的基础上，依靠数字化设备给观众提供一种更加直观、便捷地了解展品知识及原理的手段。比如，在展项上及附近设置带有音视频终端的展示、讲解设备，或者观众可以通过手机等移动终端通过扫码查询并了解该展品的知识原理、拓展延伸，以及该类科学技术在人类社会中的应用。通过该手段可以将包含各类主题学科的展品进行二次拓展讲解，使原本有限的展品知识点进行无限放大和延伸，进而实现科技馆展品的数字化。

② 科普云展馆的建设。将传统展馆与互联网、三维虚拟技术等相结合，以 Web 端、APP 客户端等为交互平台，利用多媒体及文字、声音、图片、视频、3D 交互、AR/VR 等技术手段，把复杂的科技知识通过沉浸式虚拟现实、增强现实或三维场景予以直观展示、立体剖析和全面互动，给观众以生动、直观的体验。

二、关键问题二：建设者要有原则

建设者的原则，就是建设方对设计方提出的总体的、关键的设计要求，是设计单位进行设计过程中所要遵循的准则。建设者提出明确的设计原则，可以让设计方更好地了解建设方的建设理念，有的放矢地进行设计工作，可以有效降低设计过程中走弯路、大翻盘的概率。我馆在设计工作开始之初，便制定了一个总体原则，举例如下：

（一）总体设计原则

① 沈阳科学宫是科普场所而非科研场所。要注重科学知识的普及性、亲民性。可以适当采用一些前沿的科学技术作为展示手段，但不可过度。

② 沈阳科学宫展出的是展品而非产品。展品要清晰、完整、形象地展示其所蕴含的科学知识，其次展示其对人类生活的影响。

③ 沈阳科学宫要多展示经典展品，适度展示创新展品。经典展品科学性强、互动性好、安全性高、坚固耐用、外形美观，经得起时间的检验，常展常新。

④ 处理好展品和环艺的关系。环艺布展要营造出各展厅的科学氛围，线条简单大方、色彩简洁明快，使观众在轻松惬意的氛围中进行参观，环艺布展不可过度设计。

（二）布局方面设计原则

① 不仅要展示科学技术，更要展示人类的科学探索精神，要从科学家取得重大科学突破的时代背景、心理状态和不屈精神等方面着手，进而引出科学发现对人类社会的巨大推动作用，告诉观众科学探索也可以非常酷。

② 设计方案要有一定的创新性，要注重展示脉络的连贯性。每个主题展区以及分展区要以重要的知识节点展开设计，做到思想鲜明、引人入胜。

③ 环艺也是展品的一部分，要作为展品的科学原理、生活应用及前沿科技等知识点的扩展性展示区域，充分利用每片空间作为展品知识的延伸讲解。同时，要对休息座椅等服务区进行合理布局，增强我馆休闲科普的功能性。

(三) 展品选择原则

① 展品的选择要以精品为主，我们欢迎展品在展示形式上进行适当的创新，但要尽量采用成熟可靠的技术加以支撑，保证展品的落地性和耐用性。

② 展品一定要知识点明晰，且每件展品不展示过多的知识点。

③ 工作室、实验室的设计应充分考虑到其安全性与可实施性，采用开放式或半开放式，模块化设计，具有科学实验、科普秀表演等多项功能，且可以根据演示形式的转换随意拼接组合。

三、关键问题三：初步设计不“初步”

内容建设设计的三个步骤是环环相扣、逐步推进的关系，前面的工作没做完，后面的就无法开展。比如说，概念设计的主要工作是阐述设计思想与主要展示内容，设计故事线与展示形式、技术手段，平面效果及投资估算等；初步设计是在概念设计的基础上对展示内容和环境进行技术设计，理清所有的实施要点，做到展示布局科学合理，工艺路线切实可行，制作和展示安全可靠，施工进度和成本可控等，归为一句话就是要让“新建展馆能够成功落地！”；而深化设计就是在初步设计的基础上，对全部的展品展项、环境布展、标识系统等内容进行施工图设计及其他的配套性设计工作等。

由此可见，“初步设计”名为初步，但是其设计深度、难度和重要性远大于概念设计和深化设计，是科技馆建设的基础！据笔者所知，个别科技馆在建设过程中遇到的困难，很多都是由于初步设计不成功导致的，具体有以下几个方面：

(一) 初步设计公司的选择

总体而言，当前国外设计公司的能力和水平还是普遍优于国内公司的。但由于各馆建设投资额差异巨大，受成本因素制约，多数科技馆仍会选择国内相关设计公司进行设计，但国内设计公司水平参差不齐，鱼龙混杂。因此，建设单位定要擦亮眼睛，做好充分的市场调研，按照相关规定谨慎选择。

(二) 初步设计工作完成度

概念设计个别有研发实力的科技馆可以自行完成，深化设计当前的普遍做法是与展品制作相结合，而初步设计是需要由专业设计公司及团队进行的。该项工作耗时较长，会给人一种进度缓慢，停滞不前的感觉，设计过程中极易受到建设者及上级领导的质疑。因此，个别科技馆为了追求工期节点而盲目地、草草完成初步设计工作。此时的设计深度尚未达标，很多工作内容没有完成，技术细节没有推敲，落地性无法保证，这些问题暂时隐藏了起来，但并不会消失，它们会在以此设计为依据进行的深化设计以及展品制作过程中一一暴露出来。这时，再回过头要求初步设计公司去调整已不大可能，费时费力费钱，若要求后期制作单位修改总体设计方案也不妥当，因为后期制作单位总体设计能力并不出众，由他们修改设计，对展馆展示效果统一非常不利。

(三) 初步设计过程中的交流与验收

在初步设计过程中,要分阶段对设计成果进行验收。一般可以分为三个层级:第一层级,以周为单位,要求设计公司提交一次设计成果,组织馆内人员进行方案审核,及时与设计公司沟通,修改调整设计方案;第二层级,以月为单位,由设计人员亲自汇报方案,邀请相关专家领导进行方案审核;第三层级,方案接近基本完成时,由该项目的设计团队进行汇报,邀请相关专家及领导进行方案的终审。

初步设计评审验收的要求:展品与环境设计的总布置图设计内容与布局是否按照主题展厅确定的最终方案要求完成,所有组成部分是否齐全、合理;展品描述、功能设计、技术路线与控制流程等是否清晰并完整;平面图、立面图、游人动线图、鸟瞰图、展厅游览效果的动画、各展区三维彩色效果图等设计图纸是否齐全、合理;展品与布展具体安装位置是否与展馆建筑柱与梁、消防设施、通风管道等发生冲突;展品与环境设计对基础的安装要求(承重、偏载、动载荷、倾翻力距)或对悬空吊装荷重及连结要求,展品的安装方式、基础安装尺寸等是否明确;展品与环境设计对用水、用气、通风等特殊要求参数是否准确提出;展品与环境设计对采光要求有否说明;展品与环境设计对展厅温度与湿度要求参数是否准确提出等。

四、关键问题四:各阶段设计不混淆

概念设计、初步设计、深化设计三个阶段里的重点工作要在各自阶段里完成,比如说:初步设计中的两项工作:“编制完成每件展项的工程技术要求,展示原理和展示方式,效果图和设计图,并编制展品概算”可以使展品清晰;“环境布展的规划和整体设计,完成各主题展厅的平面布置及水电工程需求设计等,并编制投资概算”可以使布展清晰,只有这两项都清晰了,才可以制定出《展品制作招标文件》和《布展施工招标文件》,进而开展实质性建设的招标工作。

而深化设计中需要完成的展品展项、环境布展、标识系统等内容的施工图设计以及创新型展项的可行性实验等,如果把这部分内容划分到初步设计中,既增加了初步设计的工作量,使设计成本大幅提高,且由于初步设计单位制作能力有限,制作单位各家工艺水平、加工能力不一致,因此也很难做到施工图纸统一。建议在初步设计过程中,多召开由相关专家及展品制作生产一线人员参与的技术论证会,将展品的科学性校准,确保安全性且将技术要求落地,然后由制作单位进行施工图设计,甲方在关键要素上提出统一性要求即可。

五、关键问题五:深化设计有要点

深化设计应立足于初步设计的成果,从结构、工艺、材料等方面综合分析、精心考虑。由于没有现行标准,一般可以采用工程建设中的办法。科技馆的展品展项,属于非标准的机电设备,深化设计需提供详细的技术支持文件,选择符合标准且价格合理的材料,国内可制造可采购的机电设备等,并由此制作完成深化设计图纸。深化设计的最基本原则是没有出到施工图是不能够开始施工和制作的。

展项和布展的施工界面要完全清晰后方可施工,展项的效果需求、水电需求、承重需求、安装需求及运行需求等,都必须与布展设计施工实现完美的结合。要明确深化设计的范围,这其中非常复杂，需要提前制定详细的《展品承包商与布展承包商工作界面划分原则》及《展品与布展工作界面划分表》，对展品外观造型与展示效果，展品安装，采光控制与灯光工程，环境音效设计与施工，导览系统、公共标识、应急疏散标识，图文板、说明牌，隔板、展台、展柜，建筑墙体、立柱、展墙、剧场、小屋，水、气，强弱电、网络等所有相关交叉要素都要进行明确的界面划分，做到责任范围的清晰无误。

由于初步设计和深化设计通常不是由同一家单位完成，故在深化设计过程中要不断组织初步设计公司、深化设计及制作公司之间的设计交底、商讨对接等，让深化设计单位充分理解初步设计的理念和意图，保持设计思想的延续性。

六、结　语

随着科学技术的不断进步与发展，科技馆常设展览的展示形式与手段也发生了巨大的变革，而逐步具有了多维化的特点。早期的科技馆，展示形式主要为平面化的图文形式结合少量的模型类展项，此时的科技馆可以称之为“二维”展馆；随着互动展品的引入，科技馆发展到了“三维”；如果将整个展馆的建筑、环境艺术等部分作为一个整体，引入到展示的范畴中，就成为了“四维”展馆。现代的社会，是一个信息化、数字化的社会，而将整个展馆引入信息化建设，将展品的互动讲解与科学知识的拓展延伸进行数字化演绎，将使整个科技馆跃升为“五维”展馆。由此可见，现代科技馆明显有别于其他文博类展馆，设计与建设难度已经非常之高。

近年来我国科技馆建设迅猛发展，但一些科技馆建设过程中的问题也逐渐暴露了出来，国内部分科技馆刚开馆时热闹闹，一年两年静悄悄，三年四年全报销。科技馆的一个本质特征是设计阶段即决定未来发展，究其根源，最主要的问题还是出在设计阶段。部分科技馆重展品而轻设计、重展品而轻教育，盲目采购一些表面趣味性较高的展项，但不考虑它们的科学性；或者单纯为了追求互动性，为了互动而互动，却忽略了科学教育的本质是头脑的互动。因此，科技馆建设设计工作尤为重要，如果前期设计阶段工作到位，确保科学性、趣味性、落地性，后期问题就会少很多，就不大会出现以上问题，避免造成国家资源浪费。

参考文献

[1] 徐善衍.时代与科学博物馆的变革[J].科学时报，2007(10).

中国科技馆特效影院教育活动的实践与思考

皇甫姜子[1]　马晓丹　贾硕

摘　要： 特效影院作为科技馆中重要的科普形式，除了影院的基础功能外，还应具备教育功能。本文总结了近几年中国科技馆特效影院教育活动的实施情况，以电影节、科学影迷亲子沙龙和球幕特色天文课三大品牌活动为案例，总结了特效影院开展教育活动的成效，并对科普场馆特效影院如何开展教育活动提出了多方面的思考。

关键词： 科技馆；特效影院；教育活动

一、背景及现状

近年来，在全民科学素质行动计划纲要的宏观指导下，科技馆作为国家科普能力建设和科普基础设施工程的重要内容，受到了高度重视，得到了飞速发展，科技馆中配置特效影院的数量和规模也不断提升。特效影院作为科技馆中重要的科普形式，基础功能是通过科普影片与影院特殊结构、特殊放映系统的有机结合，传播科学知识和科学精神，展现现代科学技术新成果，它使观众在观看影片的同时获取科学知识、了解科学探索过程。此外，科普场馆的特效影院还应具备教育功能，通过开设馆校结合的课程和教育活动，深挖特效影片相关知识点，扩大知识覆盖面，丰富影院教育形式、丰富科技馆科普展教内容，让科技馆的特效影院成为观众了解和体验现代科技和文化的有效载体。

但是由于特效影院发展时间尚短，对利用特效电影进行科普教育的研究和案例还相对较少，很多场馆将影院的教育简单地理解为放映电影，使得特效电影的科普价值不能充分发挥，教育效果也得不到保证。影院教育活动存在教育模式单一，教育理念陈旧，与展览及影片资源脱节的问题，无法满足观众的需要。

针对上述问题，为了改变现状，拓展影院资源，向观众提供更多有趣、科普性强的活动，中国科技馆特效影院创立了三大品牌教育活动，并且成效良好，以下将具体介绍活动的实施情况及成效。

二、中国科技馆特效影院品牌教育活动案例展示

（一）中国科技馆特效电影展映活动

1. 教育活动目标和定位

特效电影展映活动是面向所有观众、科技馆特效影院同仁、特效电影相关企业举办的活

1　皇甫姜子，中国科学技术馆影院管理部工程师，邮箱 478763712@qq.com。

动，自 2011 年起每年举办一届，每次为期 1 个月。特效电影展映集中放映数十部内容丰富、制作精良优秀影片，旨在为公众带来精彩的科技电影体验，打造特效电影的行业交流平台，展现全球特效电影成果。

2. 教育活动主要内容

特效电影展映活动自开办以来，围绕“电影与科技”相关主题，由电影展映逐步发展为集电影展映、科普活动、佳作评选、展示交流、学术论坛等五个版块为一体的综合性教育活动（见图 1）。

图 1　电影展映开幕式

电影展映版块汇集国内外优质电影资源，在一个月的时间内为观众奉献了 30 部左右特效电影，主要在球幕、巨幕和 4D 影院进行展演，2018 年以来增加邀约了科幻大片和科学家精神电影共同展映，充分展现了电影与科技、文化的融合。

科普活动版块聚焦优秀电影资源以及科学家精神，邀请科学家、影评人、科普人或影片制作团队，以沙龙对话、观众互动的形式对电影中的科学内涵进行科学解读和延伸。此外，根据不同的展映方案还会增加新的科普活动。如“科普电影进校园”活动集中了我馆自有版权的球幕影片，同时向片商募集科普影片及相关的教育资源包，深入到有需求的中小学进行电影放映及科学知识解读和实验，助力馆校结合项目。再如以 2018 年发行的 BBC 新片《海洋》为依托，电影节期间在我馆进行影片的亚洲首映式和科普报告会，向参会场馆分享影片配套小型展览，向全国科技馆推广“特效影片＋短期展览＋教育活动资源包＋科普报告”的科普模式（见图 2）。

展示交流版块立足科普特效电影市场的切实需求，通过展示会、推介会等形式，为影片制作发行公司、电影设备公司和影院用户之间搭建交流和交易平台。反响热烈且较有特色的展示会有巨幕影院 3D 激光技术展示会、4D 座椅展示交流会、球幕 8K 技术演示会等，展示会从技术特点展示、画面对比赏析、真实体验效果等方面让与会者有了更直观的感受，得到了与会代表的充分肯定（见图 3）。

图 2 电影《海洋》首映礼

图 3 展示交流会

佳作评选版块经过了几年的探索和完善形成了规范模式，由 200 名大众评委和 5 位资深专家共同评选出最佳科学传播影片、最佳创意影片、最佳特效设计影片、最佳国产影片以及最佳观众推荐影片等 5 个奖项，并举行颁奖仪式。大众评委环节通过微博、微信、网站等活动讯息发布并征集，活动得到了有效宣传，观众参与积极性高(见图 4)。

委会年会版块邀请全国科普场馆的会员代表和国内外影院相关企业代表参加，通常有近 200 名代表参加活动。年会版块以召开科普场馆特效影院专委会会员大会为主，同期开办特效电影发展论坛或科学家电影创作推广研讨会等，围绕特效电影技术、影院科普活动等主题，邀请专家和获奖论文作者进行了主题报告(见图 5)。

图 4 佳片评选

图 5 主题报告

3. 教育活动成效

自 2011 年起影院管理部策划举办第一届中国科技馆特效电影展映，至今已举办八届。2013 年 4 月，第三届中国科技馆特效电影展映首次纳入北京国际电影节"科技奇观"展映单元，成为了电影节中一大亮点，并在 2018 年升级为北京国际电影节"科技单元"。每年的特效电影展映集中放映数十部内容丰富、制作精良优秀影片，2018 年电影展映参展的影片多达 36 部，是历届最多的一次，并建立参展电影的专家评奖机制，提高奖项含金量，各大媒体争先报道，影响力逐年提升。特效电影展映对提升特效电影创作水平、促进中外电影行业交流与合作起到积极的推动作用。

（二）科学影迷亲子沙龙

1. 教育活动目标和定位

科学影迷亲子沙龙是基于优秀科普影片开发的，面向学生家庭开展的与科学家面对面聊电影聊科普的活动。自 2017 年起每两月举办一期，活动根据不同影片确定不同的主题，通常是将观影与科普报告、沙龙对话、观众互动紧密结合，力求帮助观众拓展影片相关知识，深挖影片科学内涵。2019 年起加入了基于科幻电影的沙龙教育活动，将科幻电影迷吸引到科学影迷的队伍中来。

2. 教育活动内容

科学影迷亲子沙龙教育活动的内容的设定通常有两种路径：一种是选定 1 部优秀科普影片，基于影片的内涵及知识点寻找专业领域相符的报告人或嘉宾；另一种是根据时事热点或某个展厅或展览确定活动主题，然后再选择内容相关联的影片。活动由观影、科普报告、沙龙对话、参观展览等主要形式组成，以下展示两个案例：

案例一：第十期科学影迷亲子沙龙（见图 6）

① 时间：2019 年 8 月 25 日 13：00—16：00。

② 主题：关爱动物、从我做起。

③ 主题电影：巨幕影片《回归野性》（40 分钟）。

电影讲述的是发生在人类救助人员和成为孤儿的野生动物之间的故事。一些动物在出生之后，因为各种各样的原因成为了孤儿，在大自然中孤苦无助的它们很容易死亡。这个时候，一些善良的人们充当起了"救世主"的角色，自然保护小组、野生动物救护组织和一些环保人士自愿自觉地开始了拯救野生动物孤儿的活动。在《回归野性》中，观众能看到刚出生不久的大象和猩猩在救护站里得到了人类无微不至的照料并且最终重返自然的过程。也能看到世界著名的灵长类动物学家比卢特·葛莱迪卡斯为保护猩猩种群而做出的努力和奋斗。

④ 演讲嘉宾：张劲硕。

现为中国科学院动物研究所博士、高级工程师，国家动物博物馆科普策划总监；北京动物园科学技术委员会委员；国际自然保护联盟物种生存委员会委员、蝙蝠专家组成员，马拉野生动物保护基金会（肯尼亚）理事，云山保护理事，科学松鼠会资深成员。

⑤ 科普报告内容：

报告围绕巨幕电影《回归野性》，讨论野生动物及动物保护方面的话题。张劲硕博士与在场观众分享了在野生动物自然保护区的科考见闻，重点讲述了肯尼亚的小象孤儿院中收养的小象。它们由于母象被非法猎杀失去保护，心理也受到重创，孤儿院的工作人员精心抚育它们，并在三岁后将它们送回察沃公园学习适应野外生活，直到回归野外。通过介绍，观众感受到了保护自然和生命的重要，也引起了大家对人类行为的深刻反思。张博士还结合图片向观众介绍了七种灵长类动物的现状、区别和特点，让观众对影片中讲述的猩猩特征有了更系统和深入的了解。此外，关于白犀牛、小蓝金刚鹦鹉等诸多物种濒临灭亡的现状，也让现场观众唏嘘不已，许多小观众听得入神，表示将行动起来加入到动物保护的行列中，共同保护自然、动物和地球家园。

讲座之后，大家在巨幕影院观看了电影展映月的新影片《回归野性》，通过影片观看了刚出生不久的小象和猩猩在救护站里得到人类无微不至的照料并且重返自然的过程，以及动物学家为保护猩猩种群而做出的努力和奋斗。讲座的内涵完全用巨幕电影的方式呈现出来，震撼心灵的同时让观众们对动物保护有了更广阔和更深入的理解。

图 6　第十期科学影迷亲子沙龙

案例二：第三期科学影迷亲子沙龙（见图 7）

① 时间：2018 年 3 月 4 日。

② 主题：学霸是怎样养成的。

③ 主题电影：球幕影片《希腊谜城》(40 分钟)。

在大银幕上体验了希腊美丽的岛屿风景以及古代希腊的形成过程，从考古学家的角度了解了如何探寻历史遗迹并推测复原古希腊原貌。

④ 配套展览：古希腊科技与艺术展。

⑤ 沙龙嘉宾：

中国科学院国家天文台副研究员黎耕、中国科学院自然科学史研究所陈巍老师、中国社会科学院哲学研究所刘未沫老师。

⑥ 沙龙内容：

在沙龙环节中，三位嘉宾以古希腊科技、文化和哲学为主题，对古希腊在世界历史上的地位，及其哲学、科技、文化、艺术对后世的影响做了详细的介绍，并以帕特农神庙、思想家苏格拉底、荷马史诗、安提基希拉装置为例进一步对古希腊文明进行了阐述，最后分析了古希腊文明的衰败原因。期间，他们还同观众分享了研究古代科技历史的趣事，并向大家推荐了地中海地区不可错过的古迹和博物馆。在观众互动环节，大同学和小同学们向嘉宾提出了很多有趣又不乏专业的问题，例如帕特农神庙是如何损毁的、古希腊时代有没有玻璃等等，三位嘉宾都给与了耐心、深入的解答。

此次活动是将特效电影与展览、讲座、网络科普相结合的一次尝试。400 余名观众通过“中科馆活动派”公众号预约并参加了此次活动。中国数字科技馆对活动进行了全程网络直播。现场观众首先参观了“古希腊科技与艺术展”，工作人员进行了专场讲解，使观众了解了诸多设计精巧的展品；之后观众观看了巨幕主题电影《希腊谜城》，在大银幕上体验了希腊美丽的岛屿风景以及古代希腊的形成过程，从考古学家的角度了解了如何探寻历史遗迹并推测复原古希腊原貌；最后，在报告厅进行了沙龙环节的讨论。

3. 教育活动成效

科学影迷亲子沙龙开办以来已经成功举办 10 期，参与观众近 5 000 人，活动微信预约稿关注量由最初的 200 多人次上升到 2 000 多人次，通常预约通道开放短短几分钟，名额全部被

图 7　第三期科学影迷亲子沙龙

抢空，后来采用的网络直播课程为更多线上观众开辟了参与活动的通道。“科学影迷亲子沙龙”活动能够不断推进影院教育模式的创新，是提高影院科普教育能力的有益尝试。

（三）球幕特色天文课

1. 教育活动目标和定位

球幕特色天文课是利用球幕影院数字天象系统的演示功能，以青少年为主要目标人群，面向中小学生和天文爱好者，以相关教育理论分析为基础，打造的天文课校外课堂。课程脚本设计和系统程序开发结合了青少年兴趣和认知特点，结合了小学、初中科学课程标准中的天文学教学目标和教学内容，开发的精品天文课程，针对某一学段或年龄段，形成了完整的可移植、可复制的课程案例。目前已经完成三部课程的制作。

2. 教育活动内容：天文课案例——“太阳系生命曲”

① 受众人群：6 岁以上的小学生。

② 教学目标：

了解银河系、太阳系的构成，恒星、行星的不同和太阳系内的主要天体特点；了解生命的起源和存在的条件；帮助同学们建立宇宙、银河系、太阳系的立体概念，能够辨识太阳系主要天体的特点，理解生命和星球环境的关系；激发对天文学的兴趣。

③ 课程主要内容。

以球幕演示星空为切入点，引入太阳系概念，提问小观众关于是否存在外星人的思考。详细介绍太阳系组成；通过八大行星与太阳质量、体积的对比，让观众对太阳系有初步认识，并重点介绍太阳；介绍八大行星之外的矮行星、彗星、柯伊伯带小天体等；介绍太阳系内另外一个重要组成部分一卫星，重点介绍三个有特点的卫星，用系统逐一演示月球、土卫六、木卫二，月球演示月相变化、月球背面，以可能存在生命为切入点着重介绍，展现中国近年来的探月工程所取得的巨大成就,并以人类登月50周年作为结尾。

3. 教育活动成效

为了进一步分析天文课的成效,制作更好的天文课程,影院管理部成立了课题组对参与天文课活动的观众进行了我们分别对在校学生、天文专家、地方馆影院负责人、影院专委会特邀专家以及随机网络预约观众等进行了问卷调查和访谈。调查结果显示:新型的天文演示形式比较受观众欢迎,它区别于传统的讲授方式,能以优质的画面和沉浸感吸引更多的观众集中精神学习讲座内容,并且以互动的方式大大减少了观众对天文知识的枯燥感;观众对天文知识需求量较大,活动还应当根据受众人群进一步提高课程深度,同时增加互动性和趣味性,提高对观众的吸引力,增强活动效果。

三、关于科普场馆特效影院开展教育活动的几点思考

中国科技馆特效影院的教育活动是在不断探索和改进中逐步完善并形成品牌活动的,有成功的经验,也有不足之处。总的来说,教育活动将特效影院和影片的教育功能进行了拓展,惠及了更多观众,需要不断总结,不断思考。

(一)开发教育活动扩大了影院科普覆盖面

特效影院教育活动的开展使影院的观影人数增多,影片范围加大。表1所列是每年电影节的影片数和4～5月期间的观众量,中国科技馆每年固定购买播放的影片数约为12～14部,电影节期间播放的影片数达到30部左右,极大增加了观众可选的范围,科普内容明显增加,观众量也一直保持较高的数量。

表1　2013年—2019年电影节影片数及观众量数据表

	2013年	2014年	2015年	2016年	2017年	2018年	2019年
影片数/部	10	28	30	31	30	36	30
观众量/人次	39 993	42 630	45 894	43 114	42 274	46 087	47 866

2019年8月,为了纪念新馆建馆十周年,特效影院推出“十年新馆 影映初心”新片展映月活动,集中展映十部新影片并加入科学影迷亲自沙龙及天文课活动,从图8可清晰看出,教育活动带动了观众量的明显增长,影院科普效应随之增大。

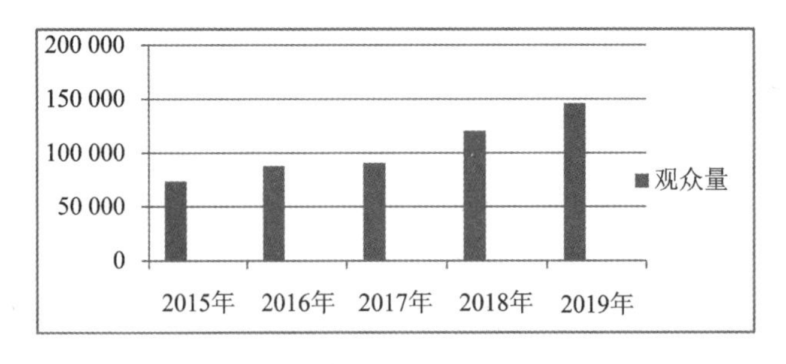

图8　2015年—2019年同期数据对比

(二) 广泛调动社会资源助力影院教育活动

当今的社会是全球化的世界，科技馆单凭自己的力量已经无法满足大众的需求，借助社会的力量，广泛开展交流合作，共同为社会服务，为科普事业做贡献是顺应历史潮流的表现。中科馆特效影院开展的科学影迷亲子沙龙就是在广泛调动社会资源的基础上形成的活动，每期沙龙都会请到科学界的达人、大咖来做客，将科技馆影院无法展现的科技知识带给观众，拓展观众视野，丰富了科技馆的科普内容。

(三) 馆校结合是实现天文教育的有效途径

馆校结合教育模式能够使科普场馆、学校两大教育系统在教育服务经验上相互借鉴，在资源上相互支持，内容上相互呼应的模式。天文学作为青少年科学教育的一部分，由于天文师资力量缺乏，在学校教育中并未单独成学科，天文知识主要分布在地理、物理、历史三个学科当中。但大多学校都配备了天文教育硬件资源，如多媒体教室、三球仪、天文望远镜，甚至有的学校还配有球幕影院。对于学校来讲欠缺的就是好的天文教育讲师和课程。而中国科技馆球幕影院特色天文课正好弥补了学校的不足，天文课结合了青少年兴趣和认知特点，结合了小学、初中科学课程标准中的天文学教学目标和教学内容，按照不同学龄段特点，设计案例课程脚本和系统程序，形成完整的可移植、可复制的课程案例。学校可以组织学生来科技馆的球幕影院体验，也可以将课程用于自己学校的设备中，天文课教育活动的开发和实施是科技馆特效影院馆校结合的有益尝试。

(四) 注重通过网络和媒体的教育传播模式

互联网时代，科技馆的教育不再局限于场馆模式，如何依托网络，借助大数据与人工智能等技术将科技馆的场馆教育做深、做精，做到个性化与精准？如何开拓科技馆的非场馆教育服务，使之更具吸引力、更具便利性，并全面促进公众参与到科技馆的教育策划中？这些都是科技馆对教育活动的更高要求。科学亲子影迷沙龙通过网络直播使更多人受益就是网络教育传播模式的初探，在今后的活动中会继续并开拓新的网络媒体教育传模式。

(五) 影院衍生品的开发助力教育活动推广

科技馆衍生品一般是具有一定科普价值和纪念价值的商品，现在科技馆衍生品的开发已经很常见了，可是特效影院及影片相关的衍生品却很少在国内科技馆中见到。在国外科技馆有许多基于科普影片内容开发的纪念品，如图9所示，其中一些能让逛商品的观众看到物品，从而引起观看影片的欲望；也有一些是供喜欢影片的观众购买回家留念的；更有一些是影片出品商基于影片开发的教具或图书，是教育活动的教材或图书。国内科技馆的影院在开发教育活动的同时也应该思考影院衍生品的开发应用。

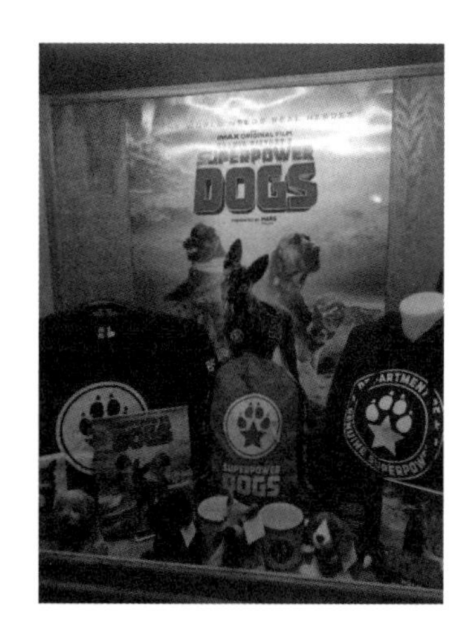

图 9　纪念品

四、结　语

中国科技馆特效影院在教育活动方面的尝试带动了特效影院科普教育能力与水平全面提升。影院管理部将继续以提升特效电影传播科学思想为核心，不断拓展创新特效影院教育内容及功能；以打造优质特效影院科普活动品牌为目标，将特效影院从电影放映场所转变为科学性趣味性的科普教育平台。

参 考 文 献

[1] 王丽. 围绕特效电影的教育活动开发[J]. 科普研究，2013(2)：37-41.

[2] 廖红. 科技馆展教能力建设的实践与思考[J]. 自然科学博物馆研究，2019(2)：8.

[3] 杨斌. 论馆校结合教育模式在中小学天文教育中的重要性[C]//中国自然科学博物馆协会，2016.

分主题 3

科普场馆助力科学文化传播的新角色与新发展

科普讲座在科技博物馆中的现状分析及发展思考

董泓麟[1]　郑诗雨[2]

摘　要：科普讲座作为一种非常传统的科学传播形式，在许多科技博物馆中都有不同程度的开展。但因组织形式、师资力量、经费制约等因素，科普讲座的定位及其传播效果都有待进一步提高。本文从讲座实践过程中的具体问题出发，对科普讲座的现状进行分析，主要通过问卷调查、文献研究及案例分析三种方式，在加强内容和形式策划、尝试多样合作方式及组建专业团队三方面，对科普讲座的发展提出了建议。

关键词：讲座；科技博物馆；现状；发展

一、引　言

（一）背　景

“十三五”规划纲要中提出要加快学习型社会建设，构建惠及全民的终身教育培训体系。教育事业的“十三五”规划中也明确指出，要形成更加适应全民学习、终身学习的现代教育体系，其中包括充分利用图书馆、博物馆、文化馆等各类文化资源。2018年12月，中国科协发布了《面向建设世界科技强国的中国科协规划纲要》，将“提升创新文化引领能力”作为五项重大任务之一，其中特别提出要通过加强公众与科学家、专家的互动与对话交流，促进公众对科学、技术、工程等的理解，增强公众对科学的兴趣与认同，不断推动全民科学素质提升。

在我国大力推进终身教育体系、学习型社会构建，以及建设世界科技强国的背景下，博物馆、家庭、社区等非正规教育的地位和作用应得到进一步重视和提高，而讲座作为博物馆实现教育功能途径中传统而重要的载体，为公众提供与各领域专家直接对话的机会，博物馆可在其中创新思路、大有作为。

本研究从重庆科技馆科技·人文大讲坛品牌活动在实践过程中的具体问题出发，分析科普讲座在科技博物馆中的现状，对科普讲座的发展进行思考并提出建议。

（二）现　状

目前关于博物馆内开展讲座情况的研究并不多。借用对公共图书馆讲座的研究，其开展目的为“以讲座为载体，宣传图书、辅助阅读、助推悦读、传播知识，最终达到吸引更多的人走进公共馆，进而更好地利用馆藏文献信息资源，提高馆藏文献信息资源的利用率，这才是公共馆讲座的最主要的目的”。[1]在科技博物馆开展科普讲座，同样也有吸引更多人走进博物馆，更好

1　董泓麟，重庆科技馆创新发展中心副主任，研究方向：博物馆教育、科学教育；E-mail：16744930@qq.com。

2　郑诗雨，重庆科技馆助理馆员，研究方向：科学教育、教育活动。E-mail：403307251@qq.com。

地普及科学知识、弘扬科学精神、传播科学思想、倡导科学方法，进而推动全民科学素质提升的目的。

近年来，随着“互联网＋”科普的兴起，MOOC这类线上开放课程在E-Learning领域的风靡，以及大科普格局的推动，科普讲座的传播也迎来了新的机遇和挑战。一方面，网络大大提高了传播效率，例如在"典赞·2018科普中国"十大网络科普作品中，科普作家李治中关于癌症的一次主题演讲就占有一席之地，该演讲的视频浏览量在首发平台腾讯视频“一席”栏目超过5 800万，图文版阅读量在首发平台微信公众号“一席”超过600万，在其他平台如微博、今日头条等转发阅读量达数百万(数据来源：科普中国)。另一方面，除博物馆、图书馆等公共机构外，越来越多的社会资源在科学传播方面进行尝试，比如今日头条主办的“海绵演讲”，果壳承办的“我是科学家”，一席独立媒体主办的剧场式现场演讲“一席”等，这些丰富的讲座式活动让博物馆举办科普讲座的优势越来越不明显。除此之外，科技博物馆举办科普讲座还面临诸多困难，笔者认为主要有以下四点：

一是虽然科技博物馆已由业界内外普遍批评的“重展轻教”“有展无教”转变为了“重展”更要“重教”，但这里的“教”更多是指基于展陈研发的“教”，非展陈之外的“教”，而科普讲座作为科技博物馆中拓展类的教育活动，正是在展陈之外的“教”这一范畴。

二是由于科普讲座传统的组织形式，使其在开展过程中容易遵循“确定主题——邀请专家——开展演讲”的简单模式来执行，而并不认为这同样是需要研发的教育活动，但实际情况是这类活动往往因大规模受众、跨年龄群体等多个因素研发更困难，并且需要平衡专业和效果之间的矛盾，专业意味着要明确受众群体，效果则意味着需要多结构的受众参与，这对研发人员的综合能力有更高的要求。

三是“全国各地区公共图书馆讲座发展不平衡还与各地区专家资源分布不均有关，东北、华北、长三角、珠三角沿海经济发达地区拥有大量的教育资源和文化科技资源，在重点院校、科研院所集中了优秀的专家资源。”[2]这样的情况同样存在于科技博物馆，单个馆很难成功邀请到多位省市外甚至国外十分有代表性的专家，专门参与一次线下活动，即使他们热心科普也会因为科研、教学、学术交流以及需花费的时间等因素而难以成行。

四是科技博物馆开展的科普讲座多为公益讲座，其经费来源是政府的财政支出，在十分有限的经费里还需要面面俱到地考虑多项支出，如既要合理尊重演讲嘉宾的知识产权，又要通过多种宣传渠道广而告之，最好还能为受众营造丰富有趣的现场体验。

(三)研究方法

本研究主要有三类方法：

一是依托重庆科技馆科技·人文大讲坛平台开展问卷调查。在2017年12月至2018年11月期间，面向公众发放调查问卷，回收有效问卷1 011份，对参与科普讲座的受众年龄、参与动机等方面进行调查分析。

二是对图书馆、高校的讲座平台建设，以及MOOC在线学习资源的传播进行文献研究。主要选取江苏省教育科学“十三五”规划重大课题、河南省哲学社会科学规划项目等资料进行学习分析。

三是对科普机构及媒体举办的同类活动进行案例分析。重点对果壳网承办的“我是科学家”、一席独立媒体主办的“一席”两个活动进行案例分析。

(四) 研究意义

本研究通过问卷调查、文献研究、案例分析三种方法,对讲座类活动在科技博物馆中可发挥的作用,以及实际开展过程中存在的问题进行了梳理,并提出相关对策建议,以此探讨科普讲座在科技博物馆中的可持续发展,对提高科学传播效果有较强的实践意义,对在同类活动中有类似问题的科普机构具有一定的参考价值。

二、研究内容

(一) 问卷调查

本问卷(附件)分析的数据全部来源于 2017 年 12 月至 2018 年 11 月期间,向参与重庆科技馆科技·人文大讲坛的受众发起的调查。累计回收调查问卷 1 044 份,其中有效问卷 1 011 份,主要从受众年龄、参与动机、效果评价三个维度进行分析。

1. 受众年龄

如图 1 所示,活动的受众年龄跨度较大,从 20 岁以下到 50 岁以上均有。依次占比最高的两个年龄段分别是 30～40 岁和 20～30 岁,且这两个年龄段的总体占比达 58.97%。

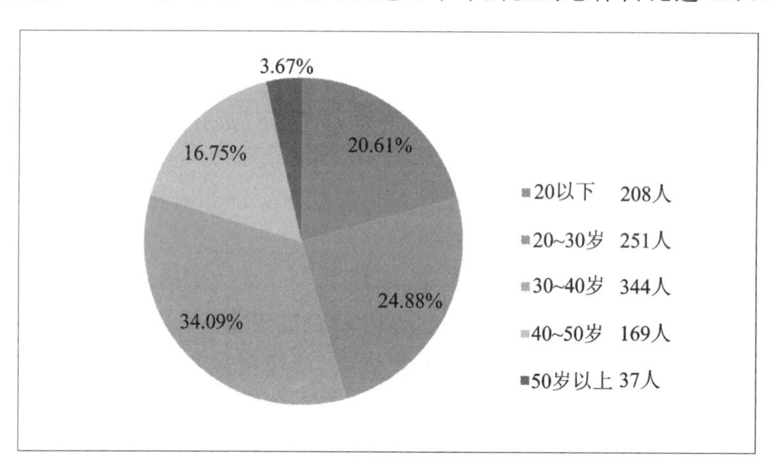

图 1 受众年龄

2. 参与动机

如图 2 所示,各年龄段受众最主要的选择原因都是“喜欢主题和内容”,均超过 30%。基于 20～40 岁这一主要的受众群体再分析其动机,20～30 岁最主要的选择原因依然为“喜欢主题和内容”,而 30～40 岁的选择原因“和孩子一起”占比 32.4%,与“喜欢主题和内容”的选项仅相差 0.2%。

3. 效果评价

如表 1 所列,从“活动中的内容或观点是否对您有所帮助?”“是否会专门来馆参加活动?”“是否会向他人推荐活动?”三个问题进行分析, 94%的受众认为活动内容有帮助,95.31%的受众选择会专门参加活动,98.68%受众会向他人推荐。

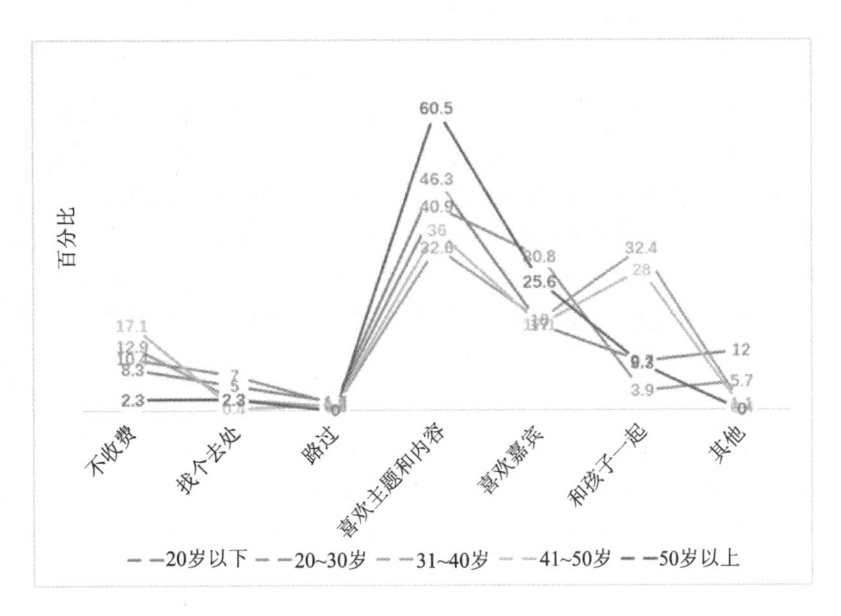

图2　参与动机

表1　效果评价

是否有所帮助		是否会专门参加		是否会向他人推荐	
有	无	会	不会	会	不会
94%	6%	95.31%	4.69%	98.68%	1.32%

（二）文献研究

有调查显示人在工作中习得的知识有80%来自非正式学习[3]。公共讲座是一种典型的非结构化学习，也是一种非正式学习，应当在受众获取知识、技能、方法等方面发挥更为重要的作用。由于笔者在文献查阅过程中发现对博物馆，特别是科技博物馆中开展讲座类教育活动的研究非常少，因此分别选取了关于图书馆、高校开展的讲座，以及MOOC课程这三种类似的活动论文进行文献研究。

1. 图书馆

大部分省级、副省级图书馆在本世纪初已开展了讲座，2000—2005年发展最为迅猛[4]。2006年，国家文化部办公厅下发了《关于深入开展公共图书馆讲座工作的通知》，2018年我国又颁布了《中华人民共和国公共图书馆法》，分别在政策和法律上为图书馆开展讲座这类公益活动给予了指导和保障（崔稚英，2018）[5]。一项针对河北省170个公共图书馆以及北京、天津两个直辖市图书馆的调查研究显示[5]，各级公共馆开办讲座的情况并不均衡，这主要与经费投入及师资力量有关系。该研究还以河北省150多家公共馆签署的《省讲座联盟协议》及"京津冀图书馆联盟"为例，建议以讲座联盟带动业务发展，同时建议注重讲座成果整理和衍生品开发，扩大社会影响力，打造具有行业代表性的文化品牌。

关于联合讲座的研究，[6]以湘鄂赣皖公共图书馆联盟开展的巡回讲座为例分析利弊，认为巡回讲座作为四地省馆联盟的突破口，切实整合了各自优秀资源，较好实现了讲座资源共建共享,有效增强了公共图书馆的服务能力。

2. 高　校

高校开展的学术讲座是由18世纪末19世纪初盛行于西方的讲座制发展而来,是高校进行人才培养的一项重要工作,特别是在促进不同学科方向的知识相互交流从而进一步升华为"非正式学习"方面有重要作用[7],同时也是研究生需具备的6项学术能力中,获取学术前沿敏感性的重要方式之一[8]。此外,尹业师[9]认为专题讲座法在具体课程的应用中受到学生青睐,选课率及出勤率都较高。关于专题讲座法,是指首先将教学内容进行优化,设为若干个学术专题,然后老师以学术报告的形式将相关专题的基本知识点和最新国内外研究成果与今后发展趋势引入课堂[10]。

但同时,地方高校的学术讲座也存在人气不旺、主题小众、资源不均等许多问题。王妙娅[11]认为建设地方高校学术讲座资源共享平台能解决当前地方高校学术讲座面临的诸多问题,是开放教育资源理念的有益尝试,符合师生信息摄取特点。该研究在调研多个国内外非营利性和营利性的讲座平台的基础上,从管理制度、标准规范及保障措施等方面地方高校讲座资源共享平台的建设提出了具体建议,如重视知识产权保护机制及规范录制标准。

3. MOOC平台

MOOC是大型开放式线上课程(massive open online courses)。因其提倡学习的自由和开放性,被称为"教育界的一场革命""为促进学习提供了新的机遇和挑战"[12]。然而MOOC风靡以来,其高退学率一直备受关注,出现了许多负面评价以及相关影响因素的研究。一些研究指出,MOOC的设计质量是提高完课率最基本和重要的因素,并且细节设计也值得关注[13]。同时,学习过程中的社会互动会让学习者坚持学习,融入学习者群体,增加课程黏性,有效降低退课率[14],甚至在课程论坛上的活跃程度,如发帖和评论数量,也可以显著预测是否能完成课程[15][16]。

王继元和张刚要[17]以心理抗拒理论为依据,提出了在MOOC中"限制学习者自由"的观点。心理抗拒理论是指"人们对自己的行为拥有某种自由,如果这些自由减少或受到威胁时,他们往往会采取规避或对抗的方式,以保护自己的自由"[18]。王继元等认为"当学习者体验到较强的感知稀缺性与感知缺乏控制(即自由受到威胁)时,会增强其心理抗拒感,而较强的心理抗拒感会正向影响其对视频讲座的专注程度与持续学习的意向。"感知稀缺性指"由于数量限制或时间限制而导致的对有限供给产品的稀缺感知"[19],感知缺乏控制指"当学习者在听视频讲座的时候,采取一些限制措施,使其不能自由地控制和调节当前的学习环境,从而感知自由受到威胁并引发心理抗拒感"。

(三) 案例分析

选取由中国科协科普部主办、果壳网承办的"我是科学家",由一席独立媒体主办、汽车品牌别克赞助的"一席"两个案例,主要围绕开展情况、参与方式、传播平台、制作团队四部分内容进行分析。

1. 开展情况

如表2所列,"我是科学家"2018年7月首次开展,截至2018年12月共开展了7期活动,邀请35位不同领域科技工作者,每期约请5位嘉宾,总时长约2.5小时,每位嘉宾演讲时长在35分钟以内;根据"一席"官网数据,2018年该活动从3月开始截至12月,分别在6个城市举办6期活动，共邀请94位讲者登台，每期9～12位，总时长平均6小时，有时分日场和夜场，每位讲者时间约为30分钟。

表2　"我是科学家""一席"2018年活动开展情况

活动名称	全年活动总数/期	全年演讲嘉宾总数/位	单场嘉宾数/位	单场时长/分钟
我是科学家	7	35	5	35
一席	6	94	9—12	30

2. 参与方式

如表3所列，根据"我是科学家"官网信息，受众需要通过其独家报名平台"活动行"App提前预约，活动不收费，每期名额有限制但人数不等，并且建议成人及12岁以上青少年参加；"一席"官网显示参加现场演讲需购票，受众在"一席"微店铺购买门票，每期活动票价180～280元不等，活动说明中明确"1.2米以下儿童谢绝入场，1.2米以上儿童需持票"。需要特别提到的是，"我是科学家"曾作为果壳2018年"有意思博物馆"的构成内容售票开展。

表3　"我是科学家""一席"参与方式

活动名称	是否提前预约	是否收费	是否限制人数	受众要求
我是科学家	需要	偶尔	是	>12岁
一席	需要	是	未找到相关信息	谢绝1.2米以下儿童

3. 传播平台

"我是科学家"和"一席"都提供免费的视频回看，回看页面有专门的版权说明。"我是科学家"每场讲座视频会上传至腾讯视频、优酷视频、bilibili网站等平台进行再传播，截至2019年7月9日在腾讯视频"我是科学家"专辑上显示的总播放量达429.2万次。"一席"每场演讲视频会在优酷、喜马拉雅、bilibili网站、一席App、一席微博、一席微信公众号等渠道进行再传播，截至2019年7月9日在腾讯视频"一席"专辑上显示的总播放量达4.1亿次。此外，两个活动都会在微信平台以文字和图片的形式进行活动实录，

4. 制作团队

两个活动讲座视频的后期制作都由专门团队打造。从"我是科学家"视频片尾的工作人员表可见，有监制、制片、导演、策划、项目执行、直播、媒体几项具体分工及人员；从"一席"官网及微信公众号了解，在视频后期制作中会有专业的摄影、摄像师、策划人、剪辑师、导演等参与。

三、结　果

(一) 讨论分析

1. 开展科普讲座对提高到馆率及提升公民科学素质有积极作用

科技博物馆中的科普讲座作为一类非正规教育环境下的非正式学习，应在传播知识方面发挥重要作用，表1显示95.31%的受众会专门来馆参加讲座，94%的受众认为讲坛内容对自己有所帮助，98.68%的受众表示会向朋友推荐活动，关于高校讲座的文献中也提到讲座是促

进知识交流、获取信息的重要方式。这说明讲座不失为一个吸引更多公众走进场馆及服务全民科学素质提升的有效途径,对提高到馆率、扩大场馆知名度和影响力、发挥场馆职能具有积极作用。

2. 加强内容和形式的策划,会提升受众的参与动机及体验质量

如果仅通过简单邀请专家面向公众讲述来开展讲座,并不能很好地激发公众的参与兴趣。从图1、图2可以看出,讲座的受众年龄跨度非常大,但各年龄段最主要的选择原因都是“喜欢主题和内容”,并且在30～40岁这一受众群体中,还有一个重要的选择原因是“和孩子一起”,同时,在关于MOOC的研究文献中也指出设计质量是提高完课率最基本和重要的因素,在尽量保证内容有价值和不可替代的基础上,可从适当增加获取难度等方面提高受众的学习意向,这说明内容和形式的策划能否满足不同年龄段受众的兴趣点,对受众是否选择参与活动及能否获得满意的体验有较大影响。通过案例分析发现,“一席”和“我是科学家”在这方面有一些共同做法,如表2、表3所示,“我是科学家”平均一月举办一到两次,“一席”平均两月举办一次,都有相对固定的周期和较高的频率,并且在参与名额和条件上都有一定限制,而且两个活动都在单次邀请多位嘉宾作多角度分享,在快速推出新活动的同时保持每次活动都提供多样、丰富的体验,这更方便受众根据自身需求做选择,以及更大几率获得满意的体验。

3. 多样化的合作方式,能为师资、经费、传播平台提供更大支持

师资、经费、人气是科普讲座的老大难问题。从文献研究可以看出,无论是高校还是图书馆,都通过建立区域联盟或资源共享平台来解决现有讲座存在的师资、经费、人气等问题。在案例分析中也有类似做法,“一席”和“我是科学家”都有超过一家参与单位,并且有丰富的媒体资源,通过多个线上平台进行传播以达到数百倍乃至数千倍于现场受众量的效果,甚至通过品牌冠名来赞助活动经费。这两类情况本质上都是打造一个互利互惠的生态圈,吸引认可规则、有可置换或共建资源及可从中获取符合组织需求内容的成员加入。科技博物馆也可以用更主动积极的作为、更开放包容的态度去看待多样的合作,无论是寻求与高校的合作以提供专家资源,还是与媒体合作扩大传播平台,甚至在行业内发起或带动形成区域联盟,都值得尝试。

4. 团队构成的丰富性及其专业度,是讲座打造优质内容、提高传播效果的有力保障

在“互联网+”科普的背景下,科普内容通过网络进行传播已经是非常普遍的做法,网络也是提高传播效果十分重要的途径。然而“互联网+”科普并非只是把已有内容上传就可以达到良好收益,在关于高校讲座的文献研究中,就专门提到讲座视频的知识产权保护和录制质量要求,再看“一席”和“我是科学家”两个活动,都有专门团队运营,且成员组成丰富,分别在策划、制作、传播等方面各自发挥作用,从两个活动在线上发布的视频也可以看出内容连贯、画面稳定、声音清晰,且配有字幕和同步展示PPT内容,观感良好,同时有专门的版权说明页面,这些优质、规范的内容离不开专业团队对项目由始至终的把控及多方支持。

(二) 研究不足

本文在研究过程中主要有三个问题。

一是对文献研究中的图书馆、高校开展的讲座,并未实地考察,也未与其相关负责人进行交流,无法评估研究文献中提出的对策建议的实施效果。

二是问卷调查主要基于重庆科技馆的讲座活动,没有在科技博物馆行业内进行更广泛的调研,样本来源比较单一,此外下一步还可以对问卷的内容设计、搜集方式做优化,如考虑到老年人不爱填问卷而通过其他渠道分析年龄、对受众的参与动机进行更定向的分析等。

三是笔者将文中提到的除高校开展的“专题讲座法”外的其他讲座，都归于在非正规教育环境下开展的非正式学习，这一点可能存在异议。目前对正规和非正规教育、正式和非正式学习的名称、分类和定义有多种不同的研究和理解，笔者指的非正规教育主要是区别于学历教育，非正式学习主要是区别于系统性、组织性的结构化学习。

四、结　论

笔者认为在我国大力推进终身教育体系、学习型社会构建，以及建设世界科技强国的背景下，科普讲座是吸引更多公众走进场馆、提升全民科学素质的有效途径，应对在科技博物馆中开展科普讲座予以更深入的认识。基于对科普讲座在科技博物馆中的现状分析和发展思考，对如何进一步提高科普讲座的传播效果有三点建议：一是加强内容和形式的策划，提升受众的参与动机及体验质量；二是尝试多样化的合作方式，为师资、经费、传播平台提供更大支持；三是组建结构丰富、专业性强的团队，打造优质的科普内容。下一步可针对以上各项建议再做深入研究，探讨具体路径。

参考文献

[1] 程远. 公共图书馆讲座实践的理性探索[J]. 图书馆杂志，2015(6)：33-37.

[2] 兰艳花，单志远. 我国公共图书馆讲座服务实践现状及若干建议[J]. 图书馆界，2011(6)：78-83.

[3] 张卫平，浦理蛾. 国内非正式学习的研究现状剖析及对策[DB/OL]. 2012, DOI：10. 13541/j. cnki. chinade. 2012. 07. 008.

[4] 苏华. 全国省级、副省级公共图书馆讲座情况调查及分析[J]. 图书馆与情报，2012(5)：41-43.

[5] 崔稚英. 河北省公共图书馆讲座服务调查分析[J]. 图书馆工作与研究，2018(S1)：28-34.

[6] 王丽，程远. 湘鄂赣皖公共图书馆跨省合作讲座服务可持续发展实践研究[J]. 图书馆杂志，2018(12)：64-65.

[7] 衡小红，冯敏，王点. 针对研究生学术讲座开展的利与弊[J]. 文学教育，2018，33：147-148.

[8] 肖川，胡乐乐. 论研究生学术能力的培养[J]. 学位与研究生教育，2001(9)：3.

[9] 尹业师. “专题讲座法”在大学生素质班教学中的应用——以“现代生物学前沿”课程为例[J]. 课程教育研究，2018(44)：156.

[10] 王贵成. 专题讲座研讨式教学法及其应用[J]. 机械工业高教研究，1998(02)：41-43.

[11] 王妙娅. 地方高校学术讲座资源共享平台建设研究[J/OL]. 图书馆建设. http://kns. cnki. net/Kcms/detail/23. 1331. G2. 20190103. 1553. 010. html.

[12] KELLOGG S, EDELMANN A. Massively Open Online Course for Educators (MOOC - Ed) network dataset[J]. British journal of educational technology，2015，46(5)：977-983.

[13] 姜强，赵蔚，李松，等. MOOC 低完课率现象背景下的设计质量有效规范实证研究[J]. 电化教育研究，2016(1)：51-57.

[14] 张喜艳，王美月. MOOC 社会性交互影响因素与提升策略研究[J]. 中国电化教育，2016(7)：63-68.

[15] FREITAS S I, MORGAN J, GIBSON D. Will MOOCs transform learning and teaching in higher education? Engagement and course retention in online learning provision[J]. British journal of educational technology，2015，46(3)：455-471.

[16] ENGLE D, MANKOFF C, CARBREY J. Coursera's introductory human physiology course: factors that

characterize successful completion of a MOOC[J]. International review of research in open and distributed learning,2015,16(2):46-68.

[17] 王继元,张刚要.限制 MOOC 学习者自由对其持续学习意向的影响机制研究[J/OL].电化教育研究,http://kns.cnki.net/kcms/detail/62.1022.G4.20190114.1609.009.html.

[18] BREHM J W. A theory of psychological reactance[M]. New York: Academic press,1966.

[19] WU W,LU H,WU Y,et al. The effects of product scarcity and consumers' need for uniqueness on purchase intention[J]. International journal of consumer studies,2012,36(3):263-274.

浅谈科技馆如何与社区合作开展特色科普教育活动
——以浙江杭州环西社区为例

叶影[1]　项泉[2]　冯庆华[3]

摘　要：社区是社会的基础，是城市发展的重要载体和依托。而科技馆是科普教育的前沿阵地。加强科技馆与社区的双向联动，发挥科技馆优势，在社区开展科普教育活动对于提高社区居民科学文化素质，促进和谐社区建设有重要意义。本文以浙江省科技馆结对合作的环西社区为例，结合对该社区科普服务实践活动的案例介绍，分析探究该社区科普教育的基本现状和存在问题，进而针对未来发展提出一些对策建议，探索科普合作新模式。

关键词：科技馆；社区；科普活动；建议

一、科技馆与社区科普教育活动有效衔接的条件与背景

（一）科技馆自身具有的科普人才和展教资源优势

科技馆是科普教育的前沿阵地，是面向公众普及科学知识，传播科学思想和科学方法，提高国民素质的重要窗口。科技馆场馆内科普教育资源丰富，配套设施齐全，同时具有较为专业、经验丰富的展教人才，除了面向观众的常设基础展品之外，各科技馆都根据自身特色开展了一系列丰富多样的科普活动，以更加新颖和群众喜爱的方式多渠道普及科学知识。以科技馆现有的硬件和软件条件如果加以合理利用，通过迎进来、走出去等方式加强与社区的对接联系，可以给社区群众带来更加有趣生动的科普知识和活动。

（二）社区科普面向广大住户居民，有良好群众基础

社区科普是面向社区广大居民的科技教育和传播活动。这是完完全全为基层群众服务的活动。社区人口集中密集，是群众长期居住和生活的地方，在社区开展科普活动是社区成员的共同需要。社区板报、社区宣传栏、社区阅览室、社区活动室等科普宣传设施都深受居民的喜爱，通过开展社区科普活动，可以提高社区文化的科学内涵，增强社区居民的科学精神、帮助社区群众树立科学理想、掌握科学方法、培养文明科学生活的理念。在当下，社区科普活动有较为广泛的群众基础，受到了群众的欢迎和支持，科技馆加入到社区科普当中，可以更大限度地发挥科普教育功能。

1　叶影，浙江省科技馆科普活动部主管，馆员；研究方向：科普活动研发；E-mail：530805850@qq.com。

2　项泉，浙江省科技馆协会副主任，馆员；研究方向：科普活动研发；E-mail：1404754791@qq.com。

3　冯庆华，浙江省科技馆副研究馆员；研究方向：科普活动研发；E-mail：534289870@qq.com。

(三) 社区自身的科普资源和力量难以满足居民需求

目前杭州大小社区受到自身财力、物力、人力的限制,科普工作的开展存在一定难度,尤其是边郊社区、老小区科普资源、科普活动匮乏的问题更加严重。目前,杭州市社区科普工作总体上还不能够适应社区居民日益增长的科普需求,社区提供的科普活动基本还停留在社区宣传栏、板报、社区阅览室等以静态为主的活动上,社区科普手段滞后、老旧。许多社区受经费、人力等客观条件限制,科普设施简陋,科普活动频次低,活动单一,针对性不强,创新性不够,不能满足社区居民的需要。

(四) 科技馆与社区合作开展科普教育活动可以达到优势互补,实现双赢

科技馆有较为丰富的科普类流动展项,有经验丰富的科普宣传人才,有先进的场馆资源,而社区的群众基础良好,居民对科普知识,科普类活动的需求大,接地气的科普活动很受群众欢迎。科技馆进社区,加强与社区合作,可以进行优势互补,充分发挥科技馆的资源优势,深入社区开展科普教育活动,通过科学性、知识性、趣味性的科普秀、科学小课堂、科学小实验、科技馆亲子一日游等活动,让社区居民多渠道地感受科技,为提高公民科学素质服务。

二、环西社区科普教育活动的现状与问题

以笔者工作的浙江省科技馆所结对的环西社区为例,基本情况如下:环西社区为杭州市中心的老社区,共有楼栋 72 栋,设 9 个居民小组,常住人口 1 717 户,4 566 人,流动人口 448 人。同杭州市绝大多数小区一样,随着社区科普工作的不断深入,社区科普工作所存在的问题也逐渐凸显。环西社区科普工作的开展受到主客观条件的限制,虽然设立了科普活动室,开展了科普宣讲等活动,但是仅靠社区自身力量进行科普难以真正满足居民的需求。根据与社区工作人员的介绍了解、居民家庭的随机走访、查看社区资料等方式,我们发现目前环西社区在科普活动上存在如下问题:

第一、社区科普工作人手短缺,经费捉襟见肘。这导致在科普教育活动财力投入有限,科普物资匮乏,科普设施简陋。就环西社区而言,科普设施水平总体偏低。科普活动室里大多只是图片、文字说明等展示,实物较少,可供动手操作的展品更是稀缺,难以真正吸引居民的关注。

第二、缺乏社区科普创新理念,科普教育活动形式较为单一,以静态展示为主,动态活动较少。科普形式较为陈旧落后,向公众传递科学信息仍然以单方向的灌输方式为主,互动性、参与性不强,难以激发观众的求知欲,与现代科普要求的观众积极参与、做中学,强调通过自我探索实践来获得知识的科普理念相距太远,难以满足居民多元化的需求。同时,社区群众性科普服务网络缺乏,利用 APP、微博、微信等手段进行科普宣传的机制尚未形成。

第三、缺少合作,场馆、企业介入社区科普的机制没有形成。科普工作主要依靠社区现有工作人员完成,同时基层的科普工作"广而杂",对科普工作人员各领域及不同程度的科普知识均有要求,使科普工作者的工作压力剧增,工作难度加大,疲于应付。没有公益性科普场馆和企业的支持及加入也一定程度导致社区科普工作流于形式,缺乏新意,无法真正吸引基层受众,降低了群众的参与积极性和热情,科普工作没有形成合力。

三、浙江省科技馆与环西社区合作开展科普教育活动介绍及案例

根据我馆自身长期从事科普活动的经验和丰富的资源条件，深入环西社区加强合作，优势互补，我馆可以发挥自身职业特点与特长与社区形成良好互动，提供各类科普项目，为服务基层百姓出力出策。作为科普宣传的前沿阵地，科技馆的加入也可以较好地帮助社区解决笔者上文中写到的几大问题。

目前我馆与环西社区的科普宣传活动已经合作了三年，在实践的过程中不断对活动的形式进行改进，推陈出新，在这三年中根据社区工作人员的经验和居民的要求，主要采用的是传统与创新相结合方式，给社区群众带来了各种类型的科普饕餮大餐。目前我们推出的科普活动主要有以下传统和创新两大类，所有的活动都是公益、免费的，这也一定程度上缓解了社区科普经费不足的问题。

传统类活动一：科技馆参观体验。社区与科技馆进行配合，由社区组织报名，每期安排20人左右的社区居民来浙江省科技馆进行参观、体验、学习。我馆将派出娴熟老练的科普辅导员对前来的参观居民进行全程带队讲解。社区群众可以通过亲身体验展项、操作展品、趣味问答、参与工作坊动手制作等各种方式来感受科技的魅力、学习科学原理，了解科学知识。这相比以往仅仅在社区内通过板报、阅览室、宣传栏来科普知识要生动活泼许多，更受群众的欢迎和喜爱。

传统类活动二：实验表演进社区。除了把观众引进来，我们也会主动走出去，把科学趣味小实验带进社区，深入群众，让群众在自家门口也能欣赏到趣味横生的科学实验表演。每次社区里将开展实验表演通知一发出，就得到社区居民的积极回应，报名踊跃。通过一个个互动性、趣味性极强的小实验，社区群众学习了大气压强、水的表面张力、水的密度、作用力与反作用力、伯努利原理等系列知识，相较于枯燥、单调的授课式宣讲，科普效果显著，很受群众欢迎。

传统类活动三：科普展览。目前在浙江省科技馆一楼大厅开展过的临时展览数不胜数，3D打印机、食品安全、拓扑学、水母展等等，主题多样，内容精彩。环西社区自身的位置距离浙江省科技馆也仅有几公里，交通便利，参观方便，科技馆的科普临展丰富了居民业余文化生活，可以培养广大青少年和社区居民的科学兴趣，达到弘扬科学精神，普及科学知识，传播科学思想和科学方法的目的，是社区科普展览的有力补充。

创新类活动一：科学＋系列活动。科学＋系列活动是浙江省科技馆一直在打造的特色科普品牌，倡导用流行的概念做科普活动，旗下有六大子品牌：科学＋ASTalk、科学＋会客厅、科学＋EFTlink、科学＋咖啡馆、科学＋在现场、科学＋百日谭。六大活动有各自不同的活动定位和科普内容。每期活动都会结合公众关注的社会热点，精心策划、组织实施贴近实际、贴近生活、贴近群众、符合当地特色的活动，这个活动一经推出就得到了结对社区——环西社区的群众的大力支持和热烈欢迎，除了积极参与各大活动感受科技的魅力，许多居民朋友也为这个系列活动建言献策，充当科普志愿者，积极参与其中。目前环西社区的许多群众都已经是科学＋活动的常客和忠实粉丝，通过这个活动，可以帮助群众零距离体验科学的真实质感，解答公众对科学的疑惑。

创新类活动二：科学奇妙夜亲子游。根据环西社区的家庭构成、年龄层次和居民实际需求。我们还面向社区家庭推出了科学奇妙夜亲子游活动。最好的教养在路上，带着孩子来体

验科普，既可以增进家长和孩子的感情沟通，并且通过家长带着小孩一起动手实践体验，培养孩子的科技意识和动手实践能力，挖掘学生的潜能。科学奇妙夜亲子游每期的主题和内容都有不同，每期会邀请十组家庭，聆听科普讲座，观看科普影视，参观科技馆，动手参与科技小制作和趣味科学实验，进行趣味知识问答。最后家长还要带着孩子在科技馆内的月球大厅基地内搭帐篷住一晚，在科技馆内真正体验科学奇妙夜。通过家长孩子在科技馆内一天一夜的游玩、学习、生活体验，增加亲子互动交流，让科学教育生活化、生活教育科学化。

创新类活动三：AST－SPACE 体验。AST－SPAC 的活动也是我馆近几年推出的新的科普教育活动。目前成员有科技馆辅导员、阿里巴巴程序员，有 segmentfault 社区前段工程师，还有浙大硕士在读研究生，浙大生物博士等等，开设在我馆二楼的科学院区域。场馆内设施丰富，推出了电子电路，arduino 开发，3d 打印，无人机、生物 DNA 提取，IOS 开发小组等等系列趣味体验课程。这一活动内容相对有一定难度，对受众的知识储备有一定要求，目标群体面向初高中生、大学生以及科技爱好者等等。该项活动作为高阶科普教育活动，吸引着广大热爱科学、探索科学的求知群体。这一活动的开展，很好满足了具有一定科学素养的群体继续探索科学的需求，目前环西社区的多名初高中生、老师、大学生等都已经加入到了 AST－SPACE 活动当中。

四、科技馆与社区合作开展科普教育的对策与建议

（一）以科技馆现有资源为依托，打造科普活动多元化

科技馆由于自身的定位和功能，相比于其他场馆有更为丰富的科普资源，主要分为硬件和软件资源两大类。硬件资源主要为场馆内的展品展项，影院、临展等，而软件资源则包括了设计开发的一系列科普教育活、专业的展教、研发人才队伍等等。科技馆要面向社区开展好科普主题活动，就要以现有的资源为依托，充分利用好所有的科普资源，丰富和创新科普活动。

长期以来，社区科普活动受主客观条件的限制，宣传形式都较为单一、枯燥，缺乏互动性，灌输式的工作方法使群众处于一种“被动科普”的尴尬境地，收效甚微。科技馆的加入除了可以给社区带来新颖丰富的科普资源还应该面向大众提供多元的科普形式，与群众的日常生活紧密结合，并做到紧扣热点、融入生活，扩大科普宣传的影响力。科普表演剧、科学秀、科学行走、科普亲子游等等都是目前深受群众喜爱的科普活动形式。

（二）根据社区居民需求，分层次，因人而异地设置科普活动

科技馆进社区是科技馆工作中的重要一环。科普工作是面向大众的一项重要的群众工作。要做好社区科普工作，最重要的是了解群众需要什么方面的科普，针对群众的需求和意见，有目的有方向地策划活动再向群众去传播、灌输这些科学知识，才能得到群众的广泛支持，达到事半功倍的效果。

社区工作人员可以通过家庭走访、发放问卷、电话采访、发布布告通知等方式搜集群众意见需求，结合数据分析本社区居民构成，分析居民的生活需求和有效的接受方式，有针对性地开展科普活动。根据社区特点、居民文化层次、年龄结构等因素，既要注意居民参与，又要考虑居民要求，针对目标群体设计群众喜闻乐见的形式，从而使得科普活动取得良好的社会效果。

不同层次、不同年龄的人群对科普的诉求是不一样的。比如老年人更加关注养老、医疗、保健话题，而中年人倾向食品安全、就业、子女教育，营养膳食等话题，年轻人更关注气候变化、节能环保、地理旅游，少年儿童则对动漫、卡通、大自然探索等感兴趣。做科普活动要做到有的放矢，坚持从群众需要出发，提高不同层次、不同年龄人员的科技素质。

（三）科技馆与社区双向联动，实现科普资源共建共享

科技馆与社区合作科普，双向联动，形成资源共享、优势互补、互动发展的良性循环机制，可以有效发挥社区和科技馆科普资源优势，集成各类资源，扩大社区的服务范围和种类，也可以让科技馆的科普工作更加深入基层，更接地气。

科技馆可以补充社区科普内容，缓解社区经费、人力不足问题；社区可以宣传科技馆，让更多的市民了解科技馆，让更多的市民认知科学，加强科技馆内容向社会全面拓展，加强辐射面。扩大科技馆的知名度和影响力，两者在形式和内容上互相补充，在科普工作上达到双赢。

比如在社区的日常以及节日的科普活动中，科技馆可以为社区提供多种科技内容的益智展项、宣传展板，图片资料，让群众在自家门口就能“玩上”科技馆里的项目。也可以派出辅导员给居民带来科普脱口秀、实验表演。同时可以将社区的居民迎进科技馆，观看科普电影、参观科技馆，充当科技馆志愿者等等。科技馆进社区，社区群众走进科技馆可以让广大市民朋友通过参与互动、体验等方式从实践中学习总结科学知识，培养广大群众的科学兴趣，启迪科学观念，达到普及科学知识、培养科学思想和科学精神、提高全民科学素质的目的。事实证明，科技馆与社区的合作可以取得良好的效果，让科技馆走进社区，投入到全民素质教育活动中，是一项长期的需要坚持的惠民工作。

五、结束语

科技馆科普资源的充分发掘和利用是值得大家不断探究的课题，科技馆进社区，发挥科技馆的优势加入到社区的科普服务当中，丰富科普活动的内容，以多种多样的活动形式宣传科普知识，有利用社区科普工作的深化改进，有利于扩大科技馆科普的普及度、覆盖面，也有利于进一步提高居民的科学文化素质。

由于调研的范围有限，本文更多的是以浙江科技馆与环西社区结对开展的特色科普教育实践活动为例来阐述，难免存在局限性，希望本文能对其他科技馆与社区深入合作互动，实现现有科普资源的发掘利用、共享共建，起到一定的参考作用。

参 考 文 献

[1] 于亚军.社区科普工作存在的问题及对策[J].科协论坛，2014(03):2.
[2] 张少卿.发挥科技馆优势为科普教育服务[J].科海故事博览·科技探索，2012,000(008):272.
[3] 卫红.科技馆充分发掘利用科普资源的思考与实践——从受众的角度去思考，用专业的理念去实施[C]//全国科普理论研讨会暨亚太地区科技传播国际论坛，2012.
[4] 叶洋滨.基于“科学 +”品牌的科普模式创新初探[J].科技信息，2014(13):2.
[5] 贵州省科协.立足城市中心区开展社区科普工作[J].科普论坛，2012(06):2.

如何利用博物馆资源开展多种形式的到校服务——以吉林省自然博物馆为例[1]

魏忠民[2]　张秀春

摘　要： 文章结合多年来开展博物馆到校服务的经验，借鉴国内外其他博物馆到校服务的成功范例，阐述博物馆的到校服务是馆校合作的重要内容，是实现博物馆教育功能的重要手段，并提出如何利用博物馆的优势资源开展到校服务的几点建议。

关键词： 博物馆课程资源；馆校合作；到校服务

2014年，美国博物馆未来中心发表《建设教育的未来——博物馆与学习生态系统》的报告。在报告中，博物馆教育专家伊丽莎白·梅里特认为，很多迹象表明以教师、教室、年级和核心课程为主要特征的正式教育时代（有人也称为工业时代学习阶段）即将终结。下一个教育时代是以自我导向、体验式、社会化和分散学习为特征，旨在培养21世纪批判性思维、信息综合、创新、创造力、团队合作和协作的技能。在这样的未来，博物馆可以发挥关键作用，既可以作为学习者的资源，也可以作为教师，分享他们从20世纪的教育中学到的知识。

面对如此严峻的现实，国内绝大多数博物馆没有做出应有的准备，依旧满足于门前车水马龙，而观众们空手而归的状态。博物馆的教育功能更不被人们所理解。很多人把这里当成周末休闲度假的场所，教育管理部门和学校把博物馆当作一个费用低廉的社会实践基地，每次举办活动的时候，用几台大客车把学生带到博物馆走一遭，拍一些照片和视频，回到学校做一期墙报，即使是召开一次参观交流会都是非常奢侈的事。究其原因，造成这种尴尬局面的主要责任在博物馆方面，博物馆缺乏与学校之间的沟通，坐等观众上门，没有把博物馆的使用方法很好地介绍给学校。于瑞珍把博物馆与学校间教育伙伴关系归纳为六种形式：专业成长、到校服务、校外教学、博物馆学校、学生实习和网络服务。其中到校服务是一种行之有效的，但却是最容易被忽视的教育手段。

一、博物馆的到校服务

所谓到校服务，是由博物馆教育人员携带展览、教材、课程、标本（文物）或教具等来到学校，服务于教师、学生或学生家长，使不方便到馆参观的学校也能分享博物馆教学资源的一种馆校合作方式。博物馆方面可以利用到校服务的机会，及时推介临展、教育活动等项目，让学校对博物馆有更深入了解，合理地利用博物馆。同时，博物馆方面还能了解到学校的需求、并与教师们探讨博物馆课程资源的利用等。到校服务包括举办科普讲座，开展社团活动，参与学校课程，组织教师培训，编写教材、制作教具，巡回展览和展览推介，编演科普剧，以及帮助学校组建校园博物馆等等。

1　东北师范大学校内青年项目（19XQ027）资助；

2　魏忠民，男，吉林省自然博物馆副研究馆员，昆虫学与博物馆学，长春，电子信箱：weizm372@nenu.edu.cn。

二、国内外到校服务的成功范例

美国自然历史博物馆的“移动博物馆”是博物馆到校服务的成功范例。该移动博物馆是有4个由集装箱改造而成,其主题分别是“恐龙古生物学”“建筑与文化”“宇宙探索”和“恐龙:老化石、新发现”。移动博物馆在每个学校里停留一天,接待4个班级。参观时,让学生触摸展品,观看图像资料,并完成学习单。大都会博物馆编印有“希腊艺术”“韩国艺术”“东南亚艺术”等系列的专题材料,向每所公立博物馆赠送。2001年,全美有100多万教育工作者在其课堂上使用了史密森博物学院编印的教育资料,数百万学龄前儿童至高中生从中受益。国内也有很多到校服务的成功范例。如河北博物院的“国之瑰宝——河北文物精品图片进校园”项目。东城科技馆与北京自然博物馆联合组织“科普大篷车进校园”主题教育活动,开展2014年流动科技馆“中生代王者归来”流动科普车巡展活动。中国古动物馆的“梦回白垩纪”科普剧进校园。吉林省博物馆的青少年活动“礼仪之邦”走进长春市玉潭小学等等。

三、博物馆拥有丰富的到校服务资源

博物馆资源从广义上讲,包括以下几种,标本(文物)资源、人才资源、经费资源、环境资源和信息资源。在自然博物馆中,能运用于到校服务的主要有专家资源、标本资源和展览资源。其中专家是最具有能动作用的资源,是到校服务的主体。在我国台湾,从事这样工作的专家被称为教育推广人员,对其能力要求有以下几点:第一要具有极大的爱心和责任心,博物馆的到校服务是一件非常麻烦的事情,长期来往于博物馆和学校之间,要讲课,要沟通,还要研讨,没有发自内心的热情是做不好的。第二要有丰富的知识,了解本馆的展览和馆藏,了解教育方法、教育心理学、教育理论等等,还要了解学校的教育科目及教学进度,最重要的还要精通所研究专业的知识。第三要表达能力强,还要有敏锐的洞察力,善于抓住孩子们的兴奋点开展教学设计及实施。标本资源主要包括与学校课程比较相关的动物、植物、古生物以及矿物、岩石标本等,参与的形式主要是出借或赠与。展览是博物馆中最适合做到校服务的资源,尤其是移动性好、安装容易的临时展览。固定陈列也可以作为到校服务的资源,在固定陈列设计的同时,就应该制作出一套简化版或是图片版的临时展览,方便在学校之间流动展示。

四、博物馆加强到校服务的必要性

目前,在博物馆开展的教育活动遇到很大的挑战,周末本应该是家庭观众比较多的时候,但很多中学生和小学高年级的孩子课后班负担极为沉重,根本没有时间来博物馆参加活动。结果是参加活动的孩子年龄偏小,对自然知识了解得不够,无法使教育活动发挥出应有的作用。在这种情况下,博物馆的到校服务就能显示出极大的优势。

在学校,孩子们的作息时间比较集中,而且有整个班级在一起的空闲时间,如课后托管时间,还有不同年级,不同班级相同爱好的同学集中学习的时间,如社团和校本课。如果我们的博物馆把这些时间利用起来,开发具有本专业知识和特点的课程,或者举办流动展览,一定能取得很好的效果。

到校服务也是学生们到博物馆参观的必要准备阶段。博物馆方面经常抱怨学校方面的闪电式参观，殊不知看电影之前还要了解一下内容简介，还要看一下影评。很多学校来博物馆参观都是无准备，有时就连带队老师也是第一次来馆，这样的结果往往是参观过后，学生只对大型标本有印象，对整个陈列分为几个部分，每个部分的重点都没有留意。因此，在参观前，博物馆教育人员应该主动开展到校服务，把博物馆的陈列简介送到学校，并且把参观线路和参观重点告诉给老师，最好选择几个参观班级布置一些类似于"找找看"的参观作业，这些工作在国内的博物馆鲜有人做。

五、吉林省自然博物馆开展的到校服务

（一）博物馆课程

2010年，依托"蝴蝶谷"展览，我馆与东北师大中信实验学校、东北师大教科院联合筹划并实施了"蝴蝶探秘"博物馆课程。这项课程结合小学《科学》课本中"动物的生命周期"、"有生命的物体"、"新的生命"、"生物与环境"、"生物的多样性"和"微小世界"等六个单元的课程内容设计。上课地点在博物馆蝴蝶谷展厅和班级教室交替进行，通过学习，同学们初步了解蝴蝶的形态构造，生活习性及物种多样性等方面的知识，学会使用体视显微镜和制作蝴蝶标本，此次活动不是仅仅停留在科普活动的层面，而是找到一个结合点把博物馆展示及教育活动与小学科学课程有机地联系起来，解决了学校教学缺乏课程资源的问题，也成为我馆进行到校服务的开端。2012年，配合小学科学课本中"岩石与矿物"一课，我们三家又联合开展了"认识岩石"的课程，让学生通过对岩石的观察、分类以及系统学习，了解每一种岩石的性能，来历及用途。在这次课程中，我馆出借岩石标本和专家咨询。

2011年，我馆参与了东北师大附中的校本课程，由博物馆提供课程资源和专家，开设了"学习生物吧"校本课，分为古生物小组、昆虫小组、物候小组、植物小组和鸟类小组，并连续招收了三个年级的学生。其中，昆虫小组的校本课一直持续至今，现改名为"昆虫研究所"，主要以蝴蝶和甲虫为主要研究对象，课程内容包括参观展览、讲解、采集标本、制作标本和甲虫饲养等。

（二）学生社团

学生社团是东北师大中信实验学校的特色校本课，也是一种特殊的课程外活动。它能促进异年级、异班级学生交往，发挥学生自主管理和学生自主服务的主观能动性，深入开展个性化教育研究，并为学生培养兴趣、发展特长、弘扬个性、自主发展搭建广阔平台。"昆虫探秘"学生社团是在2012年我馆与该校的科学教师共同组建的一个研究型社团，社团聚集了一批对昆虫感兴趣的昆虫迷，利用学校社团活动时间来研究蝴蝶、甲虫等昆虫，学习科学知识，培养实验技能，高年级同学还要撰写实验报告或小论文。2018年4月，我馆与吉林省第二实验高新学校达成合作协议，免费为初一学生开设《蝴蝶探秘》社团，博物馆专家到学校来讲授蝴蝶知识。

（三）校园展览

在我们和学校合作的过程中，发现有些学校受到时间或路途的限制，不能来到自然博物馆

参观学习，所以，我们就把学生社团活动制作的展览，还有一些科普挂图等在各个学校之间互相交流，流动展览，这样既能相互学习，又能满足那些不能来馆参观的学校的需求。另外，学校的橱窗也是博物馆的用武之地，类似于每周一虫，每周一花的系列展示深受孩子们的喜爱。

2012年3月到7月，第一期“昆虫探秘”社团的活动就是以博物馆的蝴蝶谷展览为模板，在博物馆科研人员和科学课教师的精心指导下，学生们自主学习、领会知识并独立创造，以自己擅长的方式，制作一个孩子们心目中的“蝴蝶”展览，使更多的同学通过他们的讲解了解蝴蝶。2012年12月，附中的校本课同学们利用自己制作的蝴蝶标本参加“家长开放日”的活动，并亲自为家长们讲解蝴蝶知识和校本课学习的乐趣。此次活动被多家媒体或新闻单位报道。

(四) 科普讲座

在学校做科普知识讲座是博物馆开展到校服务的一种很好的方式，其中主要利用了博物馆的人力资源。我们把校本课或博物馆课程中的很多专题知识课程作为课程基础，添加了一些有趣的知识内容，形成了一个科普讲座菜单，并录制成视频，如《蝴蝶的身体结构》《蝴蝶的防御》《养蚕》《鸟类学概论》和《植物的识别与标本的制作》等。这些讲座都是幻灯片加文字稿的形式，还有很多标本和活体的展示，经常用于在学校组织的科普日或科技周等的活动中，为学生们讲解，也能刻录成光盘的形式，赠送给中小学。这些视频都是每个博物馆专家对自己学科内容的认识，通过这些视频既开阔了同学们的视野，也丰富了他们的业余生活。

(五) 辅助教材和教具的开发与外借

我们还在开展到校服务的过程中积极编写校本课教材，现在已经编写出三本教学辅导书，一本是《吉林省常见蝴蝶的识别手册》，已经作为校本教材出版，另外两本《常见甲虫的饲养手册》和《“蝴蝶谷探秘”课程手册》，也将陆续出版。

小学《科学》三年级上册有一篇关于“蚂蚁”的课文，课上要求老师给学生观察活的蚂蚁，于是每当这节课开讲的时候，老师们都要四处抓蚂蚁，城里的蚂蚁都是小型的铺路蚁等，不好捕捉完整的个体，即使抓到完整的个体也不便于观察。得知这一消息，我们利用博物馆技术中的标本包埋技术，在野外采集大型的日本弓背蚁，包埋在树脂胶中形成一个透明的琥珀，当做教具使用，耐用而且方便。另外，在附中校本课教学中，我们经常利用博物馆的蝴蝶和甲虫标本进行课堂教学和演示，使得课程生动形象，孩子们非常喜欢。

小学《科学》四年级下册有一个大单元是“岩石与矿物”，这节课非常难讲，同学们看不到实物，也不了解其中的内在联系，而且总觉得不就是一块石头吗，有啥好学的。当我们引入博物馆资源后，情况就得到改观，首先同学们看到并摸到各种各样的岩石标本，又听到专家的讲解，对岩石的形成、构造以及用途有一个循序渐进的认识过程，因此学习起来不枯燥，不乏味。另外，课程中还穿插几个小实验，让同学们自己动手区分一些岩石，他们感到非常有趣，印象极深。

(六) 校园展览馆

2015年，我馆为东北师大中信附属小学提供蝴蝶标本和植物标本，帮助他们建立起长春市第一个校园展览馆。该展览位于教学楼的开放空间里，分为四个展区：蝴蝶展区，植物展区，天文展区和社团成果展示区。整个展览利用标本和图片，为同学们营造了一个知识宝库，孩子们可以不到博物馆就能看到这么丰富的标本，也能学习到很多科普知识，甚至还能开展很多相关的主题活动，如标本制作，展览设计和小小讲解员等等。

（七）参与校内基金及相关课题的研究工作

我馆专业人员经常与中小学教师合作，开展基于博物馆的课程资源开发以及相关策略的研究，先后参与了吉林省教育科学规划课题"博物馆资源与学校教育相结合的策略研究"，"核心素养观照下的小学科学植物领域数字化教学资源开发与利用"，东北师大校内基金"教师利用校外场馆支持课程实施的行动研究"以及东北师大附小科研基金项目 "基于博物馆课程资源的个性化教学主题单元开发"等等。在合作研究过程中，博物馆教育人员广泛听取了教师们对博物馆的理解和需求，力所能及地提供资源和方便条件。学校教师也了解到博物馆的资源状况和使用情况，并且能根据学科特点来确定合作方式和资源的取舍等。

（八）教师培训

为了更好地开展科普教育活动，培养小学科学教师利用博物馆资源的意愿学会使用方法。我馆从 2013 年开始参与到吉林省教育学院承担的"国培计划"和"省培计划"，在全省小学科学教师短期集中培训中讲授"昆虫标本的采集与制作""开发和利用校外课程资源 实现科学课堂的开放性""有效利用博物馆资源"等课程，成为小学科学教师了解博物馆，开发博物馆课程资源的窗口。到目前已经培训 7 期超过 500 多名小学科学教师，有效地把我馆推送给这些教师，他们将在利用博物馆资源中起到模范带头作用。

六、开展博物馆到校服务的几点建议

（一）建立广泛的交流和联系

博物馆的到校服务是一种主动教育。其行为主体是博物馆，只有积极开展馆校合作，充分与学校进行沟通，才能了解其需求，才能提供对双方都适合的到校服务。吉林省自然博物馆又名东北师大自然博物馆，与东北师大附属中、小学同属一个大学管理，有着得天独厚的条件，拥有庞大的学生群体，还能接触到先进的教育理念，并且对小学科学和初中生物的课程设置与内容，以及实验室设备等等都有充分的了解。与此同时，我馆与东北师大教育学部的教育专家们也保持长期的联系，他们经常与我们共同开发课程，参与我馆的到校服务，并持续提供教育理论方面的指导。有了这些外援，我们开展到校服务比较得心应手。

（二）组建优秀的教育人员团队

打铁还要自身硬，开展丰富多彩的到校服务就要组建优秀的教育人员团队。目前，我馆还没有专门的教育人员。因此，各个学科的业务人员成为教育人员的主力，他们利用本专业的知识开展教育活动，馆里从有限的经费中拨出资金，修建科普教室，完善各种设施，提供活动材料等，鼓励专业人员开发课程，设立公众号平台，组建微信活动群，让更多的孩子们来馆学习。另外，教育人员一定要有"绝活"，比如说会做昆虫标本、会饲养昆虫、会使用塑封机、会使用徽章机、会树脂包埋技术等技能，这是在学生中保持活力和魅力的一大法宝。坚持一段时间以后，专业人员既学会了讲课，又能了解孩子们的理解程度和知识水平，从而为开展到校服务奠定了扎实的基础。

(三) 充分利用新媒体和新技术

目前很多博物馆都有720全景虚拟展厅，在集体参观之前，让学生看一下，就能事先了解展厅结构和展览内容，并且能在有限的参观时间内观看重点标本或文物。另外，目前在校园里比较热门的微课、翻转课堂和走班制教学模式都是非常适合博物馆用来做到校服务的。讲述一件标本或录制一种昆虫的习性并制成一分钟的微课，言简意赅，通过QQ群或者微信传播，孩子和家长们在茶余饭后就能学习。

(四) 成立博物馆到校服务联盟

博物馆的到校服务不是一、两个博物馆的事，每个博物馆都能根据自身的性质开展适合本馆馆情的到校服务。如果要使博物馆的到校服务达到一定的规模和层次，就要把一个地区的博物馆联合起来，类似志愿者协会或家政服务公司一样，组成一个到校服务联盟。可以同时在一个学校开展服务，也可以根据每个学校的优势学科分别开展服务。博物馆在联盟中发挥自己的作用，各个博物馆之间还可以相互借鉴，互通有无，推动到校服务往更高的层次上发展。

参考文献

[1] 刘婉珍. 以展览为核心的博物馆课程[J]. 博物馆学季刊，2001，15(4)：3-18.

[2] Graeme K，Talboys J. 博物馆教育人员手册[M]. 林洁盈，译. 台北：五观艺术管理公司，2004.

[3] 于瑞珍. 科学博物馆与中小学校互动关系——台美两个案之研究[J]. 科学教育学刊，2005，13(2)：121-140.

[4] 宋向光. 国际博协"博物馆"定义调整的解读[N]. 中国文物报，2009-3-20(006).

[5] 吴镝. 美国博物馆教育与学校教育的对接融合[J]. 当代教育论坛，2011(13)：125-127.

[6] 李君. 博物馆课程资源的开发与利用研究[M]. 长春：东北师范大学出版社，2013.

[7] American Alliance of Museums. Building the Future of Education：Museums and the Learning Ecosystem [M]. Washington：American Alliance of Museums，2014.

[8] 郑奕. 博物馆教育活动研究[M]. 上海：复旦大学出版社，2015.

论新时期科普场馆科普能力的提升

常　雪[1]

摘　要： 市场经济体制变革背景下，科技对于行业产业乃至社会发展的驱动力日益显现，其普及与应用，是建设社会主义现代化的关键。在此过程中，科普场馆发挥了重要的价值作用，其有效建设与发展备受关注。科普能力是科普场馆系列功能实现的根本，其在当前阶段的表现尚存不足，其有效提升得到了学术界的广泛热议。本文基于对科普场馆的相关概述，分析了其现阶段的发展挑战，并着重就新时期科普场馆科普能力的提升进行了探究。

关键词： 科普场馆；科普能力；挑战；提升路径

科技创博在提升我国国民素养、增强综合国力等方面具有长远的意义，而这也正是科普场馆的功能优势所在。在科教兴国的伟大战略导向下，如何优化科普场馆建设，有效提升其科普能力，值得深思，是社会各界广泛热议的焦点。然而事实上，面对社会公众多元化需求的挑战，如交互式学习体验、多学科交叉融合等，当前阶段的科普场馆服务工作建设略有不足，科普能力有待进一步提升。

一、科普场馆的相关概述

科普场馆作为学习型社会建构的重要载体之一，对推动整个社会科技发展与应用有着非凡的价值意义，是实现社会主义现代化的关键一环，对其科学、全面的认知，是提升其科普能力的基础。本节着重对科普场馆的特点及功能进行了探析，相关具体表述如下：

（一）特　点

从科普场馆的发展历程来看，其应该划归为博物馆范畴，但两者之间又存有一定的不同，后者强调以现代科技为中心。根据联合国教科文组织发布的《科学技术博物馆的建设标准》，科普类场馆建设的目标在于展示用于生产和人类福利的科学技术，从而激发人们对科学和教育的关注，使之产生浓厚兴趣，并由此增长青年一代的创造才能。学习型社会建构视角下，得益于国家和政府的高度支持，基于社会发展需求导向，科普场馆的分类日渐丰富，主要有科技馆、科学技术博物馆、青少年科技中心等，并且呈现出了开放性、科学性、实践性、趣味性等特点。具体而言，科普场馆的教育内容具有高度的开放性，并非局限于某项技术或某门学科，而是紧密跟随现代科技发展的脚步，在记载科学技术历史的同时，又呈现科技研发成果，同时关注知识与能力的双向发展。同时，科普场馆的开放性还体现在服务对象上，既面向学生，又面向社会，这也就决定了其多重价值创造。科普场馆的科学性是指其在内部展品布列上、教育引

1　常雪，中国科学技术馆工程师；研究方向：科普展览展示；通信地址：北京市朝阳区北辰东路5号；邮编：100012；Email：changxue@cstm.org.cn。

导模式上等多个方面要讲求科学性，以带给受众良好的互动参与体验。实践性作为科普场馆区别于其他博物馆的基本特性，要求受众在整个过程中的有效参与，从而加深他们对科技的理解，并应用到生产生活当中去，在此过程中还以兴趣为切入点，确保最佳收效，即趣味性。

(二) 功 能

知识经济时代，科技的力量日益突出，并成为我国社会主义现代化建设的关键驱动因素。科普场馆源于多重功能价值塑造，成为了科技发展的前沿阵地，其建设与发展备受关注。综合来讲，以当前的社会发展需求来看，科普场馆的多重功能体现在展览教育、科技培训、学术交流等几个方面。具体而言，展览教育是科普场馆的基本功能属性，并决定了其发展定位，即是指通过展览的方式反映现代科学原理及其应用，同步普及相关理论知识。由于科普场馆与传统博物馆之间的差别化，其科学性、实践性以及趣味性等特征，要求有机地将科学技术与实际应用关联在一起，并生成可供观众操作实验的展品，如此才能带动观众强烈的探知欲望。同时，科技培训是对科普场馆科普工作开展的重要方式，一定程度上弥补了院校教育的不足，其“短、快”的特点，加之投入较小，实现了优质教育资源的汇集，因而备受关注。相比之下，学术交流作为科普场馆更高层次的科技活动组织，是科研工作者相互间的切磋、提升，能够激发更多的创新创造能动因子，所触及到的内容十分广泛，并且组织方式多样化，包括学术报告、科普讲座、公众论坛等，是对其教育功能的进一步延伸，从而发挥更为广泛的科技信息传播功能。

二、科普场馆发展挑战

近年来，得益于国家系列政策的有效支持，加之社会各界广泛关注，科普场馆已然取得了长足发展，其在多重方面的功能价值塑造效果明显，即取成绩值得认可。但是客观维度上讲，受多重因素影响，现阶段的科普场馆科普能力表现略有不足，难以适应新时期的各种挑战。展教是科普场馆最主要的功能所在，其相关资源建设面临着多学科交叉融合、交互式学习情境营造、公众学习体验过程培养、信息化/数字化手段使用等系列挑战。事实上，很多科普场馆的思想解放力度不足，创新力表现匮乏，相关资源建设墨守成规，仍旧突出以“投入型发展”为主，加之服务模式单一，影响了社会公众参与体验、热情，其功能价值有待进一步挖掘和释放。究其根本，造成科普场馆科普能力薄弱的原因有很多，包括资源滞后、服务单一、人才匮乏等。具体而言，在有限的投入建设背景下，科普场馆一味地关注场馆规模发展，对软硬件配套资源的投入配备失衡，导致创新创作驱动力不足，同时滞后的服务理念，忽视了与社会公众需求之间的互动对接，直接影响了其科普能力。另外，面对我国高速发展的科普事业，相关专业人才资源匮乏，是限制科普场馆科普能力提升的重要因素。

三、新时期科普场馆科普能力的提升路径

如上所述，新时期，科普场馆有着多重方面的功能发展定位，其科普能力提升是实现其既有价值的关键。作为一项系统化践行工程，新时期科普场馆科普能力的提升，对各方面建设提出了要求。作者结合上述分析和实际情况，针对性地提出了以下几种科普场馆科普能力提升路径，以供参考和借鉴。

（一）加大政府支持

科普场馆在学习型社会建设中发挥了重要的作用，其科普能力提升，有赖于政策法制方面的资源支持，是最大限度地释放其应有价值的关键。尤其是面对新时期的挑战，科普场馆需对自身资源排布进行重新优化，这其中不可避免地触及到较大的资金投入，单纯地依靠科普场馆自身可能有些力不从心，应该得到政府的高度关注与支持。因此，新时期，各地政府应充分认知到科普场馆的发展建设，深入调研科普场馆建设实际，整合优质资源，适度加大该方面的投入，必要时可设立专项资金，为确保科普场馆科普能力提升的持续性、普范形，使之服务于更多的社会公众群体。事实上，我党亦从国家治理层次上对科普场馆发展予以了支持，包括《中华人民共和国科学技术普及法》《关于鼓励科普事业发展税收优惠政策》《国家科学技术奖励条例》《科技规划纲要》等等，同时亦因此取得了显著成效。基于此，合理定位各类科普场馆的方向，加大对其展教功能的宣传，出台系列优惠政策，引导社会资本向科普场馆科普能力建设的流入，拓展其科普经费来源，从而为该项工程的持续性开展奠定基础。除此之外，以科普场馆为主阵地，大力支持科普创作，并注重做好相关知识产权保护工作，设立科学的奖励制度，激发更多科研工作者的创新创造行为，从而为科普场馆科普工作开展提供丰富的资源支持。二十一世纪，在科技主导的知识经济发展新时代，科技可谓日新月异，知识量、信息量实现了爆发式增长，对科普场馆的科普能力建设提出了更高要求，对此，相关政府主管单位应做好宏观调控工作，以社会发展需求为切入点，组织开展更多有效工作。

（二）转变思想观念

思想观念是行为实践的先导，其科学性与否直接影响了科普场馆科普能力提升实效。新时期，面对多学科交叉融合、公众学习过程培养以及信息化手段应用，使得科普场馆面临着更为严峻的挑战，为进一步迎合社会发展需求，并提升自己各方面功能效能，首要应转变思想理念格局，突出科普服务价值。在具体的践行过程中，作为科普场馆管理创新的主体，领导者应树立高度的创新变革意识，紧抓新时期所带来的重重机遇，解放思想、大胆实践，紧密关注科技发展未来，引导创新工作模式，提升整个场馆的科普能力，为实现可持续发展战略目标奠定扎实的基础。与此同时，在科普投入有限的情况下，为了实现科普场馆科普能力的再提升，除了引导各方资本汇入的同时，还需转变发展思路，从"投入带动型"到"需求拉动型"，实时调研社会公众需求，以期收获更加积极的反馈，增强自身发展动力。对此，科普场馆要主动适应新环境，在既有管理机制的基础上，不断创新变革，建立一套崭新的运行体系制度。事实上，沈阳科技宫就做出了较为成功的尝试，建立了馆内基金奖励制度，规定凡在工作中业绩突出的员工均按贡献大小予以不同额度的奖励，成熟一批、奖励一批。在这样的管理框架结构下，员工工作积极性、主动性得到了前所未有的释放，并形成了馆内蓬勃向上、求实创新的良好工作文化生态，得到了广大员工的拥赖，取得了显著成效，值得其他科普场馆借鉴和学习。同时，科普场馆还应重视深入科普对象调研工作，按需分配建设资源，确保资源利用价值最大化，以吸引更多社会公众参与其中，并收获良好的感官体验，协同推进科普场馆科普能力提升。

（三）丰富资源构成

宏观维度上讲，科普场馆的资源构成主要包括两类，即硬件资源和软件资源。新时期，科普场馆本身作为现代科技发展的关注者、传播者，应当注重对数字化、信息化技术手段的应用导入，不断改善配套环境，充分展示我国科研成果，增强受众的民族自信心和科技发展兴趣。如上所述，科普场馆具有科学性、实践性、趣味性等特点，是其科普能力体现与提升的关键。在高度开放、自由的互联网生态环境下，信息量呈现爆发式增长，并关涉到社会生产生活的方方面面，其中汇聚了庞杂的数据资源，并且呈现方式多种多样，包括图片、视频、影像等，为科普场馆资源建设提供了有效支持。基于该方面的考量，科普场馆应归拢优质资源，进一步加强信息化水平建设，以科普对象需求为切入点，丰富馆内资源构成，为提升科普能力提供支持。在具体的践行过程中，要使科普场馆名副其实，应当将更多资源集中在更新展品和运行维护上，紧密跟随时代发展的脚步，关注科技行业动态前沿，尤其是电子计算机、生物学、航天学等领域，突出自身的先进性。同时，为了有效满足青少年一代对展教更新的需求，科普场馆在每件展品及其系列教育活动组织中还需关联人类探索自然、不断追求创新的实践成就，寓教于乐，使之感受到科技的无限魅力，并激发他们学习科技、运用科技的兴趣。除却上述这些，在科普场馆的内部配套建设上，要突出人本性的意味，在展品的摆放上要讲求科学性，切勿简单地罗列或堆砌，而是注重展示其彼此间的关联性，明确各个功能分区的主题，以便于受众更好地参与其中，并由此获得良好的感官体验。新时期，科普场馆资源建设作为一项庞杂的系统化工程，应当注重其开展的持续性、科学性以及先进性，从而提升科普能力。

（四）优化服务结构

本质上而言，科普场馆的核心在于服务，科普能力提升亦是服务建设优化的过程。具体而言，新时期，科普场馆应当依托现代科技资源，加强对各类科普产品的开发，着重鼓励创新创作，并通过互联网等多种形式，实现资源共享，从而共同推进我国科普事业的发展，提升整体科普能力。常规上而言，科普产品的类型构成十分丰富，可以是图片、音像、动漫等，又可是展览、报告、讲座等。在这样的思路指引下，科普场馆应当充分依托互联网载体平台的功能优势，加大对科普产品或服务的宣传，以社会公众喜闻乐见的方式呈现出来，并借此加强与社会公众之间的互动交际，及时了解他们的需求动态，积极接受各种信息反馈，进而明确科普能力建设与提升方向。在此过程中，科普场馆作为社会的有机构成部分，不能仅仅局限于理论知识传播，更重要的是回归社会发展，从科学的角度回答热点问题，推进科技与人文、艺术之间的互动融合，并由此开发富有实践应用价值的展教产品，启迪创新思维，发现科学、运用科协，实现对受众综合素质提升的服务目标。除去这些，科普场馆的实践性特点，要求其关注交互式学习情境营造和公众学习体验过程中培养，不断改革创新科普模式，引导公众互动参与，在丰富的实践活动诱导下，丰富和扎实他们的理论知识构成，并培育其良好的科学应用意识和能力。这就要求科普场馆大力发展体验式科普服务，可以家庭为单位，以点带面，扩大影响力、感染力，形成绝佳的科普社会效应，实现性认知和感性认知的融合升华。据科学研究表明，人在一定时间内的注意力集中度及接受程度是有限的，容易产生认知疲劳和抗拒心理。对此，应注重依托科学的主题设定，尝试系列性和阶段性的科普服务，以保持受众较长周期内的新鲜感和好奇感。

（五）重视人才建设

所谓人才即是指具有一定专业知识或专业技能，进行创造性劳动，并对社会或国家做出贡献的人，是人力资源中能力和素质较高的劳动者。新时期，科普场馆科普能力提升对人才智力支持的依赖性较高，并且占有十分重要的战略地位，是激发创新创造的关键能动因子。因此，科普场馆应当树立高度的人才战略意识，明确科普能力提升的目标导向，全方位审查工作一线队伍的综合素质素养水平，结合现实需求，及时发现其中存在问题，继而针对性地解决问题，实现整体服务质量的提升。科普场馆的首要功能是展教，面对不同文化程度的受众群体，在普及科技知识的同时，锻炼良好的科技素养，并强调传播科学思想和科学精神，这也就对相关从业人员提出了更多、更高要求，尤其是面临着交互式学习情境营造、多学科交叉融合、公众学习体验过程培养以及信息化手段应用等服务模式变革挑战。对此，科普场馆需竭力加强内部人才建设，定期或不定期组织开展多样化的培训教育活动，树立工作人员高度的服务意识、创新意识以及展教意识，及时更新他们的知识网络结构，关注行业动态前沿，共享有效实践工作经验，提升其职业素养和业务能力，以向受众输出更多优质服务，同时为科普场馆的创新式、持续性发展提供智力支持。同时，建立科学的绩效考评体系，有机地将过程性评价与终结性评价结合起来，全方位审查工作人员的动态表现，及时发现不足，制定可行性培训方案，并树立榜样典范，予以必要的奖励，激励全体员工的能动性、积极性，使之散发出无限的创新热情。而对于科普场馆工作人员个人而言，亦应不断加强自主学习，善于通过网络、培训等多种渠道，丰富自我、提升自我，应更好地迎接岗位挑战。

四、结　语

总而言之，新时期，科普场馆的科普能力提升至关重要，是实现我国科教兴国战略目标的关键，其作为一项庞杂的系统化工程，对各方面建设提出了要求，在具体践行过程中，应依托先进的思想理念指导，不断丰富资源构成，并强调服务结构优化，基于高素质人才队伍的智力支持实现。作者希望学术界大家持续关注此课题研究，结合实际情况，针对性地提出更多有效发展践行策略。

参考文献

[1] 羊芳明，段飞，李颖琪，等．以微信矩阵为例的新媒体环境下科普传播模式的创新研究[J]．科技创新与应用，2019(23)：42-44＋47.

[2] 许晓霞．关于提升科普场馆吸引力的思考[J]．科学大众(科学教育)，2019(07)：28-29.

[3] 何素兴，孙小莉，刘南．新时代科普场馆的建设与发展路径探析——以北京科学中心为例[J]．今日科苑，2019(05)：50-56.

[4] 倪杰．创新文化建设背景下科普能力的提升与科普人才的培养[J]．科学教育与博物馆，2018，4(03)：161-164.

[5] 齐培潇，郑念．我国科普能力发展的影响因素分析[J]．科协论坛，2018(06)：4-8.

[6] 杨传喜，侯晨阳．科普资源配置效率评价与分析[J]．科普研究，2016，11(01)：41-48＋97-98.

[7] 娜日莎．全区科普场馆建设和科普能力提升研究[J]．内蒙古科技与经济，2015(21)：30-32.

研学旅行背景下馆校结合新形式探究

薛　春[1]

摘　要：随着基础教育课程改革的不断深化，研学旅行作为一种校内教育与校外教育有效衔接的创新形式，受到社会各界广泛关注。而科技馆作为科普传播阵地，研学旅游也为馆校合作打开了新的大门。但如今科技馆研学旅行存在组织形式单一、活动时间死板、研学内容单调等问题，本文以湖州市科技馆为例，从科技馆研学旅行活动设计策略、活动实施策略两方面简要对科技馆在研学旅行背景下如何实现新形式的馆校结合提供几点建议。

关键词：研学旅行；科技馆；馆校结合

一、前　言

近年来，研学旅行作为一种校内教育与校外教育有效衔接的创新形式在社会各界引起广泛关注，特别是在2016年底，教育部等11部门正式出台《关于推进中小学生研学旅行的意见》（下文简称《意见》），研学旅行正式纳入中小学教育教学计划，社会各界刮起了一场“研学旅行风”。而科技馆作为社会重要的非正规性教育机构以及国家重要的科普教育基地，其独有的多学科资源，可容纳性，以及前期的馆校结合经验，都使其可成为研学旅行的目的地之一。

以科技馆为目的地的研学旅行，既是培养学生科学核心素养的重要举措，也可实现科学数学等多个课程的相关教学目标，对提升学生的多元化学习及主体性进步有较大的效果，更可以充分发挥出科技馆的科普价值。故研学旅行背景下馆校结合的新形式探索是科技馆现今必须面对的机遇及挑战。

二、科技馆研学旅行现状

各地研学旅行的实施尚处于初始阶段，因认识上、安排上的不统一，难免出现泛化、偏差等问题。“只旅不学”或“只学不旅”的现象也多有发生，过程中也多出现由旅行社进行主导，教师在研学旅行中的角色体现不足；后期评价与反思环节薄弱，反馈形式单一；学生人数过多，学生任务不明确等等问题[1]。

科技馆作为研学旅行目的地之一来说，现今其研学旅行活动主要存在以下问题：

（一）组织形式单一，联动性不足

学校研学旅行多以旅行社为主导，在吃住行方面进行安排，但缺乏与科技馆的沟通联动，学校重组织轻学习的现象明显，把过多的精力放在了保障学生的出行安全上，没有很好地与科

1　薛春，湖州市科技馆展教培训部，硕士研究生，研究方向：现代教育技术、科普教育。

技馆进行沟通协作，对研学旅行活动的把握程度明显不足。

（二）活动时间死板，连贯性不足

学校虽有研学旅行，但是在现今初期阶段，受多方因素影响研学旅行从次数、活动时长都较少，而且多集中于春秋游季进行，或是派发相关任务单，让学生自主在寒暑假期间进行相关研学活动，其时间的连贯性不足，会导致研学旅行的效果受到影响。以湖州市科技馆为例，在春秋游时间段内，团队数量占全年团队数量的70%左右，这几年的团队数量有明显提升，但仍未形成常态化。有些学校会在做研学旅行的行程安排上过于紧凑，导致在科技馆内只能走马观花般的欣赏，没有很好地实现科技馆的科普功能。

（三）研学内容单调，深入性不足

研学之旅缺乏研学的主题，没有针对性、完整性、侧重性的研学主题等于失去了研学的灵魂，科技馆除了在日常的固定展品外，还有相关的科普教育活动，科普大篷车展品，临时性展览等，形式和内容是多样的，学校在科技馆的研学旅行内容设计中尚处于浅层次阶段，没有很好地深入或进行连续性的内容深化。[2]

三、科技馆研学旅行活动设计策略

（一）科技馆研学旅行活动设计原则

科技馆研学旅行活动设计原则科技简要地从四个方面述说，分别是针对性原则、系统化原则、层进性原则、开放性原则。

1. 针对性原则

① 针对教学内容，要与相关的教学进度或是相关理论知识点相契合。

② 针对学生兴趣，只有让学生感兴趣的活动才能最大化激发学生的学习力，在活动中要让学生参与进来。

2. 系统化原则

① 三案齐全，活动方案要明确、细致、可操作；人数多的大型活动需向相关部门提前备案；要做好应急预案，以应对紧急事件。

② 应保障学生在研学旅行中的全面体验，考虑周全。

3. 层进性原则

活动内容设计应符合学生的认知规律，循序渐进、由浅入深、由易到难、逐步提高，使学生层层探疑，最终实现创新思维培养的目标。

4. 开放性原则

在设计研学旅行活动时要根据学生水平及学生的表现，灵活调整研学内容与活动，在最终评价与总结时也要依情况而定，而非生搬硬套。

(二) 科技馆研学旅行活动设计

1. 科技馆研学旅行主题的选择

研学旅行主题的选择是研学旅行活动的前提,选题的依据要符合与教学进度相契合、符合学生兴趣并具有可行性原则,在结合科技馆相关特色可主要从三个方面进行主题选择。

(1) 学习内容(更贴近学科)

学习内容的主题选择更加契合与教学进度相符合的要求,学校可以根据在教学过程中的某个知识点或某阶段的教学任务结合科技馆的布展情况进行主题设计。例如湖州市科技馆共分为"高新技术""科技与社会""基础科学""少儿科技园"四个主题区,每个主题区都有不同的展区,研学旅行的活动主题可以依据主题区选定,也可以依据展区选定(力学、电磁学、声光等等),抑或是根据某个知识点进行连串的研学。

(2) 学生兴趣爱好

学生感兴趣的才能更好地激发学生的学习热情,例如可以以"我想当……"为主题让学生在科技馆内依据自己兴趣爱好选择相关的内容进行探究学习,让学生在兴趣中学会成长。

(3) 结合时事

跟随时代的才是不会被淘汰的,学习亦是,在科技馆研学旅行的主题选择中,可以选择与时事相关的主题,例如前期火热的电影《流浪地球》、近日引发的垃圾分类热潮等都是可以作为研学旅行的主题选择的,这样的主题可以让学生更易接受,也易引起同学间的共鸣。

2. 科技馆研学旅行目标的选择

可以从知识与技能、过程与方法、情感态度与价值观三个角度,实现对学生的全面培养,并结合学生学情与研学活动具体内容,选择适合的科学核心素养水平,将研学旅行目标清晰化具体化。科技馆和学校应共同制定科技馆研学旅行目标,要以事实依据,制定目标,不浮夸。

3. 科技馆研学旅行内容的选择

科技馆研学旅行内容是可多样化的,不仅仅是常设展区内展品的浏览和体验,一般还会有科学实验、科学表演、科学趣味活动等等,湖州市科技馆在今年年初还推出了展品深度讲解,针对展品进行更深程度的解说,广受大众欢迎,这些都可以作为研学内容的选择,并可根据学校学生情况进行定制化内容更新及深入。

4. 科技馆研学旅行组织方式的选择

《意见》指出,中小学校的研学旅行方式可多元化 :可自行开展或委托办理。目前来说,科技馆研学旅行较为可行的组织方式有学校主导模式、旅行社主导模式和馆校合作模式等。为更好地达到研学旅行所期待的目标,实现在科技馆研学旅行的效果最大化,在科技馆研学旅行组织方式的选择上,可以采用教育局统筹或是由某所学校领头羊式的多方协作方式,组织科技馆研学旅行(见图 1)。

(1) 教育局统筹或领头羊学校协作

研学旅行模式在现今的教育大背景下,需要多部门在《意见》的政策支持下进行落实与支持,可以借由专业人士制定相关的研学旅行活动,提供人员培训工作,在经费上也给予一定的支持,科技馆研学旅行可以作为研学旅行中的一部分,由科技馆专业人员参与进来,由教育局或领头羊学校制定大体的研学旅行活动内容,提供研学旅行方案及相关基地负责人或联络员的联系方式,作为其他学校研学旅行的一个参考。

(2) 学　校

学校则可以根据学生自身情况及学校特点，生成特色校本课程，制定个性化内容和个性化目标，并对涉及的陪同教师进行专业培训，做好研学旅行的前期对学生、对家长的宣传工作，包含知识技能培训、安全纪律培训、学生动员会等等。

(3) 旅行社

旅行社在研学旅行过程中的交通路线、保险、车辆安排、食宿等方面来说有很大的优势性，所以在研学过程中的这一系列内容可以依托旅行社进行。

(4) 科技馆

科技馆可以依照前期的安排为学校定制化课程，根据馆内自身情况及现有内容进行开发或是深入，也可根据学校要求在自身条件允许的条件下进行馆内活动的安排。

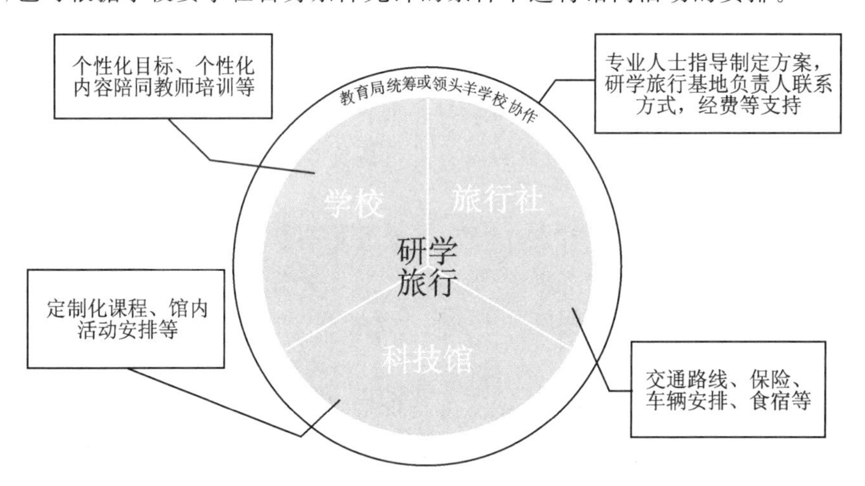

图1　科技馆研学旅行组织方式

四、科技馆研学旅行活动实施策略

(一) 科技馆研学旅行活动课程模式

科技馆研学研学旅行活动中的课程模式是可多样化的，即可选择一种亦可多种相结合，要依据活动的目标来选择制定。

1. 以讲解员为导向的拓展学习模式

通过科技馆科技辅导员、馆内科普志愿者的直接讲解，或借助于展品的展示标签和二维码，让学生了解科技馆展品的相关知识内容，这类模式适用于科技馆固定展品的学习。

2. 以"研学单"为导引的参观浏览

"研学单"可以包含研学主题、导言、知识导航、馆中发现、拓展思考、合作时间、评价量表等内容。"研学单"须由科技馆专业人士和学校教师、学生共同设计，并有知识和能力的梯度，使学生通过引导逐渐开展深入系统的学习。

3. 以动手操作为导向的实践体验

在研学过程中，动手做可以让学生更加关注并易于接受新的知识点，例如在科技馆科技辅导员的指导下，让学生参与到科学小实验的过程中，在动手实践的过程中即可以加强同伴间的合作交流，加深对知识点的认识，也能完成新旧知识间的迁移与建构。

4. 以科学探索为导向的深度学习

可以利用科技馆的各类科学活动，利用学生的好玩心、好奇心和好胜心，在满足其求知欲的同时不断提出新问题，引导学生深入开展学习。

（二）科技馆研学旅行活动操作模式

1. 以项目模块改变学习方式

研学旅行课程的学习方式以参观体验为主。体验式项目模块，可以增强课程的体验性和互动性。学校和科技馆根据学生的年龄认知特点，设计出"有趣、有料"的体验性实践系列项目，形成可供学生选择的旅行课程模块，以保障研学旅行课程的效度和可持续性。[3] 例如科技馆可设立"流浪地球"体验项目，学生在听科技辅导员对相关展品内容的讲解后，可以继续做相关的科学实验，体验在太空中的感觉，并找寻重力、离心力等相关知识点的展品，理解其概念。这样可以让学生形成实践探究、动手解决问题的习惯，达到主动学习的效果。

2. 建立科学管理电子档案实现管理和评估

研学之旅并不是一个阶段性的学习任务，而是持续的不间断的学习过程，所以建立科学的电子管理档案，实现有效和科学的管理评估也是保证研学之旅持续性的必要条件之一。湖州市科技馆一直以来都秉持着培养学生"学科学、懂科学、爱科学、用科学"的理念，建立了"小爱迪生"积章卡，也是为了能够更好地记录学生在馆内的学习情况，也能更好地督促学生多来馆进行学习。而研学管理档案应包含游学信息、学习资料包、游学记录、游学展示等多方面内容，要在研学过程中持续更新，并不断结合学生情况进行改进。

3. 虚拟现实技术引入构建新的学习模式

研学之旅在一定程度上都会受到或多或少的限制，距离、安全等问题都会成为其中的阻碍，而随着现今新技术的发展与成熟，很多技术都能被引入到研学之旅中，虚拟现实技术就是其中之一，htc vive 虚拟现实头盔、三面 cave 系统等等都可以应用于研学旅行中，但是这并不能成为不出门的理由，只是为了更好地完善其中的不足。

五、总　结

"纸上得来终觉浅，绝知此事要躬行"。研学旅行的灵魂是实践育人，科技馆作为提高全民科学素质的重要基础设施，是传播科学的殿堂，启迪创新的摇篮，展示科技的窗口，交流科技的园地，在这场研学旅行的风潮下，为馆校合作提供了新的合作方式，也为科技馆的发展带来新的机遇与挑战。可以预见：不远的将来，将会有越来越多的科技馆专业人员成为研学导师，将会有越来越多的科技馆成为学生深度学习不可或缺的学习空间。

参考文献

[1]武梦芦. 地理视角下高中研学旅行活动的设计与实施策略研究[D]. 西安：陕西师范大学，2018.

[2] 洪在银. 研学旅行活动下科技馆"馆校结合"科学教育的发展[C]//中国科普研究所、广东省科学技术协会. 中国科普理论与实践探索——第二十四届全国科普理论研讨会暨第九届馆校结合科学教育论坛论文集，2017：6.

[3] 舒义平. 研学旅行课程开发的实践省思——以"天姥山唐诗之路"课程为例[J]. 教学月刊小学版(综合)，2018(11)：3-6.

科技博物馆建设文化研究基地的实践探索——以长春中国光学科学技术馆光学文化研究基地为例

秦广明[1]　才华[2]

摘　要：科技博物馆进入内涵建设阶段后，迫切需要提高文化软实力，重视文化建设既是转型需要，也是战略目标。本文以长春中国光学科学技术馆建立“光学文化研究基地”为例，从发展意义、发展内容及优势分析等角度解读了文化研究基地对促进科普场馆深入发展的作用，使其成为当前科普工作与未来延伸的连接纽带，探索科普与科学文化融合发展的可行实施路径。

关键词：科普；文化；基地

一、引　言

科学技术有三个维度，历史维度、人文维度和技术维度。改革开放四十多年来，伴随我国社会经济、科学技术的进步，三个维度都得到了发展，但存在发展的不平衡，现代社会往往过分关注技术维度，而忽略了其他两个重要维度。为适应人民日益增长的文化发展需求，我国的科普场馆建设在面向未来的长远发展中，功能作用也在不断深化，科普功能的实现建立在科技文化发展的基础之上，科普场馆建立相适应的文化研究基地，将有助于对科学技术的人文维度和历史维度的关注，在此方面行业科技博物馆已经做出了尝试，长春中国光学科学技术馆自建立之始即关注光学文化的研究，将“成为我国最重要的光学科技史展示中心”作为建设目标，建立“光学文化研究基地”。光学文化是与光学科技发展和生产实践相伴随而生的，包括光学物质文化和精神文化，“光学文化研究基地”是依托科技馆平台，以光学文化为研究对象，以成果总结、价值凝练、文化传播为发展方向，以光学文化科普为目标的研究型机构。承担理论思考先行者的角色，深入研究光学行业发展蕴含的文化理念，在理念的指引下建立一个内容框架用以整合需表达的科学内容。

二、建立“文化研究基地”的意义

（一）有利于明确展览展品的文化价值

科技博物馆的展览展品大部分围绕某一科学原理进行设计展览，但展品所表达的文化内涵却远比科学原理丰富深刻，既是科学存在的象征，也是文化传播的物质载体。随着公众提升生活质量的需求，展品所表达的社会价值和使用价值，展品背后的人文故事也成为观众所关心

1　秦广明，长春中国光学科学技术馆，业务拓展处副处长，副研究员。

2　才华，长春中国光学科学技术馆，业务拓展处处长，副教授。

的重要内容。建立文化研究基地，研究科普展品的文化价值，挖掘其独特的含义、背景知识，成为科普工作不能忽视的内容。

光学文化的“物质文化”集中体现在光学科技成果的社会价值、使用价值方面，这些价值正在成为人们认识自然、改造自然以及提高劳动生产率的强有力武器。以学科为线索，通过光与显示技术、生物学、材料学、通信技术、存储技术、宇宙探测等学科的交叉影响，深入研究展览展品的文化价值，通过展品反映出科技发展对人类社会生产生活带来的日益广泛和深刻的影响，当展览展品富有某方面的情感色彩后，更容易提高观众的兴趣和学习动力。

（二）有利于促进区域文化发展

依托科普场馆建设特色文化研究基地，可以更好地宣传所在城市的科研特点、文化特色。科技博物馆一般都建在具有产业优势的省会城市以及经济发达，人口众多的城市，经过几十年的探索发展，当地会形成自己独特的产业经济特点以及与之相适应的文化特点，例如，东北的工业文化特色，内蒙古的草原经济文化等等。长春中国光学科学技术馆建立在中国光学诞生的摇篮城市—长春，这些区域会围绕当地优势产业，集聚优势科研成果，形成产学研一体的科研产业链条，为文化研究基地的研究提供了条件保障和发展空间，对当地代表文化进行深度挖掘和研究推广，发挥社会作用，将当地的文化资源优势宣传出来，为当地社会发展和文化交流服务。在许多发达国家，科普场馆已成为所在城市区域甚至所属国家的地标性名片，在文化宣传推介下，科普场馆的文化影响越来越重要，依托科普场馆建设特色文化研究基地，传播文化研究成果，更容易广泛传播，产生可见的社会价值。

“光学文化研究基地” 以长春中国光学科学技术馆对吉林省科技文化建设的推动作用为研究对象，完成了《长春中国光学科学技术馆对吉林省科技文化建设的推动作用研究》可行性报告，报告展示了吉林省的光学特色，借此研究加强光学行业“产、学、研、展”深度融合，凝练吉林省科技文化底蕴，提升科技文化竞争力、提高全民科学文化素质，打造吉林省有代表性的科技文化城市名片。

（三）有利于科学精神的提炼传播

在知识爆炸的信息时代，学科不断交叉、分化、综合，新的综合学科不断出现，一个人不可能具备所有的科技知识，但是必须具备科学的思想和科学的精神，强化科学精神与人文精神的融合，能够突出科学方法的传授、培育科学精神和科学思想，展示教育的关注点由展品及其所承载的科技知识转为更加深刻的科学文化内涵。

“光学文化研究基地”以光学的特殊性，阐释工业文化中所应具备的科学精神，挖掘理念、代表人物事迹、成果影响，形成光学特色的“精密精神”的逻辑框架，完善中国文化精神体系。对广大科研工作者、技术工人的实际工作起到激励作用。

三、依托科普场馆建设的优势

以科技博物馆作为运行主体的文化研究基地，可以有效利用现有场地、设施、技术、人才等资源优势，极大促进基地的快速成型，迅速投入创新研究。

（一）软硬件优势

国内一些科技博物馆多是近十几年来成立，一些老馆也进行了改造和扩建，可以为文化研究基地提供足够的空间场地。多数场馆具有科普教室，少数场馆还有实验室、图书馆，能够进行数据平台检索服务，一些场馆还有自己的科普刊物，这些都可以成为文化基地的硬件支撑，减少了财政方面的场地设施投入。科技博物馆的人员构成中有许多具备科研能力的人才，动员馆内与科研文化研究有工作交叉的人员，组成研究队伍合署工作，形成合力，使原有资源和优势得到进一步发挥。发挥科普场馆与公众联系的特点，通过官方网站、微信、微博等渠道，对接观众的文化需求，观众来到科普场所，目的是想学到知识，无论科学、文化还是艺术。科普场馆是一个开放的系统，空间是开放的，活动项目是开放的，观众可以有效参与，凭借空间优势可以与有研究需求的大学或研究机构的学者专家合作，共同进行科研文化研究。

"光学文化研究基地"以科技馆现有人才为基础，成立了研究队伍，并利用长春的光学特色优势，联合了长春光机所、长春理工大学等机构，依托科技馆平台共同开展光学文化研究，2018年申报获批吉林省科技厅项目《中国光学文化研究》，以具有光学特色的展馆文化为目的创办了内刊《光学科普通讯》，加强行业交流，锻炼科普队伍。

（二）展览教育需求刺激文化研究供给

科技博物馆的展览内容需要不断更新，在优化过程中，需要确定展览主题，选题是一个不断筛选的过程，需要对所展示的内容有全面深入的了解，再结合社会热点和公众需求确立展览展示内容，尤其是科技史类的展览，它所传达的科技知识，与行业发展历史、文化息息相关，多数科普场馆在此方面都采用"成就描述"的形式，文化研究基地在此方面则更加关注科技展品背后更深层次的文化内涵与人文精神的表达，在科技传播的同时传达文化精神，这也是文化自信的表现。文化研究基地的研究内容就是将行业散落的知识点与各个主题之间梳理出线索，不同的理念将建立不同的内容框架并形成不同风格形态的科普展览。

"光学文化研究基地"目前已经形成较系统的光学知识传播体系，对光学在经济、教育、科学、军事以及人民的生活中的作用进行了挖掘，所形成的研究结论对展览的优化更新起到了导向作用，2019 年"光之成就"展项在全国计量科普创新创意素材征集活动中获得"优秀作品"称号，该展项包括圭表、日晷、浑天仪、简仪、仰仪、观星台，展示出中国古代劳动人民在天文和建筑方面的光学智慧。

四、研究内容

（一）行业历史文化研究

科技的发展进步与人民生活息息相关，科技应用已经普及到国民经济、国防建设的各个领域。"欲知大道，必先为史"，以科普场馆所在城市区域特色科技文化历史为挖掘对象，总结科技历史发展中的代表人物、成果，挖掘科技展品背后的历史性和故事性，揭示科技发展对人民生活改变所起到的作用。

每个学科、行业都有自己独特的发展历史，对此历史的总结一直是一个难题，科研人员、产业技术人员很难从文化的维度去记录行业发展历史，行业的专业局限性使绝大多数人只是了解自己所研究的领域而缺乏全局视角，很多行业对文化历史的研究一直是空白或者零散的，目前较多可见的行业史多见于大学教学中所用的各种课件版本，根据授课课时有选择地筛选编辑，公开出版的权威著作很少见。由什么角色来承担行业历史的挖掘记录总结，每个行业都是不同的，也不是唯一的，科技博物馆就可以来承担部分记录历史的工作，承担此角色的优势在于每个科技博物馆都不可避免要进行行业文化历史的介绍，这种介绍一般是选择行业发展中带有里程碑式的事件、人物、标志物、发展成果。建立文化研究基地则可以加强对行业历史文化的关注，在展览要求基础之上，进行更深入的研究挖掘，整理出的历史资料对展览的深入开展也具有反哺的作用，做到学以致用。

长春中国光学科学技术馆非常重视对光学史的展览展示，单独开辟了2个常设展厅“千年光辉”“神州光华”展示国内外光学发展历史。受展示面积限制，展览内容有限，文化研究基地则可以继续深化研究，将数据资料总结出来，通过网站、微信进行平行化展示。

（二）行业科学家精神提炼研究

在中华民族的伟大进程中，经过一代代科学家的不懈努力，铸成了中国科学家独特的精神品质和鲜明的文化气质。当前，黄大年、钟扬、南仁东的先进事迹在科技界和全社会引起强烈反响，我国科普界正在致力推广科学家精神的传播，科普中国自2018年3月起开展弘扬“科学家精神”系列宣传，阅读量突破1.2亿。科学家精神是科学文化的重要组成部分，科学家是从事科学研究的人员，是科学文化的践行者，他们信守科学精神，在长期科学实践活动中，表现出不同于常人的特点和独有的精神特质。一部科学史，其实也是一部科学家的精神史，弘扬科学家精神，对营造良好科研环境，推动科技创新至关重要。

中国工程院院士杜祥琬曾用“追求真理，实事求是，锐意创新，使命担当”四个词概括科学家精神，这不仅仅适用于广大科研工作者，也适用于多元社会下的科普工作者。行业科技文化研究基地以“行业科学家精神”为重要研究内容，将研究重点放在行业中，能够做到更加细致和全面。以年代为时间线索，整理出本行业科学家谱系，展现出一代代科学家之间的传帮带的科学精神传承；以“一代人做一代事”为线索整理出特殊历史环境下，一代科学家们如何集智攻关、敢为人先地去解决当时行业发展中的重大难题，这些问题在当下可能已经是习以为常的知识和技术，但在当时攻坚克难的过程中有很多我们所不了解的自然流露的感人故事。

“光学文化研究基地”在工作中广泛接触光学专业院士、专家学者，多次进行围绕“光学精神”的专家访谈，先后对王家琪院士、姜会林院士、金国藩院士等进行访谈，通过访谈，对精耕细作、精益求精的光学精神有深入的体会，提炼出了代表光学文化精神的“精密制造精神”。光学在中国工业体系中有非常特殊的作用，集中体现为“精密制造精神”，工业的高质量发展，质量品牌建设，离不开光学的各类精密仪器，精密代表着一种价值观和思维模式，通过对光学科研工作者在“精密、精致、专注”等等精神的挖掘，提炼出中国特色精神宝藏中非常重要的一种精神力量，这种力量不断以精益求精之精神去激励科普研究人员去追求卓越，创造展示精品。

（三）行业科技成果基础数据信息采集工作

近几年来，各行业科技实力和创新能力进一步增强，取得了非常多的科技成果，这些成果分散于高校、科研机构、企业等领域，分散化，科技资源与成果整合与共享成为关注的问题，中央有关部门建立了许多资源共享平台，例如教育部就建立了17个科技基础资源数据平台，科技部、财政部更联合出台了《国家科技资源共享服务平台管理办法》，这些都为文化研究基地的信息采集工作提供了平台保障，文化研究基地可以将分散于各平台的本行业科学数据和科研成果进行战略重组和系统优化，进行配置和综合利用，构建行业创新成果框架体系。

五、结　论

国内一些科普场馆的发展都经历了从快速发展进入放慢速度的发展阶段，每个阶段都有发展的中心主题，在快速发展阶段的主题是硬件设施的建设，人员队伍的完善，展教课程研发等等，经过快速推进阶段后，必然进入一个中长期的慢速发展阶段，慢速阶段的中心主题是内涵建设，通过调整结构，健全机制，优化队伍提高文化软实力，建立相应的文化研究基地，是消化新思想，凝练新模式，促进科普场馆平衡多元发展的有效发展策略，是当前科普工作与未来延伸的连接纽带。光学文化研究基地力争以更加创新的理念、更加开阔的思路、更加扎实的研究，探索科普与科技文化融合发展的新思路、新领域。

参考文献

[1] 中华人民共和国科学技术部. 中国科普统计(2018年版)[M]. 北京：科学技术文献出版社，2019.
[2] 任福君，张义忠. 科普产业概论[M]. 北京：中国科学技术出版社，2014.
[3] 任福君，任伟宏，张义忠. 促进科普产业发展的政策体系研究[J]. 科普研究，2013，8(1)：5-12.
[4] 汤书昆，郑久良. 当前国家发展语境下的科普工作转型思考[J]. 科普研究，2016，11(1)：10-15.
[5] 黄威. 公共文化服务供给侧结构性改革研究[J]. 学习与探索，2017，06：136-139.
[6] 劳汉生. 我国科普文化产业发展战略框架研究[J]. 科技导报，2004(4)：55-59.
[7] 章军杰. 论科普产业适用文化产业政策的合法性 [J]. 科普研究，2014，9(2)：18-22.
[8] 查炜. 探索公共文化服务供给侧改革路径[J]. 改革与开放，2018，08：21-23.
[9] 欧栩华. 我国科普事业的现状分析 [J]. 科协论坛，2011(5).

守正创新:融媒体环境下博物馆文化传播刍议

王亚军[1]　李瑜[2]

摘　要: 随着传播媒介的深度融合和不断发展,融媒体环境已初见规模。在此背景下,博物馆当顺势而为,守正创新,以基础工作为圆心,以持续的创新力为半径,逐渐扩大博物馆文化圈的影响范围。

关键词: 守正创新;融媒体;博物馆文化;传播

融媒体时代的到来,为社会公众提供了更多获取信息的渠道,也在不断地刷新受众的信息体验,与此同时人们的时间也无形中被形形色色的信息所占据。在这样的环境下,博物馆不能再固守原来的"一亩三分地",而应该转变理念,开放思路,将博物馆的文化传播置身于社会发展的浪潮中,扎实做好基础工作,用创新性思维和创造性工作去适应时代需求,以期获得更广阔的文化传播舞台。文化传播是一个内容宽泛,途径多样的系统工作,博物馆作为文化传播的重要场所,其传播能力和影响力是长期经营的结果,如何传播好博物馆文化,不妨从"找定位""夯基础""新技术""新合作""新支点"四个方面着手。

一、博物馆文化传播"守正"之要

(一) 找准定位,明确目标

2007 年 8 月 24 日,国际博物馆协会公布的《国际博物馆协会章程》对博物馆定义进行了修订,新的定义是:"博物馆是一个为社会及其发展服务的、向公众开放的非营利性常设机构,为教育、研究、欣赏的目的征集、保护、研究、传播并展出人类及人类环境的物质及非物质遗产。"与修订前的博物馆定义"博物馆是一个为社会及其发展服务的、向公众开放的非营利性常设机构,为研究、教育、欣赏的目的征集、保护、研究、传播并展出人类及人类环境的物证。"相对比,可以看出,"教育"是新时期博物馆的关键定位和首要目标。博物馆定义的变化,映照的是时代需要,体现的是博物馆对自身定位进行调整的必要性。博物馆要清楚地认识到自己不只是藏品的保管机构,也不再是简单的陈列展示场所,而应该成为能深度加工馆藏资源,传播馆藏文化内涵的科学殿堂。博物馆的各项工作能否得到社会的认可,能否有利于博物馆的长远发展,关键得看能否及时顺应趋势调整自身定位。所以,任何一家博物馆在身处这样的大环境之下时,首先应该做的就是对照博物馆的新定义、新要求,认真反思和检视,及时调整自身工作的定位、方向和目标。每个博物馆的实际情况都不尽相同、包括规模、体制、类型等等都可能存

1　王亚军:山西地质博物馆助理馆员;研究方向:博物馆文化创意产品开发;通信地址:山西省太原市万柏林区望景路 3 号;邮政编码:030024;Tel:15034064686;E-mail:15034064686@163.com。

2　李瑜:山西地质博物馆助理工程师;研究方向:博物馆信息化传播与教育;通信地址:山西省太原市万柏林区望景路 3 号;邮政编码:030024;E-mail:liyusxllsj@163.com。

在差异，但不变的始终应该了然于心，那就是《国际博物馆协会章程》所确立的博物馆的关键性定位和首要目标——"教育"。明确了这一点，博物馆文化传播才可能在正确的轨道上行以致远。

（二）注重内容，夯实基础

融媒体不是媒体类型，而是媒体集合，是媒体深度融合的一种模式，集成了视觉、听觉、触觉等多感观体验，极具吸引力。融媒体给博物馆文化传播活动创造了条件的同时，也带来了挑战，因为公众的时间是有限的，接受和消化信息的精力也是有限的，如何留住观众并让观众"来有所得"是博物馆文化传播面临的难题。"慢工出细活"，博物馆文化传播急不得，不能为了吸引眼球、博取关注，而粗制滥造，突破底线，媚俗迎合。融媒体时代缺的不是华丽的外衣和"娱乐至死"，缺的是真正有文化、有内涵、有价值的内容。"内容为王"是博物馆文化传播应该始终明白的一条铁律，观众为什么要选择走进博物馆，大抵是出于对博物馆文化的兴趣和信任，如果博物馆不能在文化内容上精益求精，那损坏的不仅是观众的兴致，更是博物馆在公众心中的形象和地位。

注重博物馆文化内容，以下三个方面需要认真对待。

1. 科学研究

新公布的《国际博物馆协会章程》中"研究"一词出现了两次，可见其重要性。故宫研究院院长郑欣淼说"科研的重要任务是挖掘文物的丰富内涵与价值，对科研的重视程度及科研水平，是博物馆生机与活力的反映。"科学研究贯穿于博物馆发展的始终，是博物馆文化传播的基础性工作，是保证传播内容质量的关键，应当被倍加重视。博物馆科学研究以馆藏资源为主要对象，以内部工作人员为主导，但随着博物馆的发展和公众对博物馆的更高期待，原有的科学研究模式已难以满足博物馆文化传播的需要。我们应当及时转变思路，不偏安一隅，以开放的姿态迎接多元力量参与到博物馆的科学研究之列，为其注入新的动力，比如开展馆校合作、馆际合作、馆企合作等，通过合作，互通有无，资源共享，推动其向更高层次、更广领域发展，不断扩充博物馆科学研究体量。

2. 陈列展览

基本陈列和临时展览是构成博物馆陈列展览的两大部分。其中，基本陈列是博物馆陈列展览的主体，是博物馆运营的基础，也是博物馆文化传播内容的主要组成部分。因此，首先要保证基本陈列内容的科学性，这就要求在展览设计之初对内容设计部分要严格把关，科学论证。其次是辅助展示内容的恰当性，包括辅助展品和辅助设备，要以突出主要展品为原则，不能喧宾夺主。博物馆建成开放后，展示内容要及时更新，将最新的研究成果和结论展示给公众，辅助设备要及时维护，保证主要展品的展示效果。

博物馆的基本陈列通常会保持几年或十几年不做大的变动，如何使观众对博物馆展览内容常见常新，开设临时展览是有效途径。临时展览内容相对灵活，但科学性仍是需要首先考虑的问题，在筹划临展时，应该做充分的前期调研，了解公众的兴趣所在，确立展览主题，主题确立之后要为展览选取标题。标题一定要考虑到观众因素，主要是情感部分，通过标题调动观众的参观情绪，引起情感共鸣。标题选定之后，要开始编写陈列大纲，大纲是整个展览设计、施工的具体指导，包括展品和图片、文字的组合方式，灯光、声音、色彩如何搭配使用，互动内容在何处填充等等细节，故而陈列大纲编写要事无巨细，不厌其烦，以工匠之心精致打磨。以上几个步骤完成之后，要严格按照大纲既定路线选取展品，进行布展施工，最后向公众开放。

3. 公众服务

公众服务是观众参观博物馆必然会接收的文化讯息，它是博物馆文化的重要组成部分，毫不夸张地说，如果没有公众服务，博物馆文化传播将荡然无存。现代社会是讲求“体验”的时代，观众走进博物馆也许并不能记住多少知识，但有一点却是深刻的，那就是对博物馆公众服务温度的感知。“金杯银杯不如观众的口碑”，博物馆文化传播活动如果因为公众服务的不到位而被“差评”，其传播效果可想而知。提到公众服务，大多数博物馆从业人员首先想到的是博物馆的公众服务部门，似乎这件事与别的部门并不相干。事实上，公众服务是博物馆每一个部门和每一个工作人员都要认真去做的事情，由于不同的人对公众服务的认识和理解不同，使得公众服务行为也存在一定差异。如何使公众服务在科学的范围内运行，就需要找到博物馆公众服务背后真正的驱动力和约束力。“这种直接作用于博物馆机构及其从业者认知完善的公众服务功能的必要性，以及如何做好公众服务工作的行为逻辑等诸多方面的内在的、自发的、自律的应力，就是我们通常所说的职业道德”。公众服务质量的提升既需要规则、制度的刚性约束，更需要职业道德的柔性规范，博物馆管理者应该给予职业道德建设足够的重视。优质的公众服务不仅可以改善观众的参观体验，还可以增强博物馆文化黏性，反之则会引起观众的不适感和降低观众的学习兴趣。

二、博物馆文化传播“创新”之途

(一) 运用新技术

2019年8月27日，以“智慧博物馆建设”为主题的智慧文博高峰论坛在重庆举办，探讨现代信息技术给博物馆文化传播带来的巨大变革。融媒体时代，媒介的变化是表象，新技术的运用才是实质，博物馆文化传播身处融媒体的大环境之下，不可置身事外，而应主动作为，找到与新技术的契合点，运用新技术，使其服务于文化传播。2019年9月5日湖北省博物馆推出“5G智慧博物馆”APP，观众可以通过手机客户端随时随地亲密接触“国宝”文物，可以说是博物馆运用新技术传播文化的典型。

博物馆是文化宝库，展厅展示的文物、标本可能仅仅是馆藏资源的一小部分，大多数藏品由于展示空间的限制，无法与观众见面，也就不能直接作用于博物馆文化传播。随着社会生活节奏的加快，人们闲暇的时刻并不多，而留给博物馆的时间更是少之又少，加之融媒体时代信息量庞大，博物馆文化传播面临空间、时间困境。为此，博物馆应挣脱过去“以物为媒”传播理念的限制，运用现代信息技术，打造智慧博物馆，突破时间、空间格局的束缚，让想领略博物馆文化的人们有更多选择。智慧博物馆是在实体博物馆基础上，综合运用新技术搭建的博物馆生态系统，它是新技术与博物馆各项工作的高度融合，体现的是人、物、信息三者的交互沟通，它将有助于改善观众的参与体验和提升博物馆文化传播能力。需要注意的是，智慧博物馆不是简单的技术堆砌，而是有目的的升级改造，其中一点是通过先进的信息技术和设备将博物馆馆藏文化资源以更加全面、系统的方式进行展示，不断丰富文物价值和表现形态，让观众在足不出户的情况下与博物馆的人和物进行深度地沟通与对话。

不久前，5G商用牌照正式下发，物联网、大数据、云计算、移动互联、AI技术发展势头正酣，新技术将成为未来博物馆文化传播的得力助手。新技术的运用要始终服务于博物馆文化传播，并以实现智慧博物馆为目标。国家文物局副局长关强在2019年智慧文博高峰论坛上指出"在科学技术大规模应用的时代下，要防止出现重文物形式呈现、轻价值内涵认知的倾向，拒绝审美快感代替价值欣赏和精神追求。"这是博物馆在运用新技术传播文化过程中应当时刻清楚的底线。

（二）探索新合作

以前，博物馆文化传播是单向的，也就是信息以博物馆为原点，以公众接收为终点；融媒体时代文化传播已由单向传递变为交互流通，如何搭建一张高效的、互联互通的博物馆文化传播网络，单靠博物馆一己之力显然比较困难。寻求合作，成为了加快博物馆文化传播的有效途径。

以博物馆研学活动为例，2016年教育部等11个部门联合下发《关于推进中小学生研学旅行的意见》，鼓励、支持、引导教育部和学校组织开展校外研学活动，为博物馆寻求合作，开展博物馆研学提供了重要支持。博物馆研学是一种高效的文化传播活动，不同于一般博物馆游客的随意走走看看，研学活动的参与者大多带着问题和学习目的，通过科学的组织和设计，学生能在博物馆找到与书本知识的密切链接，产生知识和体验上的共鸣，从而更好完善自我认知、激发学习兴趣、重构知识体系。博物馆研学不同于学校教学，它的环境更加自由和宽松，学生能够在相对愉悦的状态下去自主选择学习内容。如首都博物馆开展的"燕国达人"，杜甫草堂博物馆组织的"草堂一课"等研学活动社会效益明显，得到了广泛好评。但由于目前多数研学活动都是一些社会机构在主导运作，质量参差不齐，甚至打着研学旗号在国家免费开放的博物馆中收取高额的费用，一方面增加了很多家庭的负担，另一方面博物馆文化传播的效果也极为堪忧。为此，博物馆应主动作为，改变这种被动局面，一是主动对接大中小学校和优质企业，共同开发特色研学项目，通过高品质的体验吸引更多参与者，逐步实现"良币驱逐劣币"。二是加强研学活动管控，通过提前预约、教学备案等手段控制研学团体在某一时段进入博物馆的数量，从而保证研学活动和展厅普通游客的参观、学习体验。

博物馆文化传播不能闭门造车，寻求新合作是时代需要，博物馆在敞开怀抱欢迎社会力量参与博物馆文化传播之前，应该有所甄别，拒绝与那些华而不实、"挂羊头卖狗肉"的社会机构合作，确保合作活动能够在正确的价值尺度范围内开展，从而保证文化传播的社会效益。

（三）寻求新支点

博物馆文化传播维度很广，融媒体环境虽然给我们提供了很多渠道，但却有些"乱花渐欲迷人眼"的感觉。阿基米德曾说过"给我一个支点，我就能撬动地球！"。博物馆文化传播也应该找到属于自己的支点，随着社会经济的不断发展，公众对博物馆文化需求在不断增加，博物馆文化创意产品研发成为一种必然，它正在或将会成为撬动博物馆文化传播的重要支点。从顶层设计来看，国家根据时代需要，出台了《关于推动文化文物单位文化创意产品研发的若干意见》《关于公布全国博物馆文化创意产品研发试点单位名单的通知》《博物馆馆藏资源著作权、商标权和品牌授权操作指引（试行）》《国家文物博物馆事业发展"十三五"规划》等有关政策，鼓励、引导、支持博物馆文化创意产品的发展。

博物馆文化创意产品不同于其他博物馆产品，如陈列展览、科研成果、教育活动等，它是基于馆藏文化资源，以发挥博物馆教育功能为目标，融入创造性、创新性思想，深入挖掘博物馆馆藏文化内涵，提取特色文化元素，结合文化流行趋势、市场消费需求，将博物馆文化内涵以人们喜闻乐见的方式呈现，并通过交换实现其教育、传播等价值的一种文化产品。博物馆文化创意产品是博物馆文化内涵的创造性延伸，“博物馆将蕴含着社会教育功能的文化创意产品进行批量化地生产，文化借由文创产品这个载体进入人们的生活之中，这种传播的速度和广度是以往只展示静态的藏品之类手段所不能及的”。

博物馆研发文化创意产品成为了行业文化传播的一大趋势，文化创意产品不断呈现出创新性、创造性与多样性。但由于对文化内核的理解不到位和经济利益的驱使，很多文化创意产品只是流于表面的附和，缺乏对文物、标本所蕴藏文化价值的深度挖掘，无法使公众与产品之间产生情感上的共鸣，不能实现产品价值的优质转化。为此，文化创意产品的开发必须以馆藏资源文化内涵为基础，以科学的研发规划和策略为指导，凸显博物馆文化特色，承担起博物馆文化创新和传承使命。

博物馆文化创意产品的研发不应该是孤立的，而应该与博物馆的科研活动、陈列展览、公众服务紧密联系起来，不断挖掘其中特色元素，提炼具有传播价值的文化符号，通过创意设计，使静态的、枯燥的文化活起来，变得有趣味，形成一个相互关联，相互促进的文化传播格局。

此外，融媒体时代博物馆文化创意产品研发还需要特别关注博物馆知识产权的保护。“博物馆知识产权的范围，主要包括：著作权、商标权、专利权、域名权和名称权”。博物馆知识产权是博物馆的无形资产，保护好、利用好这一资源，是关系博物馆未来的重大任务。博物馆文化创意产品的开发会涉及诸多博物馆的知识产权，以博物馆的商标权为例，如果将商标权授权给企业去从事相关产品的开发，就必须通过合同严格划定商标的使用范围，要确保产品质量和内涵，因为它不再是一个图标那么简单，它代表的是一个博物馆的品牌和形象。其他博物馆知识产权也一样重要，需要被格外重视，博物馆在开展文化创意产品开发前，首先应该系统梳理自身知识产权，形成清单，摸清家底，同时也要熟悉了解相关法律法规，防止侵权和被侵权。保护好知识产权，博物馆文化创意产品开发才可能健康发展，这是撬动文化传播的前提条件和重要保障。

三、结　语

融媒体时代，对博物馆文化传播来说充满机遇和挑战，如何能在一片喧嚣中保持冷静，而不跑偏，首先要找准自身定位，明白自己的使命和价值所在，以不变的初心去应对万变的世界，不断修炼内功，用扎实的文化内涵去感染和感动公众。其次，创新是融媒体时代的关键词，博物馆应以开放的姿态去运用新技术、探索新合作、寻求新支点，从而推动博物馆文化传播不断创新、不断提升、不断发展。

参考文献

[1] 郑欣淼. 关于博物馆的科学研究——以“学术故宫”的建设为例[J]. 中国博物馆，2019(2)：74-78.

[2] 安来顺. 职业道德语境下博物馆的公众服务功能[J]. 东南文化，2017(3)：6.

[3] 黄京哲. 故宫博物院知识产权保护概述[J]. 中国博物馆，2018(1)：14-21.

[4] 贡巧丽，郝丽琴. 文化创意产品传播与推广的媒介呈现[M]. 四川：电子科技大学出版社，2019.

[5] 郭庆光.传播学教程[M].北京:中国人民大学出版社,2011.
[6] 珍妮特·马斯汀.新博物馆理论与实践导论[M].钱春霞,陈颖隽,华建辉,等译.南京:江苏美术出版社,2008.
[7] 杨毅,谌骁,张琳.博物馆文化授权:理论内涵、生成逻辑与实施路径[J].东南文化,2018(2):7.
[8] 魏敏.新媒体时代的博物馆展览——基于观众研究的分析与探索[J].东南文化,2013(6):8.

基于分布式认知理论的科普场馆科学文化传播路径探索

苏昕[1]　王家伟[2]

摘　要： 全民科学文化素质在新的时代有了新的内涵，提高全民科学文化素质刻不容缓。科普场馆作为科学文化传播的重要阵地，在科学普及和科学素质培养事业中占据着十分重要的地位。同时，科学文化传播的需求也对科普场馆建设理念和展教思想提出了新的要求。本文基于教育学和心理学的最新认知理论成果，即分布式认知理论，拟从受众科学认知建构的动态过程来探讨科普场馆该如何在科学文化的视角下更好地发挥科学文化传播功能，期待有助于从事科普场馆领域的科普工作者创新发展理念，与时俱进，同时也为“一带一路”背景下的科普场馆建设提供普适性对策和建议。

关键词： 科普场馆；科学文化；分布式认知

《全民科学素质行动计划纲要（2006—2010—2020）》指出，科学素质是公民素质的重要组成部分，公民科学知识的学习、运用和积累能力的提升，对于公民科学素养的提高具有至关重要的作用。公民科学素质的提升对于实现经济社会全面协调可持续发展，构建社会主义和谐社会，都具有十分重要的意义。科普场馆作为重要阵地，其如何发挥作用以及如何发挥更大的作用至关重要。

科学普及是提高国民科学素质所必不可少的关键环节。[1]这就要求科普工作者创新发展思路，不但学习与时俱进，创新建设理念和展教思想，更好地为科普思想和实践的研究工作服务，致力于提高全民科学文化素养，提高自己的工作追求，更好地承担科普工作者的历史使命。

一、科学文化传播视角下的科普场馆

（一）科学文化传播

科学文化可以将其理解为以下三个层面，首先一个层面是将科学文化与科技哲学结合起来，包括科学共同体的精神等内涵；其次，科学文化是指一种跨领域的文化形态；第三个层面的科学文化是规约科学的制度和社会氛围。[2]聚焦到科普场馆场域之中，科学文化的内涵，则在以上宏观描述下增添细指的内容，比如科学知识、科学思想、科学方法、科学观和科学精神、科学规制几个方面的实质性要求。而且在获得认知的过程中，不仅仅局限于器物的层面，而是更加突出情感、态度和价值观的内容范畴。具体来看，科学知识是包括人类历史发展的进程中对

1　苏昕：安徽大学马克思主义学院；研究方向：马克思主义科学技术观、科学传播与科学教育；通信地址：安徽省合肥市经开区九龙路111号；E-mail：suxin92@126.com。

2　王家伟：合肥安达创展科技股份有限公司副总经理；研究方向：数字媒体展示；E-mail：anda_wjw@126.com。

于自然规律的了解和认识，科学知识的掌握与否显现着认识和把握人类发展规律水平的高低。科学知识是科学文化的组成因子。科学思想即指科学家在探讨人与自然或者物质之间的世界观、价值观，或者是在此过程中形成的哲学思考。在探究的过程中运用的方法，架构的逻辑体系则为科学方法的内容之一。科学观和科学精神则是指在格物致知的过程中获得的对事物与现象的认知以及在此过程中形成的对于物质世界的看法和观念，进而在追求真理的过程中形成的科学精神，以及面对社会多群体交互时保持这类精神气质而需要的行为规范。

科学文化传播要求受众获得的不再仅仅是传统科学传播意义上的科学知识、科学方法、科学思想和科学精神，还要跨学科领域，使得科学知识结合人文知识，培养受众科学精神结合人文精神的形成，同时离不开的是宏观的文化形态的背景，包括形成的支持和规范科学的制度环境和社会氛围的价值体系与行为。

(二)科普场馆在科学文化传播中的地位和作用

1. 提高公民科学文化素养以科普场馆为重要阵地

科普场馆作为普及科学知识、文化知识的重要场所，是提高公民科学素养的重要阵地之一。对于民众学习科学文化知识，提高认知水平和能力、塑造科学精神具有重要作用。科技博物馆展示与城市科技发展水平以及能力具有正向促进作用，对于民众科学素养的提升，创新能力的彰显与小康社会的建设提供有力支撑。[3]

除了学校的正式的科学教育，受众接受非正式的科学教育的重要场域即为科普场馆。无论是国家还是省市县级科普场馆都为其辐射的人群提供科学服务。尤其是中小学生，走进科普场馆可以巩固正式课堂上习得的科学知识，拓展其知识领域边界，让书本上的知识点活跃起来，同时结合当时的北京情况，比如科学家的生平事迹，实验过程中遇到的难题，以及解决的思想方法，包括当时的社会环境、政治环境、经济环境和文化背景，都有利于受众科学观的形成以及科学精神的培养。科普场馆作为科学文化传播的重要阵地，承担着十分重要的使命，同时，科学文化传播形式对科普场馆也提出了新的要求。

2. 科普场馆中的科学教育内容助力科学文化传播

基于科普场馆展品的科学教育活动以及非基于展品的科普剧、科学实验、科学俱乐部、博物馆之夜、夏/冬令营、科普讲座/报告会等活动，强化科技类博物馆的教育功能。多种教育形式有利于提高科学文化传播的实际效果。科学教育活动可以让受众不再局限于通过某一展品获得的科学知识，而更多的是对于科学文化的呼唤，即对于软性的科学过程和方法，以及其中蕴含的情感、态度和价值观的内容。有助于形成科学文化的整体氛围，这与 HPS 的理念不谋而合。基于历史的、哲学的和社会的思考纳入到科学教育的内容中来，跨学科领域学习融合性知识，不断拓宽视域眼界，拓展思维方式的边界，实现更好的可续文化传播效果。

3. 科普场馆阵地的建设有利于“一带一路”的交互式科学文化传播

贯彻落实习近平主席“一带一路”倡议的重要举措，发挥科普场馆的科普阵地的重要作用，基于科学文化这一世界的共通性语言，有利于沿线国家的科技交流，文化交流，资源共享。交互式的科学文化传播在这里意指不同的文化形式之间的交流共同活动，对于科技文化成果的共建共享，互联互通，有利于科学文化内涵的丰富，推动科学文化的发展，进而提高受众的科学文化水平，提高知识水平和素养能力。不同地区，不同国家间的科技传播活动不再局限于简单的知识成果的展出，不同地区和国家间的文化交流，更多是不同的文化形式的碰撞。科学文化氛围下的科普场馆提供了文化传播的实体,使得不同地区和国家间的交流活动落到实处。

二、分布式认知

(一)概念界定

关于受众的认知理论的研究不断发展,与时俱进。传统的认知理论已经不适应教育学和心理学等学科发展的要求,分布式认知理论基于学者们在历史传承的基础上不断运用的新的理念,新的研究方法与技术,本文拟将其运用到科普场馆中的科学教育领域来。

分布式认知理论是一种跨学科的研究范式,理论结合了认知科学、心理学、生理学、哲学等学科的内容,综合性地创造性地提出一般场景中的新的认知概念,认知不再局限于认知主体,而是与认知个体、环境、人工物等结合的认知新概念和形式。[4]此种认知理论不再局限于传统的认知理论将认知活动概括为颅内的思考或者单纯的思想行为,而是在一种交互的过程中获取的,同时又包括其文化背景,历史背景等内容,不是单一的、割裂的和独立的。分布式认知理论认为认知行为是内部与外部的活动的统一。传统认知心理学与分布式认知比较如表1所列。[5]

表1 传统认知心理学与分布式认知的比较

	传统认知心理学	分布式认知理论
关注的对象	个体	共同参与认知活动的各要素组成的功能系统
认知过程	内部	内部和外部
认知任务分布于	内部表征	内部表征和外部表征
对学习的隐喻	知识的获得	知识的建构和意义的获得
媒介的作用	传递教学信息	认知活动的合作者
媒介是否参与认知	否	是

(二)概念特征

分布式认知融合了社会科学、认知科学等学科理论的方法和内容,运用到教育学领域,将更加符合当今时代跨学科的培养内容和全面发展的素质要求。本文拟结合科普场馆受众的定位来筛选分析相关的分布式认知的特征,旨在为科普场馆"定制"策略和建议,科普场馆场域下的分布式认知依然囊括分布式认知的所有特征,且更加聚焦于以下几个具体的方面:

1. 分布式认知发生在一定的文化情境之中

分布式认知不同于传统的认知进路,传统的认知观是通过颅内的反思得到的,而在科学家认为认知的获得是在一定的文化情境中的,不同的文化情境可能对于同一事物的认知则是不同的。个体的认知活动在文化的形成过程之内,在一定程度上组成了文化内容,文化情境又反过来影响每一个人的认知。所以说,分布式认知是在一定的文化情境之内发生的,分布式认知不仅仅涉及动态的心理过程,同时也包含着社会学和哲学的反思,是内在世界和外在世界共同作用的结果。

文化没有一个固定的概念,而是根据范围的大小具有不同的内涵特征。科学文化的构建也希望受众能够获得对于科学活动的多元的认知，包括其文化背景、历史背景、政治背景等内容。分布式认知需要一定的文化情境，而科学文化提供了这样一个情境，科学文化传播使得受众在认知的过程中加深对于科学思想和方法的理解，对于科学知识的掌握，以及科学精神的理解和养成，形成良好的科学观。

2. 分布式认知的分析单元是功能系统

分布式认知的分析单元不是单个的，孤立的，只局限于个人头脑中的，而是一个很多要素构成的，共同作用于人头脑中的。各种不同范畴的信息汇集，组成一个浑然的整体，此整体绝非各部分简单相加，相反，体现着整体性的格式塔内容，也即是说整体是大于各个要素相加之和的。与此同时，各个要素之间并非彼此孤立，而是相互融合、彼此交流的，体现着整体性的和格式塔的特征。

科学文化视域中，聚焦到某个器物上时，其功能不是简单的各个要素的相加，而是各个要素所携带的背景以及彼此之间的关系之和。其传播的影响力是大于各个具体的事物的总和的。比如科普场馆的功能系统是展品展项、教育活动以及延伸的其他领域的功能之和。

3. 分布式认知的交互性要求

分布式认知框架下，学习不再是孤立的认知活动，而是将学习主体、学习对象以及学习工具统筹交互的新的认知体验。[6]社会物质的情境脉络要求以交互性的方式对人产生影响。认知的过程不是人对于知识的简单获得，而是强调一种交互性，即人与物的相互影响，在交互的动态过程中才能获得深刻的认知。

科学文化传播过程中，也强调受众要和物产生一种交互，相比于孤立地探索要素，建立起受众与对象的关系，受众之间的关系以及对象与对象的关系至关重要。

4. 分布式认知关注表征状态的转换

分布式认知关注表征状态的转换，最基础的体现在分布式认知与表征的紧密关系上。表征分为内部和外部表征，内部表征包括精神图像、联结网络等；外部表征则指物理符号和计算等。[7]而使得表征得以实现的工具就是媒介，分布式认知强调表征状态的转换，强调媒介的重要性。

媒介在科学文化传播过程中发挥着重要的作用，媒介的不同会使得认知过程之中的表征内容有着极大的不同，在技术发展日新月异的当下，如何利用好新技术，是媒介成为沟通的桥梁至关重要。

三、科学文化视域下科普场馆建设对策与建议

本文尝试从分布式认知的动态进程中去规约科普场馆的科学文化建设，从受众的认知进路去倒逼科普场馆工作者的设计过程，将更有利于实施效果的展现。将分布式认知进程的特征结合科普场馆场域建设的特殊性，来给科普场馆建设思想和展教理念提供对策和建议，以便更好地基于受众的认知进程来开展科学文化传播，更好地实现传播的功能，提升受众的科学文化素养。图 1 所示为基于分布式认知的科普场馆行动网络建设图。

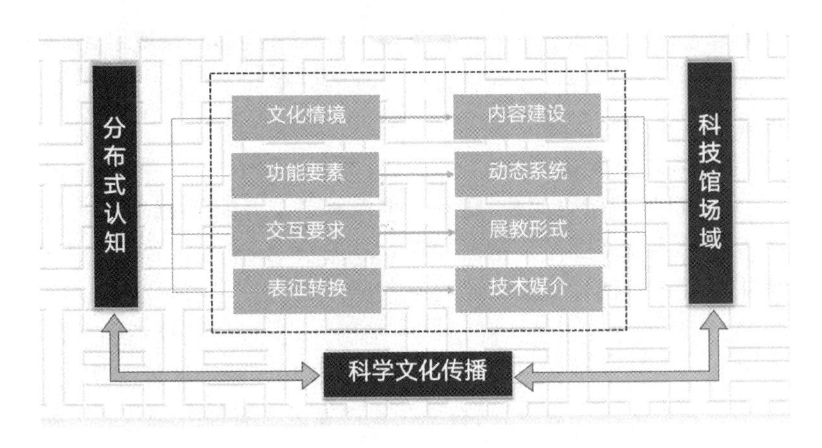

图1　基于分布认知的科普场馆行动网络建设图

(一) 科普场馆应拓展科学文化内容的外延

1. 增添科学文化相关内容

科普场馆从过去的重视科学知识的传播逐渐过渡发展为科学文化传播新模式，越来越重视在科学知识的基础之上增添文化相关内容，有利于对于受众的情感、态度和价值观的塑造。科普场馆作为提高全民科学文化素质的重要阵地，科普场馆应该在内容建设上增添文化内涵，可以激发受众学习科学文化的主观能动性。

(1) 塑造文化空间特质，增强吸引力

科普场馆场域中的基本元素是展品展项，展品展项是实现科学文化传播的基础。提升展品展项的吸引力，在内容上使其更具文化内涵在形式上更具艺术内涵。从而形成整个科学文化空间，整个空间的价值大于各个展品展项的单独价值之和。塑造文化空间的特质，增强吸引力是关键。文化空间的塑造强调系统性，事物彼此之间具有极强的关联性，是受众沉浸在文化空间中，获得对事物的整体的系统的认知。增强文化空间的艺术性是增强吸引力的关键因素之一。

(2) 增添伦理内容建设，提供多元分析视角

基于分布式认知理论，受众在获得认知的过程中，内部表征与外部表征共同作用于脑海中，在对于各种信息的认知过程中，逐步形成自己的判断，而科普场馆展品在设计的过程中，要向受众提供多元的视角，将基于某一展项展现的科学知识的历史溯源，当下现状，未来发展，以及对于不同人群产生的积极的和消极的影响，让受众多元的因素考量下，在自己的价值体系中去判断事物，这也在一定程度上要求展品展项的设计要引导正确的价值观。判断是否公正，是否正义或者是否符合人类历史发展的规律的属于伦理学内容的范畴。

科技的进步带来人类社会的发展，但事物具有两面性，在带来一些积极因素的同时，可能也存在一些隐患。所以，在科学文化传播的过程中，要增添理论内容建设，打破时间和空间的界限，在历史的长河中去判断事物，这也有利于受众在接受实用的科学知识的同时，树立良好的伦理观。

(3) 科学文化传播要引起情感共鸣

受众在科技馆中感受到情感的浸染，有助于其加深对于科学知识的理解，从而树立正确的对待科学事物的态度。这在一定程度上更多地体现在科学教育活动上。比如说科普剧，受众

在欣赏科普剧的时候，会不自觉地被带入科普工作者营造的故事和情境中，情感共鸣可以加强认知的效果，使得受众在一种更容易接受科普剧呈现的内容和形式。

2. 增添特色科学文化类科普场馆

结合当地文化特色以及文化发展水平来建设具有地方特征的科普场馆，因地制宜地将科技博物馆与地方特色经济发展结合起来，建设一批能够展现具有特色地方产业和独特经济发展模式的场馆，以及结合当地工业发展情况和农业发展情况，来分别依据地方特色产业发展，并结合城市规划，来建设产业博物馆。与此同时，也可结合工业发展遗产，建议具有地方工业发展特色的工业科技博物馆。在保护工业遗产的基础上，拓宽科技类博物馆的建设渠道。引导、鼓励各地科技博物馆根据本地情况突出专业和地方特色，逐步形成多样化、特色化的场馆结构布局。[8]拓展科普场馆的主题内容，结合文化遗产建设具有地方特色的主题类科普场馆。

（二）科普场馆展教形式应注重交互性，差异化，个性化

1. 注重交互性

科普场馆的展教形式的交互性包括不同的主体之间的交互，基于不同技术形式的交互以及内容上不同深度的交互。这些不同维度下的交互呈现着不一样的分类方式和表现特征。

（1）构建多维度互动形式

基于分布式认知的对于交互性特征的阐释，科普场馆内受众的多维度的交互包括人与展品展项的交互，人与人的交互，以及展品展项之间的交互等内容。不同主体囊括在一个交互系统之中在一定程度上构建了社交环境。博物馆特别感兴趣的是全身，多用户互动技术，以吸引访客参与有趣的，新颖的活动，支持社交环境中的探索性学习。[9]人与展品展项的交互是基础性交互，主体在交互的过程中与展品展项发生联系，通过对客观物体的操作来获得反应，进而获得认知。多个主体参与其中，彼此可以交流心得，是一种在社交式环境的探索活动，有利于促进合作、分享、竞争等社交关系的产生。

（2）构建立体式互动形式

立体式互动形式旨在打破传统的封闭式的学习环境和空间，通过现代技术的参与使得空间的禁锢被打破，跨越地理环境和时间限制进行的虚拟和现实交叉的立体互动形式。实现线上线下，不同区域的不同主体之间的交互。这种立体式互动形式是在一定的技术条件下完成的，在实体课堂与虚拟平台的混建中使得受众获得的认知超越时间和空间的限制，甚至于是主体可以是人或者机器人，主体的限制在一定程度上也被打破了。这种认知的获得有利于自由地思考，并构建自己的思维体系。

（3）构建探究式互动形式

研究人员和教育工作者非常重视科学探究，因为它被视为复杂学习场景的一部分，可以增强和激发学生的批判性思维和解决问题的能力。根据 Schwab 和 Brandwein(2010)的定义，探究学习可以分为四个层次：确认查询，结构化探究，引导式探究和开放式探究。[10]探究式互动基于认知的规律，注重的是受众探索问题和发现问题的能力，并尝试寻找解决的办法。

2. 注重差异化和个性化

分布式认知理论中，不同的主体在面对同一个认知客体的时候，会产生千差万别的理解内容，基于每一个认知受众的特殊性，科普场馆展教活动也应该根据不同年龄，不同特征的客体来进行个性化的设计。或者说是要优化问题梯度，考虑问题深度和层次，进而因材施教，面对

不同类型受众进行差异化和个性化的教学。所以,这在一定程度上要求展教活动的设计者和教授者都应具有差异化个性化的理念和教学方式,才能实现更好的效果。

(三) 科普场馆技术媒介应更加智能化、信息化

从受众的分布认知进路来看,内部表征与外部表征的连接在于传播的技术媒介。这要求现代的科普场馆应提升技术要求,实现智能化和信息化传播媒介的构建。

虚拟现实技术在科普场馆中的使用使得受众在沉浸式的环境中进行交互,使得一些无法直接呈现的科学现象以一种新的形式展现在眼前,大大丰富了科学学习的内容。人工智能技术、幻影成像、智能中控等技术也使得媒介传播更加智能化和信息化。

(四) 科普场馆应重视动态系统的建立

整合并统筹利用科普资源,建立共建共享机制。整合统筹地区的科普资源,不同等级的科普场馆进行区别化的功能定位。同时,流动科技馆,临时展览等不同形式的科学传播内容将推动不同地区的资源整合。一带一路沿线科普场馆也应加强互联互通,建立共享机制。科普场馆要"引进来","走出去",高效地把科普知识传播给更多、更广的群体。

馆际之间有机会相互交流和学习,吸取各馆的先进经验,也可以向社会科学传播丝绸之路。在"一带一路"的大时代背景下,科普场馆和机构与社会乃至全球的发展联系紧密,经济、文化、环境等问题都是科普场馆和机构需要不断研究的,之后就要把研究成果推广给世界范围内的同胞,因此,只有处理好二者之间的关系,才是真正实现"普世"原则,做到可持续发展。[11]科普场馆是一个城市一个国家的名片,带有深深的文化烙印,科学文化传播视域下的科普场馆建设在内容注重科学和文化内容的整合,注重自身特有的文化特质,塑造科普场馆内的科学文化空间,形式上与不通过国家的科普场馆互联互通,互相学习,致力于受众的科学素养的不断提高,迈向建立创新型国家。

参考文献

[1] 朱幼文.科普工作重要性的理论思考[J].科学对社会的影响,2000(3):8-10.
[2] 汤书昆.关于我国科普时代与科学文化时代的思考[J].科普研究,2017(6):10-15.
[3] 王康友,李朝晖.我国科技类博物馆发展研究报告[J].自然科学博物馆研究,2016(2):5-13.
[4] 蒲倩.分布式认知理论与实践研究[D].上海:华东师范大学教育科学学院课程与教学系,2011.
[5] 蒲倩.分布式认知理论与实践研究[D].上海:华东师范大学教育科学学院课程与教学系,2011.
[6] 徐翠艳,郑冕,符伟.探究分布式认知理论下的物理教学设计[J].课程教育研究,2019(39):121-122.
[7] 于小涵,盛晓明.从分布式认知到文化认知[J].自然辩证法研究,2016(11):14-19.
[8] 王康友,李朝晖.我国科技类博物馆发展研究报告[J].自然科学博物馆研究,2016(2):5-13.
[9] Roberts J, Lyons L. The value of learning talk: applying a novel dialogue scoring method to inform interaction design in an open-ended, embodied museum exhibit[J]. International Journal of Computer-Supported Collaborative Learning,2017(11):343-376.
[10] Lai C L, Hwang G J, Tu Y H. The effects of computer-supported self-regulation in science inquiry on learning outcomes, learning processes, and self-efficacy [J]. Educational Technology Research and Development,2018(8):863-892.
[11] 张若怡"一带一路"大环境下,科普场馆应如何协同发展[EB/OL].(2017-11-29). http://www.sohu.com/a/207301595_426335.

基于互动式传播的科普场馆科学文化的变革

姚爽[1] 韩莹莹[2] 别光[3]

摘　要：当今，科学传播方式已经从传播者到受众的单向传播转变为多主体的交互传播，传播内容也从传统的科学知识、科学方法、科学思想、科学精神扩展到更为广泛的科学文化范畴。科普场馆在科学文化传播过程中发挥着关键性角色，本文基于互动传播相关理论，以长春中国光学科学技术馆"光学文化"实践为具体案例，探讨互动式传播影响下，科普场馆在科学文化实践中发生的具体改变，通过这些科学文化实践的变革来促进公众科学知识的吸收、科学方法的掌握、科学精神的养成和科学素养的提升。

关键词：互动式传播；科普场馆；科学文化

当前，科学与社会之间的双向影响日益明显，科普工作如何从传统的传播科学知识走向更重要的科学文化传播值得我们研究和讨论。早于1994年中共中央、国务院就下达了全国第一个科普工作的专门文件《中共中央、国务院关于加强科学技术普及工作的若干意见》，该文件成为1994年中国十大科技新闻之一。此文件就科学技术服务于人的素质做了详细说明和部署，强调科普工作要从科技知识、科学方法和科学思想的教育普及三个方面推进。2002年6月29日，《中华人民共和国科学技术普及法》的颁布，这是世界上首部"科普法"。但是，早期科普立意较低，带有严重的"扫盲"色彩，进入21世纪后，把科普从"科学知识的普及"提升为从人文科学、社会科学、历史和哲学去思考的层次，提出了先进的科学技术知识、科学精神、科学思想和科学方法等更为广泛的科学文化传播，能够激发人们创新的兴趣，提高全社会的创新意识和公民的科学素养的现代科普观。科学文化的起点是科学精神、科学方法、科学史、科学与自然、科学与社会、科学与人文、科学与伪科学、科学前沿进展和基本科学知识在内的科学文化体系，科学传播的落脚点是国家文化软实力的提升。文化软实力以精神形式存在，以民族文化精神为基础，包括的价值观、生活方式、精神状态等，国家文化软实力提高的重要途径就是开展全民科学传播活动。

一、科学文化溯源

（一）科学文化的概念界定

科学实践作为一种人为的活动，无疑是文化的一种特殊形态，即"科学文化"。文化作为人类社会的一种抽象符号，具有审美、道德评价和意识形态评判的功能。科学作为一种人类活动，无疑是在这种文化中产生的，并成为不同于文学文化的科学文化. 有学者认为 所谓"科学

1　姚爽，长春中国光学科学技术馆理论研究中心馆员，邮箱：1395218029@qq. com。

2　韩莹莹，长春中国光学科学技术馆展览教育中心馆员，邮箱：hanyingying16@163. com。

3　别光，长春中国光学科学技术馆理论研究中心馆员，邮箱：34403770@qq. com。

文化”可以有几种理解:第一,把科学当作一种文化来看;第二,将科学看作整个文化中的一部分;第三,理解为科学和文化两个并列领域之间的沟通和互动.科学文化在大众心理中其实是第三种理解。将科学与文化融合起来传播,更能反映科学的本质属性和其全面的社会功能.在科学传播中,科学知识并不是唯一的甚至也不是最重要的传播对象.公众理解科学,要理解的不仅是科学知识,甚至首先不是科学知识,而是对于科学这种人类文化活动和社会活动的整体的理解。包括科学精神、科学思想、科学方法,具体一点的如科学史、科学与社会的关系等。因此,所谓科学文化就是以普及科学知识、提倡科学方法、传播科学思想、弘扬科学精神为己任,以提高公众科学素养为宗旨,科学不仅作为一种专门知识,而且作为一种文化在全社会传播和互动,尤其是它特别强调历史、哲学等人文知识应该进入到公众对科学文化的理解中来,是科学与人文的交流过程,同时也是两种文化的融合过程。

(二)科学文化的特征

科学文化的特征体现在:

第一,复杂性特征。作为社会文化建设活动的科学文化是一项复杂的社会系统工程,在信息多元化、媒介多元化、主体多元化的时代背景下,以往单向灌输式的科学文化活动已经不复存在,与广大公众进行众平等交流、民主对话、互动参与是提高科学文化能够广泛传播的关键。即,科学传播主体要与公众共同建构科学知识、科学文化和科学精神。科学传播主体之间要相互配合,整合资源,形成合力,构建政府协同、社会主导、媒体参与的网格化科学传播体系。此外,科学传播主体还应该学会运用新媒体技术手段将,传统媒体科学传播与新兴媒体科学传播进行整合,优化科学传播媒介生态。

第二,动态性特征。马克思主义唯物史观指出,社会存在决定社会意识,社会意识是对社会存在的能动反映。科学文化作为社会历史活动,传播内容与传播手段也同样要遵循社会历史的发展规律和传播任务的变化而有所调整。社会现实环境决定科学文化的内容和表达形式,科学文化要紧扣时代发展主题和科技发展议题不断拓展传播空间、丰富传播内容、创新传播手段。科学文化的话语体系在社会实践变革下发生变革。科学文化集中反映了科学传播内容的主题和思想,是社会语境的折射与投影。科学文化的传播主体在与公众的互动中建构起崭新的话语体系和表达方式,创设新的传播语境。

第三,开放性特征。科学文化不是一个封闭的“独立王国”,它是开放多元的联动系统。社会语境的建构性同时也促成了科学文化的开放性。在社会语境建构体中,科学文化不是封闭回路,它是与外界环境交换能量的开放系统。其传播路径是多元化的,传播手段是复杂化的。如,对科学精神的传播,可以通过文学艺术形式进行呈现,也可以通过讲座、会议讨论的形式进行表现,也可以通过理论研究进行解读。因此,科学文化传播的方式和途径是无限开放的,不同传播方式和途径相互作用生成新的传播方式与路径。

二、互动式传播的理论范式

(一)何谓互动式传播?

互动是指两个或两个以上的人或事物之间的相互作用。“互动”一词在社会学、传播学和心理学等领域中经常反复被提及。在社会学领域，德国社会学家齐美尔在其所著的《社会学》一书中就曾使用了"社会互动"一词，其后美国社会学家兼传播学者如米德、布鲁默、库利等人都提出过和互动有关的理论，像主我与客我理论、符号互动论、镜中我理论都强调人的自我意识来源于社会互动，人们在社会互动中使用符号进行沟通、交流和分享。传播学研究者施拉姆在奥斯古德的传播模式基础上用图解的方式揭示了传播过程具有互动、连续的本质[5]。尽管此模式并非适用于大众传播，为此，施拉姆在大众传播过程模式中加入受众的反馈因素，用以解释大众传播中可能存在媒介与受众的互动。其后，德弗勒提出的大众传播模式引入了反馈环节和噪声的概念，揭示传播过程中的互动本质。从以上研究可以对互动式传播界定为，互动式传播是指传者通过特定的媒介传者与受者之间进行的双向信息传播活动。在互动式传播过程中，传者和受者都具有信息编码和译码的功能，但是二者在主动性上依然存在着差异，并非全然对等。

（二）互动传播的基本理论

自20世纪40年代以来，传播学诞生了三大传播模式，分别为以拉斯韦尔、香农—韦弗模式为代表的线性传播模式，以施拉姆和奥斯古德、德弗勒为代表的循环互动模式及以赖利夫妇为代表的系统传播模式。这三种传播模式在解释传播过程上各有优点和缺陷，但是，从总体而言，这三种模式都是站在前任研究基础上进行了改善和创新，力求通过传播模式解释传播中的问题。

1. 施拉姆—奥古斯德循环模式

传播学史上最早提出传播过程模式的美国学者拉斯韦尔在其论文中提出的"5W"模式，该模式的提出具有重要的历史意义，头一次将传播活动明确表述五个要素和环节构成的过程。但是，由于直线模式中缺乏反馈环节，没有揭示传播过程中的双向、互动性质。与此同时，美国两位学者C.香农和W.韦弗也提出香农—韦弗模式引入了噪音的概念，揭示了传播过程中可能受到的干扰因素，但是，该模式依然没有摆脱直线模式的缺陷，缺乏反馈的环节和要素，没有体现传受双方的能动性，不能揭示社会传播的互动本质。在认识到上述直线传播模式的缺陷以后，1954年，施拉姆在《传播是怎样运行的》一文中，在心理学家CE.奥斯古德传播观点的启发下，用图解的方式展示了传播的互动本质，如图1所示。

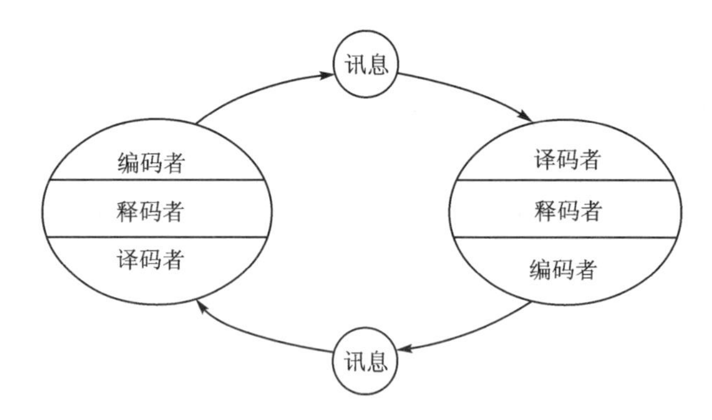

图1　施拉姆—奥古斯德循环模式

奥古斯德循环模式不同于拉斯韦尔直线模式和香农-韦弗模式单向直线、缺乏反馈的缺陷，该模式中没有使用传播者、受传者的概念，而是把二者视为地位同等的传播主体，在传播过程中担任编码者和译码者的角色，通过讯息的传授进行沟通与互动。传播过程中的编码是指将讯息转化为可以理解的图像或者符号，译码则为讯息被接收时，对图像或者符号的解释。由于该模式中没有体现传播者和受传者的区别，二者都作为传播主体在传播过程中履行编码、释码、译码的功能，相互交替着各自的角色。尽管此模式适用于解释人际传播，并非适用于大众传播，但是，奥斯古德与施拉姆循环模式意味讯息会产生反馈，突出了信息传播过程中的互动、连续的本质。

2. 德弗勒的互动过程模式

互动过程模式又叫大众传播双循环模式，20世纪50年代由美国社会学家M. L. 德弗勒创立，该模式是在香农—韦弗模式的基础上发展而来的，香农-韦弗的数学模式中引入了噪音的概念，但是，依然没有揭示传播过程中的反馈和互动问题。德弗勒的互动过程模式明确补充了反馈的要素、环节和渠道，突出传播的双向性和互动性。该模式所显示的传播过程更符合人类传播的互动特点，同时，拓展了噪音的概念，噪音可能存在于传播过程中的任何地方，对任何环节都造成影响。该模式的适用范围较为普遍，人际传播、群体传播、大众传播等各种类型的人类传播过程均为适用。德弗勒的互动传播模式，如图2所示，开启了从双向角度研究传播者和受传者接收信息的新思路，成为我们理解和研究传播互动的滥觞。本文也将以此传播模式为基础，提出在线教育传播模型的构建，为在线教育互动问题的解决提供建议。

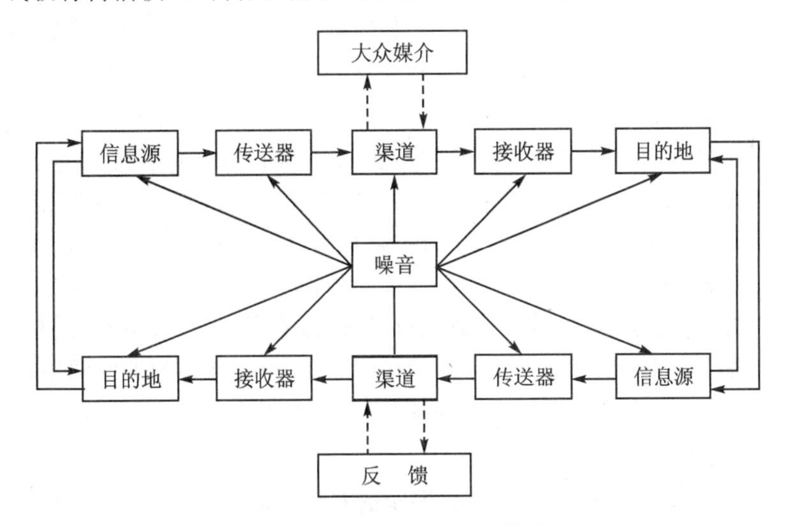

图2　德弗勒的互动过程模式

3. 布鲁默符号互动理论

符号互动理论由美国社会学家米德创立，又称象征性互动理论，他在论《精神、社会与自我》中对该理论进行了有关阐述，1937年他的学生，美国学者H. G. 布鲁默正式提出。符号符号互动论把人看作是具有象征行为的社会动物，通过有意义的象征符进行交流和互动。这里的象征行为指的是用具体事物来表示某种抽象概念或思想感情，这种象征行为是通过符号实现的，符号即是具有象征意义的事物，这也就说明社会互动是通过符号的互动得以实现的。根据学者们对符号的研究，可将符号分为语言符号和非语言符号，符号的功能在于传达思想感情，引发思维活动。但是，这里我们需要注意的是由于符号本身意义的模糊性和多义性要求我们在进行传播互动的时候注意借助其他条件消除符号的模糊性和多义性。互动过程中传播者与受传者的有效互动应该建立在对符号的正确解码，所以，也要求双方要有共同的意义空间。共同的意义空间要求传播者在传播过程中所使用符号所蕴含的意义能够被受传者正确理解，传播者和受传者有共同的经历和爱好，便于互动的顺利进行。

三、互动式传播对科学文化产生的影响

（一）科学传播教师由"主导者"变为"引导者"

与单向直线传播中传播者与受传者角色的固定化和绝对化不同，在互动传播模式中，传播者的角色发生了重大改变。在单向直线传播模式中，传播者是传播活动的主体，处于绝对的主导者角色，掌握着传播的话语权。受传者处于被动地位，单纯地进行信息的接收，甚至没有任何反馈。而在互动传播模式中，传播者由高高在上的信息主导者变为关注受传者的反馈，与受传者进行平等的沟通和交流，这种角色的转变是互动传播过程中角色定位的巨大改变。我们以科普教育中的"科普课堂"为例，发现这种角色转变变革了传统的教学模式。我国的传统教育一直强调"尊师重道"，教师的地位和教学内容的权威性神圣不可侵犯，教师的观点就是课堂的主流意见，学生即使有异议也不可公然当众质疑。教师是课堂中的主导者、讲授者，在整个教学过程中占据主导地位，以"教师为中心"的教学模式在我国传统教育中根深蒂固，学生作为受传者不能随意挑战教师的权威性，要对教师绝对的服从不得违反。但是，科普课堂中的传统教育中教师为中心的教学模式将被打破，相反，以学生为中心的教学模式正在普及和流行。传统在校学习的知识转由在科普场馆中进行学习获取，课堂的舞台由教师变为学生，教师则变为协调者和指导者参与课堂中。这种教学模式的转变正是互动传播中传播者角色转变的最好例证。科普课堂强调学生学习的主体性，教师作为引导者的辅助角色，这种角色的转变大大增加了师生互动、生生协作等活动。光科馆在光学文化传播中大大加强了互动式教学的使用，在科普课堂中，为了增加互动效率，将活动人数进行缩减，由原来的20人缩减至10～15人，人数减少提供了互动效率。在时间安排上，一小时授课时间中，科普教师授课时间不超过总课程的三分之一，互动教学时长拉长，教师和学生之间的互动占据主要课时，互动教学内容以动手实践、操作演示为主（见表1）。

表1　光学文化课堂的互动式教学安排

活动名称	活动人数	年龄要求	授课时间	互动教学内容	互动时间
光纤的秘密	10	7—12岁	20分	体验光纤的传输原理	40分
光与三棱镜	10	6—12岁	15分	制作三棱镜	45分
神奇的金字塔	20	8—16岁	10分	观察微生物活动 光学魔术表演	50分
红外夜视	15	7—12岁	15分	红外夜视仪的使用	45分

续表1

活动名称	活动人数	年龄要求	授课时间	互动教学内容	互动时间
镜子分蛋糕	15	6—12岁	10分	制作镜子切割蛋糕	50分
万花筒创意DIY	20	8—12岁	10分	亲手制作万花筒	50分
小孔大不同	15	6—13岁	15分	现场制作简易小孔成像仪	45分
望远镜的奥秘	10	6—12岁	10分	制作望远镜	50分
皮影戏表演	10	6—12岁	10分	皮影制作及表演	50分

(二)科学文化传播主体的单一化变为多元化

在直线传播模式中,传播者具有一定的专业知识和专业技能,受过正规的专业性训练,其专业性和权威性毋庸置疑。在互动传播过程中,传播者与受传者的概念开始模糊,正如施拉姆—奥古斯德把传播者和受传者放在同等的位置考虑,两者在传播过程中都担任编码和译码的功能。科普场馆中的科学文化教育主体从讲解员、科普教师向社会人员、大学教授、小小讲解员等多主体进行转变。参观者在其中不仅扮演着接受主体的角色,也作为传播主体参与到科学文化传播活动中,传播主体的多元化存在意味着科学文化传播应该摆脱以往自上而下的传播方式向自上而下、自下而上和平等互动传播三种形式并存为主。在互动传播中,传播主体走向多元化,科普场馆的科学文化传播也要从原来的以我为主走向以受众为主的多元传播方向转变。长春中国光学科学技术馆(以下简称“光科馆”)的光学文化传播主体已经摆脱原来由讲解员为主的单一构成。光学文化传播主体有:光学专业人士。邀请光学专业人士进行光学知识的输出和教育提升光学文化传播的专业水准。例如,光科馆和东北师大附中国际部实验社团联合举办“流浪星球”——天文光学望远镜科普讲座。邀请中国科学院长春光学精密机械与物理研究所副研究员张宁博士与学生分享讨论世界光学探索的前世今生。

(三)科学文化传播话语权由集中变为分散

传统的传播过程中,传播者扮演着信息传播过程中的主导者角色,信息的内容、流量、流向有绝对的话语控制力。传播者掌握信息资源和媒介资源,决定着传播什么,受传者只能被动地接收无法进行选择,传播者与受传者地位的悬殊决定传播者掌握着传播的话语权。但是,在互动传播过程中,这种话语权优势被大大削弱,话语权开始分流到受传者那里,“受众本位”传播理念开始凸显,受众会根据自己的需要有选择性接收信息,使用与满足理论大放异彩。从受众本位和需求满足理念出发,要求传播者把话语权分散到受众那里,倾听受众的心声,满足他们的心理需求。科普场馆中的科学文化传播集中体现了传播话语权的集中转为分散。第一,讲解员话语权的削弱。一般而言,传统讲解员在参观者参观过程中一直处于中心地位,当参观者进入场馆中接受讲解服务时,参观者要跟随讲解员的行动路线参观。而在互动传播中,讲解时长,明显缩短,启发鼓励参观者进行现场演示和互动成为主要部分。第二,课堂话语权的让位。在学校科学文化教育中,传统“填鸭式”的被动课堂中,教师占有话语权,课程绝大数时间被教师占据,学生处于被动地接收,这种“我讲你听”的教学内容均留存率不足5%,但是,科普文化课堂中,话语权移交给学生,学生与科普教师、学生与学生通过讨论、交流的学习效果学习内容的留存率可以达到50%以上。第三,话语权的旁落。除了学生成为科学文化传播的载体以外,掌握科普资源的其他领域人士也成为话语表达者。如,在国际光日主题活动中,张开逊为我馆全体工作人员作了题为“关于光学博物馆的思考”专题讲座。如,北京机械工业自动化研究所研究员高级工程师张开逊教授在光科馆举办的讲座活动中,与参观者、工作人员一起感悟大珩先生的学术思想、光学对人类的意义、光学博物馆的新构想。所以,在互动传播的影响下,科学文化传播的本质在于让学生主动地学习,与其他人进行分享学习。

(四) 科学文化传播的“单向交流”向“多向交流”演变

在信息爆炸、媒介融合的时代,科普场馆之间的交流合作是未来博物馆、科技馆领域可持续发展不可缺少的要素。加强行业内各场馆的合作与交流,能够使各场馆的教育、展示、收藏和研究成果在不同的文化环境中进行相互交流,更好地推进科技发展与创新,进而促进社会经济的可持续发展和人类的共同进步。传统科技场馆之间的科学文化交流重场馆内部交流,交流范围小,交流层次低,对于科学文化的大范围传播起到的作用有限。在互动式传播影响下,多向交流模式已经开启。与国内各大兄弟单位、高校、科研机构、图书馆、科技协会等具有科普资源或一定专业条件的单位达成多方共建协议,结为科普阵线联盟,互通信息,共享资源,发挥优势,补充短板。光科馆在2019年与中国仪器仪表学会建立了合作关系。在举行的一系列交流中,双方就科普场馆的展厅布展、展项设计及研发,未来科普教育活动合作等方面内容进行了深入的研讨。

四、结　语

与其他科学文化传播单位的特点不同,科普场馆进行的科学文化传播活动具有展品展项设计巧妙,科学性、趣味性、知识性、参与性结合在一起,把抽象的、晦涩的科技原理分解成具体的、形象的模型模块,激发人了解科学、走进科学的兴趣,进一步推进普及科学技术知识、倡导科学方法、传播科学思想、弘扬科学精神的重要作用。科普场馆的科学文化传播活动应该注重互动式传播,将互动式传播理念引入到科学传播活动中来。

参考文献

[1] 郭庆光. 传播学教程[M]. 北京:中国人民大学出版社,2010.

[2]崔恒勇. 互动传播[M]. 北京:知识产权出版社,2015.

[3] [美]斯坦利. J. 巴伦. 大众传播传播概论[M]. 北京:中国人民大学出版社,2005.

[4] 江晓原. 论科普概念之拓展[J]. 上海交通大学学报:哲学社会科学版, 2006(3).

[5] 黄基秉. 加强科学文化传播促进社会文明和谐[J]. 西华大学学报:哲学社会科学版, 2006,014(003): 40-45.

[6] 田松. 科学传播:一个新兴的学术领域[J]. 新闻与传播研究,2007,14(2):10.

关于科技馆特点及新时期发展方向的思考

付　蕾[1]

摘　要： 科技馆是实现全民科学素质行动计划纲要的重要阵地，也是科普工作的主要基础设施。近年来，随着流动科技馆、科普大篷车、数字科技馆的逐步完善和成熟，科技馆的概念外延进一步扩大，工作方式有了新的发展变化，工作深度也进一步加深。我国科技馆系统经过几十年从无到有、从弱到强的发展，逐步形成了适应各地本土的建设、发展、运行模式，这些成绩的取得离不开上级主管部门的政策支持与资金支持，也离不开广大科技辅导员的辛勤与付出。本文通过分析国内外科技馆发展历史、近年来中国科协制定推出的科普工作发展政策，以审视"科学文化"这一新概念的核心精神，印证科技馆对于传播科学文化的重要作用，为我国各级科技类场馆发展方向提供建议。

关键词： 科技馆；发展方向

一　概　述

（一）科技馆的概念

科技馆的全称是科学技术馆，是具备展览教育功能的纯公益性校外非正规教育机构（科普工作机构）。借鉴国际博物馆协会对博物馆的定义来看，科技馆同时具备为社会及其发展服务的社会责任，具有为研究、教育、娱乐的目的而把人类与环境的见证物收藏、研究、传播、展示的功能。在此定义下只要是非营利性的动物园、植物园、水族馆，以及专业性的工业博物馆、天文馆，近年来逐渐出现并迅速发展的科学中心等都属于这一类校外非正规教育机构。

随着科学技术的全面发展，科技馆原有的展览教育方式出现了新的载体，相继出现了流动科技馆、数字科技馆等，分别有赖于基础交通设施的完善和电子信息技术的发展，以及新媒体技术在展览教育方面的深入运用。因此，现阶段针对科技馆概念的讨论，应该把流动科技馆、数字科技馆，甚至实体科技馆所运营的 App、公众号、各类新媒体平台入驻号等等纳入到讨论范围。

（二）科技馆的出现及历史特点

1. 科技馆的雏形：工业技术博物馆时期

科技馆最早诞生于国外，其早期发展雏形是工业革命时期，随着大工业生产各类新兴技术的变革出现，英国作为工业革命的主阵地，最先出现了世界上历史最悠久、规模最宏大也是最著名的世界五大博物馆之一——伦敦大英博物馆。早在 1975 年便向社会公众开放。从此奠

1　付蕾，新疆科技馆，科技馆辅导员，中级职称。

定了科技博物展览馆的基础，为后来各个国家掀起的科技博物热奠定了极大的基础。而回顾我国科技博物馆历史发展脉络，在最初考察研究了世界各大发达国家科技馆之后，借鉴和学习了各种科技馆建设展览的先进技术和成功经验，以开放的心态融入世界，并在改革开放的浪潮中将科技馆作为关键的科普基础公共设施在国内兴建起来。改革开放几十年来，随着我国综合国力和各项科技水平的飞速发展，科技馆在建设、展览、功能完备方面也由最初的模仿世界其他先进经验和展览国外优秀展品的被动局势发展到如今自我革新，内涵丰富，融合我国丰富历史文化和先进技术向社会大众提供更为主题突出、功能完备、形象完整的科技展览馆。然后随着经济社会发展水平的不断提高，公众对科技文化知识的需求也与日俱增，社会大众对于科学技术文化知识的学习热情也不断上涨。给科技馆提出了新的挑战和要求，科技馆在迎合时代发展，把握科技创新时代变革的命脉，不断推陈出新，拥抱新的技术等方面仍然还有很多困难要克服。

2. 独立的科技馆体系：现代科技馆的出现

现代意义上最早也是最著名的科技馆是建成于1973年的法国发现宫[2]，是由法国物理学家、诺贝尔奖金获得者让·伯林用自己的奖金兴建的。发现宫的落成同时也是以20世纪30年代工艺技术博览会在法国巴黎的举办为契机，因此这座科技馆也可以称为科技类博物馆，并以基础理论的展览教育为主——包括数学、物理、化学、生物、医学、地质、天文、航空等专业的50多个活动厅，每天进行各种科学实验的表演，很多设备可以供观众亲身体验、亲手操作，为现代科技馆展教功能、展品开发理念、科普互动活动模式提供了非常全面的借鉴。

与其他国家科技馆相比，中国科技馆的主要教育形式为展览教育，通过科学性、知识性、趣味性相结合的展览，反映科学原理及技术应用。中国科技馆鼓励公众动手探索实践，不仅普及科学知识，而且注重培养观众的科学思想、科学方法和科学精神。遵循科普宗旨，按照"确保安全、优质服务"的承诺，积极开展丰富多彩的科普活动，普适性强，受众广，设施完备。

在现代科技馆背后是政府和国家的力量在支撑着科技馆的新兴发展和壮大。例如我国的科技馆兴建于"十一五"期间，由政府投资建设的大型科普教育场馆。同时科技馆集展示与参与、教育与科研、合作与交流、收藏与制作、休闲与旅游于一体，是其具备主题突出、功能完善、形象完整等特点。

3. 现代科技馆新模式：大型科学中心

这一时期最为典型的代表是成立于1969年的美国旧金山探索馆。该馆的展品的定位虽然依旧是基础科学，即数学、物理学等，但该馆为现代科技馆重新定义了一项重要指导思想——动手参与。以往科技博物馆展品偏向大型、巨幅的方向，例如英国自然科学博物馆展出的大型复原恐龙骨架，各级科技馆钟爱的大型展品法拉第笼、傅科摆等等，而以旧金山探索馆为代表的新一代科学中心，更加强调展品的主题鲜明，展品之间的系统联系，对展览教育方式更加注重原创，因此该馆的展品单项占地面积较小，指向性明确，互动性较强。[3]

除此之外，科学中心具备了更多新的特点：一是展品研发能力，科学中心的研发部门能够根据中心主题和观众体验开发具有自己展馆特点的展品；二是走出场馆束缚，组织更多社会性活动，间接促使了"科技馆活动进校园"等项目的产生，扩大了科普工作的影响力；三是推动了科普产业的发生发展，以旧金山探索馆为例，该馆于2013年4月进行了搬迁，成为了当地著名的旅游景点，在各类旅游攻略中都评价很高，是发展科普旅游业的一个标杆，值得国内博物馆、科技馆学习和借鉴经验。

随着科学技术的飞速发展,人类社会发生着翻天覆地的变化,过去几十年人们在各类博物馆、图书馆等展馆中获取科普性知识、历史文化、名人文物相关知识时,只能通过翻阅典籍、鉴赏历史文物等传统方式去获取相关信息,同时各大科普馆在宣传文化理念和普及相关文化知识等时也只能通过文字、图画、音频等方式传播给受众,而这些方式在传播文化的过程中最大的弊端就是缺乏与受众的交互性,受众接受信息的过程中共情能力也有待考证。随着互联网科技的飞速发展,人类社会掀起了大数据、人工智能、万物互联科技热潮,相关技术蓬勃发展,"互联网+"融入了教育、医疗、金融等等各个领域,而科普场馆作为为大众宣传科学文化知识的圣地更应该抓住时代发展机遇的脉搏,敢于尝试各类科技手段,勇于探索"现代科技+文化"的方式,为大众提供更多元化,更创新的展览方式。

科技与文化融合,以科技这一媒介去展示文化,用科技手段去促进文化宣传,将传统文化与现代技术融合,让受众在接受文化熏陶的过程中融参观与体验、学习与娱乐为一体,既能极大程度提高受众的共情能力也能加深文化影响力。同时科技与文化融合高度体现了传统与现代、科学与艺术、高雅与通俗的动态统一。

(三)我国科技馆的发展阶段及其背景

1. 艰难探索阶段

由于我国是一个传统农业国家,在历史上错过了工业革命和第二次科技革命,科学与技术的发展滞后于西方发达国家,在很长一段时期都没有较为成熟的科学技术类博物馆出现。新中国成立后出现的第一个具有科普展览教育功能的科技类博物馆是建于1957年的北京天文馆,展有当时较为先进的大型展品——傅科摆、天象仪等。北京天文馆的落成得到了当时中国科学院等机构的支持,为后期科技馆建设标准提供了指导。[4]

2. 全面发展阶段

20世纪70年代至80年代,是我国建设科普类场馆、校外非正规教育机构的高峰期,彼时有大量的青少年宫、青少年活动中心、科技馆等建设落成。但由于各类场馆归属于不同系统——教育系统、科协、团委和妇联等,不同系统对青少年科普教育工作的认知不同,几类场馆的建设往往出现重教轻展以及建设内容重复的情况。1988年中国科技馆一期向社会公众开放[5],成为我国第一个真正意义上以科普展览教育为核心内容的科技馆,该馆建成的意义不仅定义了新时期科技馆的展教模式,同时为之后的上海科技馆、天津科技馆等提供了成熟的模式,是这一时期科技馆建设的模板。

3. 全新理念阶段

进入21世纪,我国科技馆的建设呈现出百花齐放的盛况,具有代表性的几座科技馆,一是2000年9月建成开放的中国科学技术馆新馆,被国家旅游局、中国科学院推选为首批中国十大科技旅游基地;二是2001年12月对公众开放的上海科技馆,是国家5A级科普旅游景点;2008年9月建成开馆的广东科学中心,是国家4A级旅游景区,全国科普教育基地;还有绵阳市科技馆、武汉科技馆、沈阳科学宫等一大批分布在全国各个省区的科技馆,这批科技馆都具有较为突出的旅游景点特性,在当地乃至旅游界享有非常高的知名度,成为当地旅游必经的景点之一。至此,我国科技馆建设已经完成了蜕变,不仅在展览教育方式上有着独树一帜的特点,在拓宽宣传渠道、新展品研发、创新科普产业等方面也更加成熟。

二 我国科普事业的发展

(一)科普事业遇到良好的政策环境

纵观欧美各国在科普事业的发展过程中,国家层面都给予了强有力的政策支持。我国自1978年奠定"科学技术是第一生产力"的发展基调,到1995年我国实行科教兴国战略,再到2005年《国家中长期科学和技术发展规划纲要(2006—2020年)》的颁布,国家"十二五"科学技术发展规划、"十三五"国家科技创新规划,一系列国家的大政方针都表明我国对大力发展科学技术的不遗余力。科学技术的进步是科普工作得以顺利推进的基石,国家投入了大量人力、物力、财力来推动科学技术的创新与发展,在错过了工业革命和第二次科技革命的状况下,能够在短时间内在科技和创新领域与世界强国一较高下,充分说明了政策环境对一类产业发展具有举足轻重的影响力。

2002年6月,《中华人民共和国科学技术普及法》的颁布实施,将普及科学知识、倡导科学方法、传播科学思想、弘扬科学精神提升到了法律层面,同时为了纪念这一项法律的颁布,中国科协于2005年开始,定于每年9月的第三周举办全国科普日活动。

2006年,国务院颁布实施《全民科学素质行动计划纲要(2006—2010—2020年)》,旨在通过发展科学技术教育、传播与普及,尽快使全民科学素质在整体上有大幅度提高,实现到21世纪中叶我国成年公民具备基本科学素质的长远目标。《科学素质纲要》提出了全民科学素质行动计划在"十一五"期间的主要目标、任务与措施和到2020年的阶段性目标,对我国的科普工作做了较为系统的规划。

(二)科普基础设施得到了长足发展

根据中国科协的统计年报显示,截至2018年底,各级科协拥有所有权或使用权的科技馆909个。总建筑面积502.6万平方米,展厅面积205.3万平方米。其中建筑面积8 000平方米以上的科技馆133个,已实行免费开放的科技馆848个。科技馆全年接待参观人数6 972.0万人次,其中少年儿童参观人数3 446.0万人次。流动科技馆1 755个。科普活动站(中心、室)4.7万个,全年参加活动(培训)人数3751.4万人次。科普画廊建筑面积(宣传栏、宣传橱窗)241.7万平方米,全年展示面积457.9万平方米(见图1)。

三 科学文化的发展对科技馆的影响

根据上述资料显示,经过科技馆研发、制作或者能够调用的科普资源数量是十分庞大的,如果只是沿着目前的模式继续开展科普工作,那么科技馆的发展又会落入到20世纪七八十年代发展的瓶颈,大量重复、模仿的建设功能雷同的科技馆(科学中心),最后对于实现提升全民科学素质的目标毫无裨益,对于科技馆自身的发展也有较大阻碍——试想千篇一律的展品和展览教育模式还怎样吸引社会公众参与呢?因此,随着"科学文化"这个定义的提出,为科技馆未来的发展方向提供了新的思路。

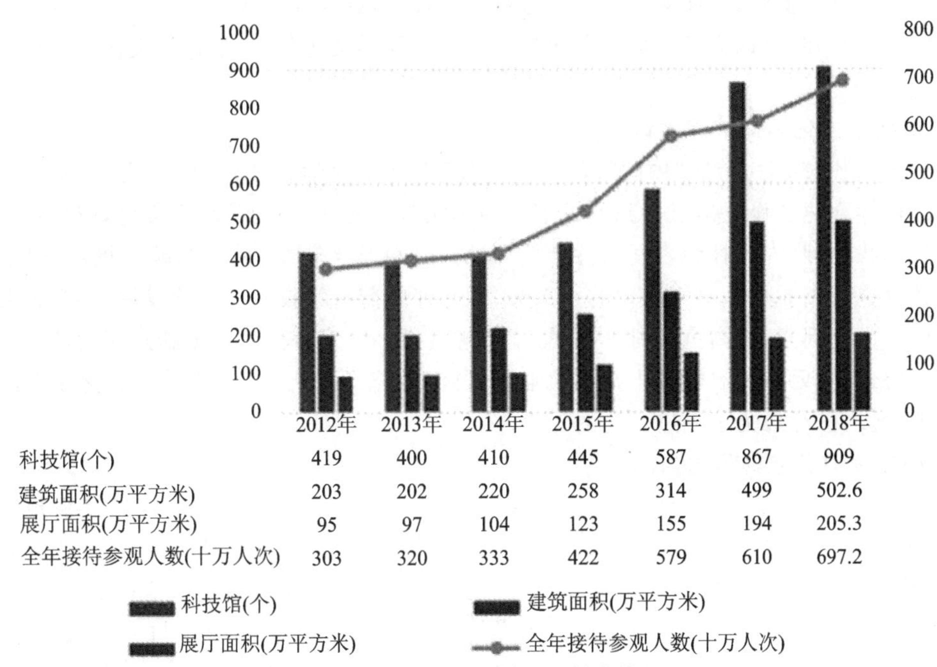

	2012年	2013年	2014年	2015年	2016年	2017年	2018年
科技馆(个)	419	400	410	445	587	867	909
建筑面积(万平方米)	203	202	220	258	314	499	502.6
展厅面积(万平方米)	95	97	104	123	155	194	205.3
全年接待参观人数(十万人次)	303	320	333	422	579	610	697.2

图1　各级科协科技馆建设基本情况

(一)科技文化的定义

科学文化一词托生于科学和文化两个范畴，科学是各种知识的完整体系，是关于探索自然规律的学问，是人类探索研究感悟宇宙万物变化规律的知识体系的总称，文化是人类社会精神活动及其产品，是一个非常抽象的、难以定义的范畴。而科学文化就是文化里的一种，是以科学精神为核心的一种文化，它包含了四个层面的观点：最外层是器物层面，是科学知识，比如地球是不是宇宙的中心，钢铁应该怎样去冶炼等；第二层是制度层面，包括科技体制、评价体系、监督制度等；第三层是规范层面，包括求是、证伪、理性质疑和批判、可重复、普遍性等；最核心的是价值层面，科学文化的核心是追求真理。

科学文化是培育科技创新的精神土壤。以韩启德先生发表于2012年《我对科学文化与科学精神问题的看法》一文中对科学文化的定义来看，“科学文化是一种集体创造，是围绕形成的一套价值体系、思维方式、制度约束、行为准则和社会规范。”这个概念不仅对科学知识、支持科学研究的体系和制度、科学(科普)对社会公众的影响进行了归纳，也间接指出了科学文化的核心目标是培养全社会的科学精神，所有能够促进这一目标实现的行为都可以归类到科学文化的范畴。[6]

(二)科技馆与科学文化的关系

1. 科技馆的历史演进过程是人类追求科学文化的缩影

从科技馆历史演进状况和当代科学中心模式来判断，科技馆在漫长的发展过程中，已经形成了具有自身特色的科学文化，包括成熟的科学知识体系，完善的展览教育、科研探索制度与评价体系，以及能够求是、证伪、可重复性的产品研发能力。正是由于科技馆基于基础科学研究的进步而发展，才为我们展现出了人类对文化追求到极致所做的努力。科技馆依靠科科学技术的属性独立于博物馆，又通过科技的进步逐步提升，到现在形成了对科技馆建设和展教模式较为统一的认知，可以说已经形成了科技馆独有的科学文化分支，是科学文化中不可或缺的重要组成部分。

2. 对科学文化内涵的深入讨论

2019年4月26日，首届“中国科学文化论坛”在北京大学召开，蒲慕明院士、周中和院士等就我国科学文化建设提出了独到的见解。蒲慕明院士提到，中国的科学文化，应该把中国文化里面的忘我精神、人与社会之间的社会情怀注入到科学文化中；周中和院士提出，科学普及和科学教育也可以看作是科学文化的一部分，因为伴随着科学技术的飞速发展，科学普及和科学教育作为推动因素，提高全民科学素质，催生理性、平和、富有活力和创新意识的社会文化和氛围，显得格外重要。韩启德院士则再次强调，科学文化是文化的一种，科学文化在人类文明发展到现阶段，已经成为了先进文化的代表。

3. 树立兼容并包的思想内涵

文化的包容性是非常宽泛的，以科普传播的新媒介为例，微信公众号、“抖音”视频等新的科普平台大量出现，对于传统的广播、电视、网站传播方式来说并不是冲击，相反成为后者的补充，任何有利于科学文化概念、精神渗透和广为传播的媒体，都应当被发掘其利用价值，开发其传播功能。因此，提高科技馆从业人员素质，尽快适应新媒体平台运营参与模式，显得尤为必要。[7]除此之外，科学文化在面对学术发展、国内外交流、知识体系更新等方面也要科学严谨，去其糟粕取其精华。

四 未来科技馆的发展方向

（一）继续做好科技馆本职工作

重点做好科技馆免费开放、馆校结合、科技馆活动进校园、科技馆巡展等本职工作。在以“四科”（普及科学知识、倡导科学方法、传播科学思想、弘扬科学精神）为指导精神的工作思路下，科技馆基础工作模式已经打造得非常精细，对于传播科学文化理念来说是完备的、强有力的手段，这也是科技馆在新时期新任务的背景下，保持业务能力，探索新定位的根本保障。“皮之不存，毛将焉附”，一个没有业务根基的科技馆，面对新角色和新定位是无从谈起的。

（二）加强新媒体传播手段的应用研究

以抖音为代表的短视频分享平台，以微信公众号、今日头条等为代表的自媒体平台，是现阶段以及未来一个时期主流的传播手段。当下的时代具有“流量制胜”“网红经济”等显著特色，而流量和关注度则代表着社会公众的思想动向。科学文化的基本属性是文化，而文化恰恰又是社会群族的精神活动，因此，抢占新媒体的话语权，引导公众培养科学素养，既是科技馆业务工作的分内之事，又是推广科学文化的必然要求。

具体地，科技馆在已经长期运营的数字科技馆网站、官方网站、公众号等平台上需要进行系统分析，了解公众在科普领域感兴趣的内容和传播方式，设置和充实专业的新媒体传播部门，学习和探究“现象级爆红”背后的原因，更加有目的性地打造适应新时代的科技馆宣传方法。同时，发展眼光不能够仅仅停留在目前的传播方式上，还要对前沿媒体传播途径进行预判，以期能够在下一个、更新的传播方式出现时及早抢占先机。

（三）加强对科学文化的理解和剖析

文化是抽象的概念，科学文化又是近年来提出的新思路，科技馆应当邀请相关领域的专家学者对科学文化，和科学文化传播手段进行进一步的探讨，明确科学文化是什么，推广和传播科学文化需要做什么，尤其是作为科普工作主要阵地的科技馆需要做什么。有了明确的指导思想和业务规划，科技馆发展才能够少走弯路，避免出现重复建设，业务重叠，理念落后等不利于发展的状况。

（四）加强理论创新和技术研发

科学文化是科技创新的土壤，当代科学中心模式的科技馆已经具备了初期的研发功能，可以将理论转化为展教具，甚至开发成科普产业，做成科普产品。但是这些都是基于基础学科的产物，基于现有科学技术水平的内容。新时期科技馆的创新发展不应当局限于展教品的研发，在积累了一定量的创新成果的前提下，可以尝试提升创新能力，对科技馆发展进行理论创新，对科技馆建筑、展品研发提出技术创新等。

五　结　论

推广传播科学文化已经是未来一个时期社会发展的必经之路。科技馆作为非常成熟的，在科普工作发展历史中发挥过重要作用的科技前沿阵地，业已形成较为完备的科学文化产生、研究、传播体系，科学文化作为一个内涵非常庞大的概念，其中先进的理念可以解决科技馆在未来的发展建设过程中遇到的发展限制，一旦冲破了发展的瓶颈，科技馆的发展将迎来新的发展模式和发展机遇，在实现提升全民科学素质工作方面也将再次发挥阵地作用。

参考文献

[1] 刘培会. 国外科技馆展示多样性对我们的启示[C]//中国科协2005年学术年会论文集——西部科普场馆建设与发展，2005：3.
[2] 王恒. 科学技术中心的动态陈列[C]//中国自然科学博物馆协会第七届博物馆学讨论会论文集，1994：4.
[3] 桂诗章，王茜. 国外科技馆发展前沿及启示——以美国和加拿大的两馆为例[J]. 未来与发展，2016，40(06)：23-26.
[4] 赵世英. 李元——中国的天文馆与天文科普事业先驱[J]. 自然科学博物馆研究，2017，2(03)：93-97.
[5] 廖红. 科技馆展教能力建设的实践与思考[J]. 自然科学博物馆研究，2019，4(02)：5-11+87.
[6] 李侠，霍佳鑫，李格菲. 科学文化：中国可选择的最佳文化变革路径[J]. 江西社会科学，2019，39(05)：18-25+254.
[7] 郝倩倩. 科普视频在"抖音"短视频平台的传播[J]. 科普研究，2019，14(03)：75-81+113.

在科普场馆中营造科学文化氛围

王韬雅[1]

摘　要：2019年4月26日，首届中国科学文化论坛在北京大学召开。伴随论坛的召开，科学文化一词成为了科学界的热点。究竟什么是科学文化，科普场馆在科普工作中应当如何帮助公众更好地理解和接纳科学文化是本文讨论的重点。

关键词：科学文化；科技馆；普遍性；主动性；多元化

2019年4月26日，由中国科协——北京大学科学文化研究院、北京大学科学技术与医学史系、中国科协创新战略研究院共同主办的首届中国科学文化论坛在北京大学举行。加强社会群众文化素养一直以来是我国重点关注的问题，加强科学文化普及，不仅能够提高群众文化素养，更能够提高我国国际竞争力，是我国未来发展的重要驱动力。

一、科学文化的形成

科学在短短的四百年间所创造的奇迹，完全改变了人类社会的样貌。

正如经济学家罗伯特·福格尔(Robert Fogel)所指出：从耕犁的发明到学会用马拖犁，人们花了四千年时间，而从第一架飞机成功上天到人类登上月球只用了65年。这个现象被经济学家黛尔德拉·麦克洛斯基(Deirdre MeCloskey)称作“伟大的事实”。

人类社会便以那些诸多伟大事实堆积起来，并逐渐演变为人类文明的高地，以润物细无声的方式重塑着人们的认知，形成一种进步的认知模式与习性，而这些的总和就构成了科学文化。

科学素质是公民素质的重要组成部分。公民具备基本科学素质一般指了解必要的科学技术知识，掌握基本的科学方法，树立科学思想，崇尚科学精神，并具有一定的应用它们处理实际问题、参与公共事务的能力。提高公民科学素质，对于增强公民获取和运用科技知识的能力、改善生活质量、实现全面发展，对于提高国家自主创新能力，建设创新型国家，实现经济社会全面协调可持续发展，构建社会主义和谐社会，都具有十分重要的意义。

科学文化是培育科技创新的精神土壤，它是自近代科学复兴以来，基于科学实践而逐渐形成的一种新型文化。科学文化建设正引发社会公众的广泛思考和相关决策机构的关注。反思与展望中国科学文化建设已成为学界热议的话题。

二、科普场馆传播科学文化的优势

非正规科学教育在传播科学文化方面发挥着越来越重要的作用。科技馆是非常典型、非

1　王韬雅，青海省科学技术馆科技辅导员，助理馆员，从事科技馆行业工作4年，多次策划科技教育活动、参加科技辅导大赛。

常重要的一类非正规科学教育场所，目前全国平均每96.6万人拥有一个科普场馆。科技馆的教育目的是培养具备基本科学素质的公民，具体说就是培养了解必要的科学技术知识，掌握基本的科学方法，树立科学思想，崇尚科学精神，并具有一定的应用它们处理实际问题，参与公共事务能力的公民。[1]

(一) 普遍性的广泛受众

全国科学素质行动计划纲要实施方案中的五大重点人群为未成年人、领导干部和公务员、城镇劳动者、农民、社区居民。[2]而这些人群无一例外都是科普场馆的受众人群。

科技馆是面向全体社会成员进行开放的公共场所，科技馆的基本及核心职能即进行科学普及和文化传播。科学普及简称科普，又称大众科学或者普及科学，是指利用各种传媒以浅显的、通俗易懂的方式、让公众接受的自然科学和社会科学知识、推广科学技术的应用、倡导科学方法、传播科学思想、弘扬科学精神的活动。科学普及是一种社会教育。

科技馆依托展馆内的展品开展文化传播与普及是最基本的科普方式，科技馆使用光电技术、多媒体技术、仿真模型、虚拟、智能等现代化科学技术手段，能够将公众带入一定的情境之中，带给公众视听体验，从一定程度上带来生理和心理的刺激，从而加深影响，发挥展品的科学文化普及作用。

同时科技馆发展并不局限于“领进来”，在科普进社区、科普进校园、科普进寺院等一系列“走出去”的科普活动中，也赋予了科学文化更加生动的形象。尤其是青海省科学技术馆的流动科技馆，结合青海省的特殊省情，每年对偏远农牧地区、高海拔地区、资源匮乏地区进行科学普及和文化辐射，让科学文化的概念和影响遍布全省，进一步减少了文化差异，不仅是普及全民科学素质的有效举措，也是建立民族团结的强有力行动。

从本质上说，科学文化传播与普及是一种社会教育。作为社会教育它既不同于学校教育，也不同于职业教育，其基本特点是：社会性、群众性和持续性。科普工作必须运用社会化、群众化和经常化的科普方式，充分利用现代社会的多种流通渠道和信息传播媒体，不失时机地广泛渗透到各种社会活动之中，才能形成规模宏大、富有生机、社会化的科学文化氛围。

(二) 主动性的接纳动力

科技馆与传统教育相比，打破了后者在时间、空间上的限制，为公众提供了一个更为广阔的知识海洋。科技馆因其展陈丰富、内容多样、寓教于乐等特点，吸引着各年龄极端、各文化水平、各身份背景的公众。他们在科技馆可以根据自己的兴趣、爱好、需要及特长来自主选择自己想要了解和学习的内容，几乎所有公众都是自愿前往科技馆参观学习的。

因此，在这里科学文化的概念会被主动地接纳。拥有学习自觉性是引导其接纳文化及知识的重要因素。自觉性的加强，使得公众不会有学习的任务或是负担，而是出自兴趣和需要，这对于科学文化的传播有着非常重要的作用。

从科学文化的传播载体来看，科技馆展品是主要的文化教育载体，具有知识性、科学性、趣味性和参与性，能够和参观者形成良好的互动交流。他们通过在科技馆内对展品多种方式的操作，调动全身各种感觉器官，视，听，触，动等多种感觉协调配合，实现多通道参与，“看一看、说一说、闻一闻、做一做、尝一尝”，在体验操作的过程中有效促进整合性感觉、整合性理解的形成，获得真切具体的感受和体验，以此获得知识，达到科技馆教育目的。

营造良好的科学文化氛围，需要进一步提高公众对科学文化的理解和认知。"倡导科学精神和人文精神的融合，科技工作者需要提高科学文化素养和科学道德修养，做好科普工作，让公众真正理解科学。"中国科技新闻学会理事长宋南平说。因此，优秀的科技辅导员也是影响科学文化普及的重要因素，面对不同公众，能够因材施教的展厅辅导，能更好地激发公众的学习热情，在展品的体验中，在知识的积累中，在有趣的互动中来完成科学文化的氛围营造，使得公众能够在潜移默化中感受科学文化的内涵与价值。

（三）多元化的传播形式

1. 多学科的交叉融合

在信息时代，各学科不断交叉、分化、融合，应运而生许多新兴的综合学科。多学科的交叉发展是当今世界高校适应社会及科学技术发展的迫切要求，在"大科学"的背景下，寻求知识的新突破已经成为了社会和国家共同关注的问题。[3]一个人不可能具备所有的科学知识，但是在科技馆中却可以接收到综合的科学文化与精神。

科技馆以展品展示为基础，但不仅局限于展品本身，本质是传播展品中含有的有关自然或者人文的知识，将"以物为本"转变为"以人为本"。同时，展品展示和各项教育活动是没有单一学科界限与限制的，因此不同偏好的公众都可以在这里找到自己的兴趣所在，同时，各学科的交叉融合，也使科学文化的传播与普及不受限制和束缚。

科技辅导员在带团辅导的过程中并不是单一地以展品陈列顺序进行辅导，而是会寻找展品之间的内在联系，以某一主题进行串联，此时公众便可以从中感知到各学科的交叉与融合，在主题的串联下，使得各学科知识自然而不突兀地融合为一个整体，从而加深展品背后科学知识和科学精神的传播与普及。

2. 形式丰富的科普活动

科学活动不是简单的科技展览，是整合各项资源、精心策划、围绕主题后开展的教育活动。活动也并不如学校教育一样抱有鲜明、强烈、直接的目的性，活动是否达到理想效果，是潜移默化的文化体验所传递的。

青海省科学技术馆已连续3年开展主题性展厅日常教育活动，活动每月设定主题，围绕主题开展分支活动。活动主题结合时事热点、科技新闻、基础学科知识等进行确立。活动受众也依照不同的活动内容和主题进行细分，面向不同年龄阶段的公众，开展对他们有吸引力的活动，进一步调动学习热情，增强他们的接纳能力，使科学文化更好地渗透。如2018年因著名物理学家、宇宙学家霍金去世，随后4月便开展"一代传奇·霍金"主题探究活动，围绕霍金生平、霍金天文学理论等，让公众进一步了解霍金及其学术理论。虽然相关理论专业性较强，但是活动以各角度进行切入，使以青少年为代表的广大公众了解霍金的科学探索精神，以科学精神为主导，调动了公众的学习兴趣与热情。

科学活动形式也不仅仅以单一的课程为主，科学秀、科学实验、科普剧等等，打破模式限制，让"高高在上"的科学走下神坛，走入每一位公众身边，用它们感兴趣的方式、方法将科学精神传递出去。

3. 创新的体验方式

传统的知识接收，是以授课为基础的，学生或成年公众都是被动接受的，但是科技馆内会以各类创新的体验方式转变公众的学习方式。

科技馆展览教育是一种通过知识性、趣味性的展品，使公众对科学原理和文化有一个定性的了解，引起他们的参观和学习兴趣。但是对于公众的素质、科学文化的传播来说，单靠这一种单一、固化的模式，是不可能实现的。因此创新体验方式，采用各种各样的形式吸引公众，特别是青少年公众尤为重要。科普表演是一种生动活泼的形式，如青海省科技馆多年来也致力于策划、开展各类科学秀、科学实验、科普剧等，如“侦探实验室”“漫游气之界”“好奇害死猫”等等，将科学与艺术相融合，增强参与性与互动性。定期的场馆内表演，以及进校园、进社区等表演，用较为夸张的表演方式，吸引公众对科学的兴趣，使科学更加多元化。

寒、暑假期许多科技馆都会招募学生担任小小科技辅导员，青海省科技馆也不例外。学生利用假期来到科技馆，既能丰富假期生活又能学习科学知识，是一举多得的科普举措。小小科技辅导员们来到科技馆后，转变参观者身份为管理者，树立他们的主人翁意识，增强了他们的主观能动性和责任感，使他们能够更加主动地接纳和理解科学知识，甚至引发他们对于科学的探究精神。同时也为他们量身定做融合个人特色与特长的科学表演，如科普相声《我最优秀》、科普剧《新闻科学秀》等等，在表演的同时，增强科学知识的普及、科学文化的传递以及科学自信的建立。

除此之外，青海省科学技术馆创办“科学碰碰车”和“科普小剧场”等活动，打破表演形式、表演场地、表演人员的限制，创造了更多使公众能转变身份，以主角身份体验科学的渠道，使科学文化能够随时随地地近距离渗透在公众的日常参观中。

三、目前科普场馆中科学文化传播能力的局限性

（一）科技辅导员素质能力有待完善

科技辅导员是公众和科技馆展品之间的桥梁，是他们进行学习的直接途径。科技辅导员工作水平的高低直接影响着公众对科学知识和文化的接纳结果。科技馆教育是以现实生活现象为出发点，再落入知识点进行讲解。科技辅导员对于公众的辅导与学校老师的教育截然不同，辅导员不仅仅是帮助公众来解决问题，同时还启发和引导他们进行思考，让他们在学习的过程中，自己寻找问题、解决问题，甚至可以让他们带着疑问离开科技馆，引发他们更多的想法，使科学文化渗入日常生活。

在公众参观科技馆时，科技辅导员引导公众对展品进行操作，在联系生活和现实的过程中，潜移默化地将科学与生活的各种关系告诉他们，从而完成科技馆普及科学知识、传播科学思想和科学方法的目的。在创造一种和谐的相互学习的情境，改变传统意义上“你讲我听”的灌输式教学模式。

但是目前科技馆内科技辅导员队伍面临着流动性大、科技辅导员能力参差不齐等问题，使得科技辅导员人才队伍建设能力不足，如何提高人才的稳定性、培养的连续性是目前科技辅导员队伍建设的主要问题。

（二）科学教育活动水平有待提高

科普展示和科教活动中，手段的创新完善是目标、开拓是手段、创新是动力，三者之间是相互联系密不可分的，只有三者的协同，才能使科技馆有序地发挥其整体效益。而如何开拓新的

教育功能，确实要选好“市场”和项目。用什么样的形式和内容来吸引活动参与者，使活动具有较强的生命力，是活动策划和开展的关键所在。

“科技是车，人文就是刹车和方向盘，科技离不开人文。”谈及科技与人文的关系，在前不久举行的首届中国科学文化论坛上，中国科协名誉主席、中国科学院院士韩启德如是说。

科技馆教育活动的策划和开展是以科学知识为基础理论进行的，但是并不以科学知识为全部内容，与科学相关的人文精神传递也是科学教育的重点任务，尤其是深入挖掘和传播科学家精神是一种更快速、更容易被公众接纳的科学精神表达方式。青海省科学技术馆已有先天优势，1958年中国第一个核武器研制基地在青海建成，在科技馆“走近青海”展厅为这段历史设立展区，生动的展示使得本地和外地公众能够深入情境之中，通过展品感受“两弹一星”精神，不仅传递了科学精神，也为广大公众尤其是青少年公众树立了爱国主义精神。

场馆是重要的科普教育的场所。场馆学习也是重要的非正式学习的场所。场馆中开展科普教育活动需要与场馆中资源充分地结合。科普教育活动的开展在传播科学知识的同时，也应考虑如何增加科普活动的趣味性、真实性和情境性。科普教育活动开展的目的不仅仅包括向受众传播科学知识、科学态度等，同时应该激发受众对科学探索的兴趣，在不断的探索中发掘真理，向更多人传播科学精神。

参考文献

[1] 隋家忠. 科技馆专业人员培训教程[M]. 青岛：中国海洋大学出版社，2013.

[2] 国务院办公厅. 全民科学素质行动计划纲要实施方案(2016—2020年)[S]. 2016.

[3] 杨娟瑞. 基于学科交叉融合的组织模式创新[J]. 文学教育下半月，2017(04)：178-179.

科技馆科普文创产品开发困境与解决策略

张　婕[1]

摘　要：当今科学传播方式已从传播者到受众的单向传播，转变为多主体开放式交互传播，传播内容也扩展到更为广泛的“科学文化”范畴。近年来，国家对文化创意产业的发展逐渐重视，并陆续出台了一系列政策和制度。重庆科技馆在科普文创方面通过寻找外部资源，相互合作，在产品开发上也做了一些尝试，本文首先从国家政策层面分析科普文创产业的发展现状，然后基于文献和场馆实际，梳理当前科技馆在科普文创产品开发的现状及存在的问题，最后结合重庆科技馆实际提出解决问题的途径，以期对推动科技馆科普文创产品的设计与开发有一定的参考价值。

关键词：科技馆；科学传播；文创；创新

一、前　沿

科普传播是科普创作的精髓，科普传播的上层目标是在全社会倡导科普文化，使全民具有科学理性精神，以科学眼光看待和处理一切事物，培植出科技成果转化为现实生产力的肥沃土壤，充分体现科普创作价值最大化的转化作用。科普文化是中华民族文化的瑰宝，有悠久的历史和群众基础，是世界科学传播重要组成部分。科普文化的长效运作，把传统科普创作提升到科普传播行动的最高层面，融入先进文化涌流中，成为科普创作创新的策略向导。在国家科普有能力建设中，任何淡化科普文化的言行都是科学素质和科普能力提升缓慢的致命伤[1]。随着国家对科普文创产业建设的重视，科普文创产品发展进入新时代。加之，我国科技馆逐渐免费开放，如何在现有条件下，适应新形势变化，找准自身新角色定位，助力科学文化的传播实现新发展是科技馆人面临的问题，文创产品则是解决这一问题的有效手段之一。

二、文创产品的概念

文创产品全称“文化创意产品”，是创意产业（Creative Industries）的具化。创意产业是文化产业（Cultural Industries）升级的产物，它可以被定义为：“将创意与知识资本作为初期投入，包含产品与服务的创作、生产和销售的循环过程”[2]。文化创意产业是以创造力为核心的朝阳产业，“它以高于传统产业 24 倍的速度增长，已经成为众多发达国家或地区的支柱性产业”[3]。科普文创业是提高公众科学素养的重要投入方向，终身学习是现代人的必备素质。很多人愿意通过知识付费 APP 来学习新知识，经常服用“知识胶囊”是知识更新的有效手段[4]。

1　张婕，重庆科技馆馆员，研究方向科技馆科普教育。通信地址：重庆市江北区江北城文星门街 7 号重庆科技馆，邮政编码：400024。E-mail：182262914@qq. com。

本文所探讨的文创产品主要是指以科技馆资源为基础进行创意产业开发的，具有实物形态的产品。包括：场馆展品仿制品、艺术创作品、旅游纪念品、生活用品、出版品等。

三、科技馆行业科普文创产业发展现状及存在的问题

目前，我国科技馆行业的文创产品开发与设计逐渐被重视，但就从文创产品的开发程度、体制、机制来看，还存在许多问题亟待解决。

（一）科技馆行业科普文创产业开发尚处于初级阶段

我国科技馆文创产业总体而言还处于初级阶段，绝大多数中小型科技馆的文创产品开发与品牌建设不太乐观。2016 年 5 月，国务院办公厅转发文化部等部门《关于推动文化文物单位文化创意产品开发的若干意见》，随后，文化部、国家文物局先后确定或备案了 154 家试点单位，鼓励试点单位探索通过博物馆知识产权作价入股等方式投资设立企业，从事文化创意产品开发经营。其中，中国科技馆成为唯一取得试点资格的科技馆。虽然，这预示着全国科技馆行业文创产业开发正式启动，然而，由于还处在试点阶段，对目前整个科技馆行业文创产业发展而言，尚无成熟的经验可供学习和借鉴。

（二）科技馆管理体制机制限制了文创产业的长足发展

虽然政策给科普场馆发展文创开发引领方向，但文创产业的发展并不是轻易就能办到的，这不仅需要有既懂文创开发设计又懂经营的复合型人才和团队，也需要得到财政资金的实际支持，同时也需要场馆与市场接轨的人员管理与运行机制，然而，现实是科技馆大多没有跟市场接轨的人员管理和运行机制，直接跟市场对接还很困难，短时间内要突破这样的现状也很有难度[5]。加之，我国绝大多数科技馆都是事业单位性质，长期以来依靠财政拨款，很少主动进行文创品牌建设和产品开发，自身缺乏造血能力[6]，客观上阻碍了科普成果的转化和市场化进程。

（三）文创产品创意不够，产品同质化现象明显，成本回收周期长

科普作品是科学普及工作中重要的手段之一，而科普创作人才对于繁荣科普作品意义重大。科普创作是科学普及的活水源头，优秀的科普有作品才能更加吸引公众，更好地进行科学传播，只有创作出大量满足公众显示需求和符合当今融合型社会发展需求的科普作品，才能使我国的科普工作蓬勃发展[7]。文创产业的关键是创意和创新，且研发投入高，收回成本的周期长。目前，大多数科技馆在文创产品的研发上受人才、经费、体制等因素的制约，其产品缺乏原创设计，大多表现为制作贴牌纪念品，产品同质化现象严重，导致市场竞争力不够。例如，重庆科技馆在依托场馆资源开发、设计、销售科普文创产品等方面，主要是通过整合社会资源，与本土企业合作，共同开展科普文创产品的设计与经营服务等项目。一是，引入科普商城，销售大众化的科技类产品，主要以科普玩具为主；二是，委托企业设计了磁悬浮地球仪、以重庆科技馆吉祥物"科娃"为原型的自动感应飞行器等科技类产品。在这类文创产品的开发设计中，也深刻体会到其中的不易，一是，科普商城的外包虽然降低了人工成本，易于管理，但科技产品在市场上趋于同质化，缺乏科技馆自身特色和品牌效益，其销售份额极为有限；二是，本身的非盈利

性事业单位性质，导致文创产品的开发缺乏自主创新的积极性，产品的销售缺乏创收的动力；三是，研发资金的高投入和回收成本的长周期，使得科技馆在文创产品项目的开发、运营模式的选择上较为谨慎。

因此，重庆科技馆文创事业起步较晚，更需要进行挖掘产品内涵，调研文化市场，明确文创产品定位，设定创意构想，确定研发方式等步骤。

四、科技馆科普文创产业发展的建议及改进措施

结合科技馆行业科普文创的现状和重庆科技馆已开展的科普文创工作以及过程中出现的困难及瓶颈，提出以下几点建议：

（一）建立稳定而灵活的科技馆行业管理体制

科技馆管理体制是维持科技馆有序运营的重要手段，在新的时期，新的形势下，科技馆文创产品的研发离不开整个社会环境的支撑，离不开科技馆体制、机制的支撑。然而事物是不断发展变化的，随着科普文创产业的兴起，传统的事业单位体制管理，已无法满足其充满活动、创造力的发展需要。

因此，建议在肯定科技馆公益性事业单位的前提下，给予科技馆运营管理适当的放宽政策，建立健全文创产业发展激励机制，例如，鼓励更多的科技馆转为公益二类事业单位，促进科普产业和文创产业更快发展；科普成果纳入“科技成果”范畴，从而能依据我国《促进科技成果转化法》及其相关政策、条例实施转化，将一大批科普成果变成产品，充分调动专业人才对文创产品研发的积极性、主动性。

（二）打造联合战队新机制，促进文创产业规模化发展

科学传播能力主要包括专业科学传播者队伍建设、科普项目团队开发力量、科技传播技术手段的方面。科学传播能力影响着科学文化传播效果[8]。文创产品开发涉及创意研发、模型设计、产品制作、终端销售等多个环节，需要整合大量社会优质资源携手推动。其目的在于更好地为公众做好科普服务，满足人民日益丰富的物质文化需求。因此，社会的参与对提高文创产品开发至关重要，多元化和多角度是未来文创发展创新应有的思路。结合市场特点，通过众筹、众创、外包、股份制合作等方式，不断探寻馆企、馆院（校）、馆馆之间在文创产业链建设中的新模式，建立合作运营新机制，明确责权，优势互补，充分挖掘科技馆场馆资源文创开发元素，注重将传承与创新有机结合，且注重趣味性，促进文创产业的规模化发展，实现多赢共荣局面。中央美院余丁教授通过研究发现，世界几大博物馆销售的产品90%是代理产品，只有10%是自己特别开发的产品，他们将艺术授权作为产业，商店是销售的终端。中国台北“故宫”在文创授权开发方面有着比较成熟的运作机制，极大地推动了台北故宫的文创产业的世界影响力，也给博物馆带来可观的经济收入。台北故宫在2010年的文创衍生品销售额就可达2亿，而其中通过授权（这其中包括图像授权、品牌授权及出版授权）进行开发的产品占有很大比重[4]。科技馆如何有计划地进行对外合作，将需要科技馆管理者对科技馆文创授权、战队合作等有足够的认知，这也将影响科技馆的文创战队合作是否能切实开展。

(三) 加强文创品牌建设和保护

品牌形象塑造是科技馆基于消费者建设文创品牌资产的重点。品牌资源可衍生出多种文创产品,其也是文创产品的灵魂。文创品牌定位是科技馆品牌资产创建必须解决的首要问题。在消费者心目中塑造一个什么样的品牌形象,或让消费者产生什么样的品牌认知,能给消费者带来哪些独特的品牌价值利益点,从而在消费者心中与其他科技馆文创品牌形成鲜明的品牌区隔[6]。因此,应注重依托场馆特色资源和文化要素,结合消费者需求,研发独具科技馆特色的文创产品,促进科技馆、文创设计企业提升品牌培育意识以及不断提升品牌创造、运用、保护和管理能力,积极培育拥有较高知名度和美誉度的文创品牌。

(四) 创建宽松而富有创新精神的科普人才培育机制

人才队伍是科普文化传播的中坚力量,是制成科普文创的核心。科普人才的传播能力、水平和科学素质,是影响科普文创产品传播质量的重要因素,探索科普文创人才的培育和运行机制极为关键。因此,一是为科普创作人才提供宽松的工作条件和创作环境,有利于激发起创作灵感;二是重点关注科普企业和科普产业,因为他们创作的科普产品大部分都具有自主知识产权,又别具一格,有雄厚的资金、人才、设施支撑,后发创新力强大,是科普事业社会化兴旺发达的标志;三是开展科普人才理论研究,坚持百花齐放、百家争鸣的研究氛围,打好理论基础,加大评估力度,建设一支高水平的科普创作队伍;四是因地制宜建设各类科普创作基地和体验场所,在体验中参与,广泛宣传,全民动员,协同创新,开展全民科普创作[9]。

五、结　语

科技馆是提升公民科学素质的重要单位,科技馆文创品牌及其产品的建设与发展逐渐成为公众认知、了解科技知识的重要载体。随着科技馆的建设与发展,传统的科普展品、科普活动无法满足公众精神文化生活的需要。科技馆文创产品是将科技展品与公众连接起来的纽带,文创产品的开发不仅要以场馆资源、科技特点为基础,更要与消费者的需求相结合,同时,也需要通过学习国内外的成功经验,结合科技馆特色场馆资源,挖掘并设计具有科技馆本馆科技特色的文创产品,这是未来科技馆科普文创产业发展的方向。

参考文献

[1] 黄丹斌,蔡栾生.新时代科普创作的理念创新和发展思考[J].学会,2019(2):62-64.

[2] 埃德娜·多斯桑托斯.2008创意经济报告——创意经济评估的挑战面向科学合理的决策[M].张晓康,周建纲,译.北京:三辰影库音像出版社,2008.

[3] 陈红玉.创意产业与创意人才培养[J].南京艺术学院学报:美术与设计,2012(2):4.

[4] 赵东平,赵立新,周丽娟.加强科普产业发展研究推动科普工作社会化[J].学会,2019(3):57-60.

[5] 钟梅.对博物馆文创授权的几点认识和思考[J].中国博物馆文化产业研究,2015.

[6] 钱晨,樊传果.中小型博物馆给予消费者的文创品牌资产创建[J].传媒观察,2019(6):6.

[7] 郑念.科普能力建设是创新发展的重要一翼[J].学习时报,2019(6).

[8] 陈发俊,姜子豪,柏雅婷.合肥科技场馆科技文化传播存在的问题与对策[J].安徽农业大学学报(社会科学版),2019(5):120-125.

[9] 黄丹斌,蔡栾生.新时代科普创作的理念创新和发展思考[J].学会,2019(2):62-64.

分主题 4

科普场馆促进科技与文化、艺术跨界融合

浅谈麋鹿文创IP的研究
——以北京南海子麋鹿苑博物馆为例

刘佩[1]　白加德[2]　胡冀宁[3]

摘　要：全国各地的博物馆逐渐掀起文创IP研发的热潮，为博物馆文化产业发展注入了新的生命力，进一步带动了文化经济的发展。麋鹿作为中国国宝级动物，是独有的文化符号，围绕其进行的文化价值研发的产品值得我们关注。本文从麋鹿这一物种入手，挖掘其蕴含的属性、内涵、文化等，通过对麋鹿认识、认知、认可、认同、认定的研究，探析"传统文化+""互联网+""科普活动+"麋鹿文创IP开发模式。

关键词：麋鹿；麋鹿文化；文创IP

一、麋鹿与麋鹿文化

（一）麋　鹿

麋鹿，是中国特有的一种鹿科动物，角似鹿非鹿、脸似马非马、蹄似牛非牛、尾似驴非驴，故俗称"四不像"。麋鹿曾在中国生活了数百万年，20世纪初却在故土灭绝。20世纪80年代，麋鹿从海外重返故乡。麋鹿跌宕起伏的命运，成为世人关注的对象。

（二）麋鹿文化特征和内涵

麋鹿有着300万年的悠久历史，其文化底蕴相当厚重。早在我国的甲骨文和石鼓文中就有"麋"字的记载。中国数千万首古诗词中，其中述及麋鹿的就有三百余首，孔子的"泰山崩于前而色不变，麋鹿兴于左而目不瞬。"白居易有诗云"蒲柳质易朽，麋鹿心难驯。"卢仝的"阳坡软草厚如织，困与麋鹿相伴眠。"苏轼诗曰："我本麋鹿性，谅非伏辕姿。"李白、杜甫、陆游及乾隆皇帝都酷爱麋鹿，并写有麋鹿诗词。中国历史上著名的"百家宗师"姜子牙坐骑就为"四不像"——麋鹿。《封神榜》中曾记载姜子牙"身骑四不象，手挂剑锋袅"，后人曾用"白发苍苍钓渭滨，宅心非是为金鳞；丝纶昔日长多少，牵制周家八百春"来歌颂姜子牙的丰功伟绩。

中国传统文化中，麋鹿作为一种吉祥象征而存在，"鹿"与"禄"谐音之意，常有加官进禄、福寿延年、鹤鹿同春、福禄寿三星拜喜之意。总体而言，麋鹿作为一种"灵兽""瑞兽""神兽"等，

1　刘佩，本文第一作者；北京麋鹿生态实验中心职工；通信地址：北京市大兴区南海子麋鹿苑博物馆；邮编：100076；E-mail：1367775613@qq.com；

2　白加德，本文通讯作者；北京麋鹿生态实验中心党总支书记、中心主任 副研究员；研究方向：科学教育；通信地址：北京市大兴区南海子麋鹿苑博物馆；邮编：100076；E-mail：baijiade234@aliyun.com；

3　胡冀宁，北京麋鹿生态实验中心展览部部长 助理研究员；研究方向：科学传播；通信地址：北京市大兴区南海子麋鹿苑博物馆；邮编：100076；E-mail：hujining2008@163.com。

象征着美好的寓意而深入人心。

二、麋鹿文创IP开发的意义

(一)传统文化的传承

做文创的核心是要让公众对传统文化感兴趣、认同,把产品带回家即把文化带回家。如何让文化传播的生命力更强,"使用"就是最好的传承。麋鹿作为中国国宝级动物,本身富含了传奇的历史故事和丰厚的历史文化,具有丰富的历史、文化、美学等诸多方面的价值。如果将麋鹿独有的文化作为灵感来源,融入故事性和寓意性,对麋鹿历史文化的集成和再创造,创造出符合大众审美的创新产品,不仅可以增加产品的附加值,同时也能让公众在产品使用中了解麋鹿、传播麋鹿保护文化,这对弘扬传统护生文化,增强文化自信具有十分重要的意义。

(二)科普教育的传播

随着时代发展,科普教育传播工作的理念、内容、渠道、形式都发生了巨大的变化,文化创意产品逐渐成为科学教育传播的重要使者。麋鹿是湿地旗舰物种,在湿地的恢复与建设中起到了重要的推动作用,也体现了与中国生态保护工作相辅相成、互促共荣的特征。增强麋鹿物种的认知,宣传麋鹿保护成果,弘扬爱国主义精神,在新时代生态文明建设中有着重要的意义和价值。打造麋鹿文化IP,将特色的麋鹿文化、麋鹿知识、麋鹿保护成果融入科普教育,在科学普及中衍生文化创意产品,让公众将自然中的感受体验延伸到日常生活中,能在体验中形成麋鹿文化、麋鹿保护的传播力。

(三)经济效益的形成

在国家大力推动文化软实力的大趋势、大潮流下,文化创意产业不断兴起,人们对文创产品的需求也不断增加。麋鹿本身不仅蕴含文化,同时公众也赋予了它博大的人文情怀。以麋鹿文化创意为核心,构建"麋鹿+文创产业"的模式,发展工艺品、动漫、影视、音乐、网游、书画、演艺等领域,在政府的政策引导、项目支持下,与行业专家、企业等社会力量一起携手开发与运营知识产权,产生聚合效应,吸引多行业智慧经济联盟的形成,通过跨界融合打造文创品牌,形成文创产业链,对于形成绿色经济和高质量发展具有较大的促进作用,从而达到经济效益。[1]

三、麋鹿"五认"文创IP的设计实践

(一)麋鹿文创的认识—建立形象,强化识别

认识阶段是用户感知的初级阶段,这个阶段最重要的是公众对文创产品基本层的获取与了解,是对其蕴含的文化元素的认识与提取,这是文创产品实现文化传递的基础。[2]因此打造独有的IP需注重麋鹿鲜明元素的运用,应该找出最具代表性的形象标识。麋鹿最典型的特征就是"四不像",即鹿角、尾巴、蹄子、脸,麋鹿主题产品的设计元素就通过这些独特性和辨识度来抓住公众的眼球。麋鹿苑博物馆推出了麋鹿认知与麋鹿文化系列文创产品,设计了麋鹿瓦

当拓印、麋鹿手工画创作、麋鹿3D模型标本制作展示等，通过在视觉直观感受的吸引力和动手实践的趣味性，引导公众正确认识麋鹿，辨认"四不像"特征，以无声胜有声地增强了对麋鹿的"认识"。

（二）麋鹿文创的认知—挖掘内涵，讲好故事

认知是认识的再深入，再提升，注重传统文化的现代表达，利用文创产品讲好故事，是对文创产品认知的一个定位和形式。好的故事能够以情动人、以理服人，产品所蕴含的故事是增进与公众沟通的情感纽带，是建立公众认知的重要载体。麋鹿其蕴含的深厚历史背景、充足的文化价值，使得麋鹿成为一个充分值得发掘的文化资源。麋鹿苑博物馆"春夏秋冬四季顺，福禄寿喜好运来"为主题的麋鹿四季文创产品，其设计亮点皆从麋鹿的历史文献史料进行挖掘整理，如福禄寿喜、鹤鹿齐寿等，把象征美好的文化意蕴以故事的形式展现，从生态到文化，从文化到生活，让麋鹿这一特有的文化符号得以延伸发扬。

（三）麋鹿文创的认可——建立品牌，打造特色

文创品牌在得到公众的认可过程中，需要一个支点，以点带面，将自己的文化理念最大限度地辐射到社会公众的心目中，从而成功地使自身品牌的发展道路变得宽阔平坦，这个支点就是独树一帜的特色。麋鹿苑博物馆作为一个自然、历史、文化、生态为特色的教育基地，围绕生物多样性系列展览主题，设计开发了寓意吉祥、图案精美、便于携带的文具类、邮品类文创产品，包括生肖系列书签、明信片、纪念章等，兼具收藏与文化普及需求。在开展各类特色科普活动中，开发了麋鹿文化衫、徽章、麋鹿和纸胶带、麋鹿发卡等一系列纪念品，用于科普教育宣传工作。自2016起，麋鹿苑博物馆完成了《鹿王争霸》《小麋鹿诞生》等系列纪录片的拍摄，从科普影片到科普图书，再到衍生纪念品，实现了科学、文化、艺术为一体品牌的建立。

（四）麋鹿文创的认同——广泛宣传，吸引流量

一个产品是否能被大众认同，是否享有盛名，除了"内容为王"之外的吸引，宣传的作用越来越大，借助各种时机举办特色鲜明的活动，利用组织传播和人际传播的方式进行推广与宣传，这也是一种有效的、直接的宣传方式。例如麋鹿苑博物馆利用活动宣传造势，吸引大众。从2018年起，麋鹿文化大会已成为连续性的年度盛会，是展示麋鹿文化的新平台和新窗口，也是打造麋鹿文化IP的重要载体。通过大会衍生出了"麋鹿文化读本""麋鹿卡通雕塑""麋鹿快闪""麋鹿文化主题展览"等文化创意产品，受到了大众的热烈追捧和好评。活动得到了新华社、北京日报、北京电台、凤凰网、新浪今日头条等主流媒体的宣传报道，并通过世贸天阶、东直门来福士等8处户外大屏、6 000块楼宇和公交终端在全市范围内转播，这种带着文化情怀体验活动，孵化出了相关系列产品，吸引了千万流量，较好地让公众对麋鹿产生深深的文化触动，达到了情感与推广的双赢。

（五）麋鹿文创的认定——创意内容，打造"网红"

在新时代发展潮流下，打造"网红产品"，用创新单品引爆市场是被大众所承认并确定的绝佳出路。麋鹿所蕴含的特有的美学价值、文化价值、文学价值等为打造网红产品提供了强大的资源基础，而卡通化的文创产品的能很好地打破了人们认识文化的局限性。麋鹿苑博物馆通

过对麋鹿自身形象元素符号的提取以及麋鹿特色文化的挖掘，并创造性地与当下审美境界相结合，塑造了“悠悠”“路鸣”“四不像”的麋鹿卡通形象，并通过卡通形象衍生了大玩偶、毛绒玩具、团扇、马克杯、手提袋等专属产品，赋予了麋鹿文创全新的样貌。“一鹿相伴，同庆华诞”麋鹿形象快闪活动中70只身披红衣的麋鹿卡通雕塑，先后走进大兴的地标性商圈、北科院和北京大兴国际机场的“田间地头”，与公众进行零距离互动，麋鹿卡通形象瞬间风靡，“网红”小麋鹿一时炙手可热，集聚了大量人气，麋鹿文创助推了麋鹿文化延展传播，加速形成公众认定麋鹿文化品牌的第一阵营。

四、麋鹿主题文创IP“三+”开发模式

(一) 基于“传统文化+”的开发模式

传统文化提升文创产业的文化价值，以新文创助力传统文化的创新传播，两者的相互作用为麋鹿文创产业带来了新征程。

开展百名文化名人麋鹿创作作品活动，邀请书画艺术家、摄影家、作家进行麋鹿相关主题的创作，依托书画、用影片、用文字向社会提供精神及物质的文创产品。

开展非遗传承人、文化名人与麋鹿主题活动，利用各自的文化技能结合麋鹿主题进行艺术作品创作。例如，制作麋鹿元素的丝绸扇子、泥人、钥匙扣、摆件、彩陶、泥塑等，使麋鹿与非遗传承人和文化名人相互关联，文化内涵相互促生。

开展品牌跨界活动，选择市民熟知的合适的国内外品牌进行品牌跨界合作，将麋鹿吉祥的寓意融入品牌的外包装或产品设计中，开发相关主题文创产品，实现古典与现代科技之美融合，造就了“1+1>2”的聚势效应。

开发麋鹿玉佩、吊坠饰品等，可以做成麋鹿角蹄“麋足金贵”项链、麋鹿鹿角“勇夺桂冠”项链，不同的首饰代表一种不同的寓意，经典元素与中国美好寓意交融，再进行时髦的设计，让佩戴者把福气好运都戴在身上，既时尚又创意感十足。

(二) 依托“科普活动+”的开发模式

依托科普活动开发麋鹿文创的发展模式，可以不断推陈出新，让文创产品更有趣味性、创造性和艺术性。

利用麋鹿苑博物馆特色科普活动“到栖息地看麋鹿”“欣欣向荣・春季看鹿茸”“中小学生社会大课堂”等，在活动的开展中衍生出相关产品，利用科普展览，孵化出中心特有的文创产品，增加流量，用流量带动经济效益、生态效益。

创作一系列的儿童麋鹿情景剧，这些情景剧在进行科普活动时演出，增强趣味性与互动性，再利用科普剧中受公众喜欢的角色，衍生制作文创产品，例如布偶、玩具、拼图等。

创造有特点科普活动，增强关注度，提升宣传影响力。装饰印有麋鹿外观主题的科普大篷车，环绕行驶于北京城，贴近市民，吸引眼球；装饰具有麋鹿主题的地铁车厢，将麋鹿形象与麋鹿知识普及给广大乘客；在麋鹿苑开设“麋鹿手绘屋”活动；邀请公众参与“麋鹿体检”活动。

（三）借助“互联网＋”的开发模式

在“互联网＋”快速发展的浪潮中，麋鹿文创产品也可运用互联网平台，将文化转变成艺术，将创意转变成商业，使公众充分感受麋鹿的魅力。

利用新媒体发展麋鹿文创产品，建立麋鹿苑文创产品微信公众号是有效推广麋鹿苑文创产品的高效路径，它可以让更多喜爱和关心麋鹿苑文创产品的消费者快速准确地了解各类文创产品的一手信息，同时也是很好的宣传推广媒介。另外，也可以从当代热点出发，也可以利用抖音、微博等尝试推出直播活动，在活动中可以对麋鹿文创产品进行专题介绍，推荐兼具实用性和观赏性的文创产品。

委托聘请专业设计公司或高校相关专业的师生拍摄一系列拍摄麋鹿主题微电影、制作麋鹿系列动画片、麋鹿表情包、麋鹿小游戏。

在机场、车站、旅游景点等人流集中，人流量大的地方，考虑建立麋鹿文创品专营店。除了开设麋鹿实体文创商店、展厅外，还可以设置天猫、京东、微信等线上文创展厅或销售平台，定期更新各类麋鹿苑文创产品，丰富拓展麋鹿苑文创产品的销售渠道。

基于麋鹿苑文创IP分别对园区内游览区域和办公区域进行导引指示系统设计，这些导引指示系统设计可以在游客进行游览时，增强趣味性与互动性，同时也可以提升游客对麋鹿苑的品牌认同感。

四、文创开展工作中遇到的几个问题

（一）同质化现象严重

随着文创产品的普及，同质化现象也日趋明显。以麋鹿苑博物馆为例，目前馆内主要有日常生活用品、麋鹿模型复制品、图书音像品等，从整体布局上看，存在一定的同质化现象。“你做一个扇子，我也做一个扇子；你做一个杯垫，我也做一个”，部分商品在内容和形式缺乏创新、创意，在艺术设计上的转化上过于简单，缺乏吸引力，远远无法满足公众物质文化的需求。

（二）知识产权保护与市场抄袭难追究

对于文化创意产业来说，创新创意是灵魂，而知识产权保护则是支撑文创产业发展的命脉。文创产业让传统文化“活”起来的同时，加强知识产权保护能够让文创产业“火”起来。文创产品创造成本高、投入大，但易复制，尤其是在互联网背景下，使得文创产业成为很容易受到知识产权侵权的产业，如果一面市就被仿制，必然会伤害到原创者的利益，从而伤害了创新力。没有知识产权保护，创意主体也就不会有创意动力，而如果没有创意，就不会有文创产业的繁荣。[3]

（三）初期开发经费投入大，产权交易难

目前，虽然国家层面出台了《关于推动文化文物单位文化创意产品开发的若干意见》等文件，推动文博单位以多种形式开展文化创意产品开发，但是文创产品研发需要大量资金投入，目前的情况是，仅有国家的政策文件，却没有明确的资金筹集渠道。博物馆文创产业的运营在

一定程度上受到博物馆事业体制的制约，经费中没有将文化创意产品研发经费列入，不能享受国家推动文化产业发展方面的经费支持，很难产生产权的交易。所以，亟须相关政府部门继续完善扶持政策，采取有效措施，推动博物馆文创产业发展。[4]

（四）股权激励认定难

实行股权激励是促进文创工作发展的一个有效的途径。文创开发过程中的人力、物力和财力的支持需要实行股权激励去支撑，但是由于政策、市场、体制等条件的限制，股权激励难以得到认定，无法形成一定的模式，不能很好地吸引和聚合资源。

五、结　语

麋鹿文创IP的建设，需要秉承以文化为品牌，以科普活动为载体，以互联网为依托，用产品讲好故事，紧跟潮流的趋势，用麋鹿文化这一厚重的历史积淀和飞扬的文化创意相碰撞、嫁接，同时，增强知识产权的保护与开发，只有这样的文创IP才能介入人们生活的方方面面，实现文化与生活的融合，麋鹿文创IP将会实现更好地发展。

参考文献

[1] 王小明. 融通创新，协同发展——科普场馆的文创探索之路[J]. 科学教育与博物馆，2018，4(04)：223-227.
[2] 张祖耀，孙颖莹，朱媛. 文创产品设计中的文化传递模型研究[J]. 包装工程，2018，39(08)：95-99.
[3] 阴鑫. 中国博物馆文化创意产品开发研究[D]. 开封：河南大学，2016.
[4] 张萌. 山东省文博产业创新性发展研究[J]. 现代商业，2017(16)：61-63.

科技、艺术与文化跨界融合：一个展览解读大熊猫的前世今生

李华[1]　欧阳辉

摘　要：“熊猫时代——揭秘大熊猫的前世今生”主题展览是重庆自然博物馆2019年初推出的大型原创展览，是国内首次全面展示大熊猫演化与保护的专题展览。该展览集合不同演化阶段的熊猫化石、现生大熊猫标本和古人类化石模型，以“熊猫大事件”“揭秘大熊猫”“大熊猫演化”“保护大熊猫”为叙事线索，追踪大熊猫的演化轨迹，复原大熊猫的宗族家谱，讲述大熊猫与人类同行800万年的故事，宣传中国保护大熊猫等野生动物的成就。本文围绕展览策划、内容架构、形式设计、创意展项等方面讲述展览策划思路，重点阐释科技与文化、艺术跨界交融助力科普的策展理念。

关键词：大熊猫；展览策划；设计；演化

在大熊猫科学发现150周年之际，重庆自然博物馆策划推出“熊猫时代——揭秘大熊猫的前世今生”原创主题展览，全方位、多维度展示大熊猫的前世今生，既是为了追溯历史事件，纪念大熊猫的科学发现，更是为了宣传中国保护研究大熊猫取得的卓越成就，这既是促进保护研究成果转化、献礼中华人民共和国成立70周年的重要举措，也是助推中国生态文明建设的具体行动。

一、原创策划传播科学内涵

（一）主题选定

大熊猫是中国的国宝、世界自然基金会的形象大使，是和平的使者、友谊的象征，其憨态可掬的呆萌形象和“黑白分明”的时尚造型，倍受世界各国人民喜爱。

150年前大熊猫被法国神父戴维发现，80年前大熊猫首次在中国的动物园饲养并向游客公开，这处动物园就是现在的重庆北碚公园，75年前大熊猫标本曾以生境复原的方式在中国西部科学博物馆公开展出，这家博物馆也诞生在重庆北碚，是重庆自然博物馆的前身（中国西部博物馆）。几十年过去了，大熊猫受到全世界人民的喜爱，成了世界野生动物保护的旗舰物种。

大熊猫从中新世晚期在华夏大地出现，繁衍至今已超过800万年，在这漫长的历程中，大熊猫发生了哪些变故？是如何适应生境变化延续至今的？它们会灭绝吗？展览以揭秘大熊猫的前世今生为主题，通过对大熊猫不同演化阶段化石形态结构的比较、伴生动植物的考证、生活环境的科学复原及其发现演化、生物学特征和生存状态的综合呈现，启发观众对大熊猫起源

1　李华（1979—），女，硕士，副研究馆员，就职于重庆自然博物馆，从事动物生态学研究及博物馆展示教育工作，E－mail：lihua0605@163.com。

与演化的思考，促进社会对以大熊猫为代表的物种的关注和生态保护。

（二）展示目标

该展览以化石为依据，追踪大熊猫演化轨迹；以科学为指导，破解大熊猫起源之谜；以艺术为载体，复原熊猫的家谱宗族；以科技为支撑，再现熊猫的前世今生；以人文为纽带，谱写人与熊猫之情缘，努力实现远古与现代结合、艺术与科学结合、科普与科技结合、文创与展览结合的目标，凸显原创性、个性化、普适性，面向大众，传播中国独特的熊猫文化。

二、科学架构展览内容体系

大熊猫作为当今世界野生动物保护的旗舰物种，是国际交流与合作研究的热点，但其重心往往侧重于现生大熊猫及其环境本身，较少涉及该物种的系统演化。重庆自然博物馆作为国内最早公开展示大熊猫标本的机构（1945年），馆藏拥有较为丰富的古熊猫化石和现生大熊猫标本，具有相对完备的大熊猫由来之实物证据、知识体系以及专业人员储备。经过三年多的筹备，终于在2019年初推出“熊猫时代——揭秘大熊猫的前世今生”主题展览。

确定展览主题并梳理馆藏优势之后，开始考虑如何构建展览内容脉络。围绕展览主题，我们最终确定四个展示单元：熊猫大事件、揭秘大熊猫、大熊猫演化和保护大熊猫，其中“大熊猫演化”为重点展示单元。展览集合不同演化阶段的熊猫化石、现生大熊猫标本和古人类化石模型两百余件，呈现大熊猫的家谱宗族，展示大熊猫发现与研究、保护与文化等内容，使参观者一览大熊猫神奇的前世今生。在展览内容设计过程中，古哺乳动物学专家黄万波先生、大熊猫文化专家孙前先生以及中国大熊猫保护研究中心对展览的科学性给予了悉心的指导和鼎力协助，确保为观众打造一场经得起推敲考究的文化盛宴。

第一单元“熊猫大事件”，从观众容易产生兴趣的大熊猫热门事件入手，以时间为轴分别记录了现生熊猫大事纪和古熊猫大发现，从1869年现生大熊猫的科学发现到全球知名度最高的大熊猫——WWF标识原型“熙熙”，以及迄今已知的5种古熊猫化石的科学发现与命名。每一入选事件我们均力求描述的准确性，并将信息来源出处展示给感兴趣的观众，做到有籍可查。比如1939年华西大学将在四川捕捉到的活体大熊猫送到重庆北碚平民公园（现北碚公园）展出是国内首次饲养展出大熊猫的历史事件，是同事从图书馆陈年浩叠的影印旧报纸中一页一页翻出来的。而古熊猫事件的主角——不同演化阶段的熊猫化石则是野外科考的一手材料，比如已知保存最好的巴氏大熊猫标本是1985年中科院古脊椎动物与古人类研究所和重庆自然博物馆联合考古队，于重庆万州盐井沟一条石灰岩裂隙下的黏土层中发现的，地质年代为距今约30万年前的中更新世，骨架完整度接近70%，由重庆自然博物馆进行科学复原。而另外一件珍贵的现生大熊猫头骨亚化石是重庆自然博物馆特聘研究员黄万波先生等在重庆丰都县喀斯特地区进行科学考察发现的，年代测定为距今6130年，头骨上有明显的刀砍痕迹，断面平整、陡直，它的发现不仅证明6 000多年前的三峡腹地，曾经是大熊猫的家园，而且也说明大熊猫也是史前人的狩猎对象，这件亚化石被科学家称作“长江三峡腹地最后的熊猫”。而以此地区发现的大量大熊猫化石材料为基础出版的《大熊猫的前世今生：长江都督史前熊猫大发现》（2018年）科普书籍为此主题展览奠定了坚实的科学基础。

第二单元“揭秘大熊猫”，是大熊猫的今生展示单元，自然要讲到大熊猫的外形、骨骼、肌肉等生理及生长发育特征，探讨大熊猫的分类地位以及它们的生存策略等等，这些内容如若平铺直叙地展示出来未免生涩，有强行灌输之倾向。我们便以一系列的提问来带动本单元的节奏，谁与大熊猫关系更亲近？大熊猫外形有何差异？大熊猫吃竹子的适应特征有哪些？大熊猫的幼崽都是早产儿？大熊猫宝宝要吃妈妈的便便？古代人见过大熊猫吗？把大熊猫的分类地位、骨骼、肌肉和消化系统的特点、强大的咀嚼肌和特化的伪拇指以及生长发育中的变化娓娓道来，并在单元末尾设置"误解与真相"翻板互动游戏区检验和巩固知识学习成效。该单元涉及严格的大熊猫解剖学知识和繁殖发育研究领域的数据，还好有着中国大熊猫保护研究中心这样权威的科研机构作为展览强大的后盾。其中不得不提的是一套通过生物塑化科技手段制作而成的大熊猫标本，这套标本包括毛皮、肌肉系统、骨骼系统、消化系统等 4 件，是现在世界上唯一一套大熊猫塑化标本。这只大熊猫曾经生活在中国保护大熊猫研究中心雅安碧峰峡基地，因患十二指肠梗阻(高位肠梗阻)于 2016 年不幸离开，去世后以全新方式归来的大熊猫，在展示可爱模样的同时，还可以向公众普及生物知识，也便于医疗培训攻克十二指肠梗阻等威胁大熊猫生存的疾病，更好地开展保护工作。

第三单元"大熊猫演化"，是大熊猫的前世展示单元，也是该展览的重点和硬核内容。该单元首先以一张谱系图介绍了大熊猫的家谱，清晰明了。大熊猫的演化历史至少有 800 万年，依据化石研究已命名了 6 个属。其中，分布于亚洲的 2 属 6 种是演化的主支，现生大熊猫是仅存的唯一种；欧洲的 4 属是演化的旁支，没有留下现生后代。这张家谱中的祖熊是一种已经灭绝的原始熊类，在中新世期间广泛分布于北半球，在距今 800 万年前的中新世晚期，它的一支演化出了"始熊猫"这个新属种，虽然以食肉为主，但已初步具备咀嚼植物的能力，因此被认为是大熊猫的祖先类型。在欧洲，也发现过地质年代更早的类似化石，如克氏熊猫、郊熊猫、匈牙利熊猫等，但因化石的形态特征与始熊猫不在一个进化水平上，而被作为大熊猫演化的旁支。虽然谱系图的制作是一个非常燃烧脑力的过程，几经专家论证商榷，但是对于一个展览的重点展示单元来说仍然是不够的，需要更加立体化的科学呈现。大熊猫的演化大致经历了始发期、成长期、鼎盛期、衰败期，分别对应着始熊猫、小种大熊猫和武陵山大熊猫、巴氏大熊猫、现生大熊猫，有趣的是，纵观熊猫的演化史，也是人类的发展史，我们以 3D 复原打印的熊猫骨架模型、古熊猫及其伴生动物和古人类的化石标本，对比讲述了大熊猫与人类同行八百万年的演化故事。从禄丰古猿到巫山人、建始人、郧县人、北京人、和县人、柳江人，人类的进化经历了南方古猿→能人→直立人→智人四个阶段，而随着人类进入智人时代，分布区域迅速扩大，对大熊猫的生存构成威胁，尤其是最近数千年来，中国北方的大熊猫绝迹，南方的大熊猫分布区也骤然缩小，现生大熊猫仅残存于四川、甘肃、陕西的崇山峻岭之中。毫无疑问，除了地质历史中气候变化等自然因素以外，人类兴起也是大熊猫衰退的重要原因。

第四单元"保护大熊猫"，是该展览不可或缺的一个内容单元，作为"旗舰物种"和"伞物种"的大熊猫的保护，应该也是解锁其他物种保卫战的密码，是展览的目的和落脚点。大熊猫的生存状态如何？它们会灭绝吗？如何保护它们？三个问题环环相扣。野生大熊猫现阶段面临的最大威胁，是栖息地的割裂和野生种群之间的孤立与隔离。第四次大熊猫调查中发现的 30 个野生熊猫种群，被分割在岷山、邛崃山、大相岭、小相岭、凉山和秦岭 6 个不同的山地栖息地之间，其中有 18 个种群的个体数量小于 10 只大熊猫。栖息地破碎化、遗传多样性、竹子开花、气候变化和不可忽视的人为因素是影响大熊猫生存的主要方面，生境保护、圈养繁殖、法律保护等一系列保护措施已见显著成效，2018 年成立的大熊猫国家公园将把六个孤立山脉中的 67

个现有熊猫保护区联系起来,帮助大熊猫打破种群隔离并进行交配,从而丰富基因库。除大熊猫外,这个国家公园还将有助于保护8 000余种濒危动植物。或许,这才是国宝大熊猫的正确打开方式。

三、艺术助力展陈形式设计

展览的形式设计是一个展览是否成功的关键环节,是参观者在观展过程中关注展品展项的同时能够体验到的展陈环境、艺术氛围以及展览主题之间的潜在的逻辑关系。展览的形式设计要以展陈内容大纲为依据,结合建筑结构做空间规划,结合色彩的象征意义和各内容单元的解读、展品元素的提炼来确定空间的艺术基调,合理运用新材料、新技术,使展览内涵在艺术的加持下得以生动呈现,从而更加有效地发挥博物馆文化信息传播功能。"熊猫时代——揭秘大熊猫的前世今生"主题展览以"美"为设计精髓,反映实物展品静态之美、影视动画动态之美、展品展项与展示环境相融的和谐之美。重点展项采取展品集中式陈列,借助辅助展品和声光电技术,增强视觉表现力而成为展览亮点。以现代风格主导设计,既重视大氛围营造,也注重小细节雕琢,大型背景画均为科学原创,具视觉冲击力,追求大气震撼与清新唯美交相映衬的艺术效果。观赏性展项和描述性展项在展线上渐次搭配,做到艺术与科学融合,形式与内容统一。四川美术学院师生的加盟为本次展览的艺术表达注入了年轻的朝气与无穷的创造力。

(一) 空间规划

空间规划是展览形式设计的首要任务,主要考虑对建筑空间的利用,各内容单元的大小、形态、节奏感的安排,应注重形成主次分明、循序渐进的空间序列。展线、展项设计中多关注人体工程学原理,展线设计流畅、合理,处处以提升观众体验为目标,使观众体验张弛有度。同时,为了更好诠释展览内容和增强观赏性,使展览活化、艺术化,应综合展览背景、展品特点营造参观氛围,采用场景、创作画、雕塑等辅助展品,以及声光电互动展项,该类展品、展项在展线上呈间隔分布,由此产生动静结合、互动有趣的良好效果。

"熊猫时代——揭秘大熊猫的前世今生"主题展览空间规划匠心独运,对异形建筑利用巧妙、充分。展厅人流动线及各单元展线流畅、自然,节奏张弛有度,展线、展项设计以人为本,充分考虑人体工程学因素和安全性原则。以艺术化的岛状展品展项组合分隔展厅重塑内部空间,如"大熊猫像熊?像猫?""大熊猫—剑齿象动物群""大熊猫和它的小伙伴们"等"展品岛",既强化主题表达,又拓展有限空间于无形,烘托气氛。整个展陈空间面积约1 600m^2,以此按照功能需求划分为四个区块:主题内容区、多媒体视听艺术区、研学活动区、文创售卖区。主题内容区为整个展览的核心内容展区,包含熊猫大事件、揭秘大熊猫、大熊猫演化、保护大熊猫四个内容单元。多媒体视听艺术区展示古熊猫复原工程成果,辅以多媒体影视播放、3D打印技术等生动呈现科学、科技与艺术的融合。研学活动区是体验式学习活动空间,四周的艺术装饰画,将大熊猫不同演化阶段的骨架复原图、形体复原图、生境复原图以及艺术创作的过程展示给观众,使其直观感受和了解科学家和艺术家展品设计制作的幕后工作。场地中设置儿童桌椅,小朋友们可以在此参加大熊猫各类主题学习活动。文创售卖区主要经营大熊猫主题的图书、公仔以及其他配套文化创意产品展示及销售。

（二）色彩设计

色彩设计是设计人员向参观者传达展览信息的重要工具，它能渲染展厅氛围，触动人们的情绪，激发观众的观展兴趣，是体现展览主题性与艺术性的重要表现手段。色彩的选择与运用也应该建立在对展览内容大纲进行深度研究的基础之上，提炼出最能代表展览主题与体现展品特征的色彩基调，引领观众欣赏展览，充分体会展览内涵。

“熊猫时代——揭秘大熊猫的前世今生”展览依照展示主题和内容单元，大致分为前世和今生，即以第一单元“熊猫大事件”和第三单元“大熊猫演化”为阵营的“古”与第二单元“揭秘大熊猫”和第四单元“保护大熊猫”为阵营的“今”两大内容体系，分别以古朴的浅棕色和清新的豆绿色作为基色进行视觉表达。两大基础色调正好间隔出现，在彰显各单元主题的同时也形成了空间的节奏感，即避免无基色差别形成单调无味的空间形式，以免带给参观者视觉疲劳之感，也规避过分繁琐的基色所带来的展线混乱，以免使参观者产生不安和厌烦的情绪。

序厅是展览的色彩风格突显、艺术性表达最为集中的区域。写有“熊猫时代”展览名称的朱红色主题墙成为观众进入展厅的第一眼，具有强烈的艺术表现力。而同样的红色还出现在主展品大熊猫“新妮儿”的旋转底座上，重点场景“大熊猫—剑齿象动物群”的背景墙上、承载珍贵化石的“珍品室”内墙上，以及展览标志卡通熊猫调皮伸出的舌头，在偌大的展厅中不过寥寥几处，或大或小，恰似水墨山水画中的一抹红，韵味无穷，向观众明示了展示重点，艺术化提升了知识传播效率。

（三）灯光渲染

灯光的设计及调控就是规划空间的视觉环境，合适的灯光设计和布置能够放大展品细节，突出展品特色，烘托神秘气氛，营造主题意境，感染观众情绪，将参观展览与艺术享受恰如其分地结合起来。布光的好坏也在很大程度上取决于对展览的理解，应该在与展陈设计团队进行良好沟通的前提下开展工作，沟通内容主要包括：展厅面积大小、展览布局、展示内容、展览参观路线以及设计方对整个展览效果的要求等。

重庆自然博物馆在实施“熊猫时代——揭秘大熊猫的前世今生”特展项目之前，专门对特展厅进行了整体灯光改造，照明设计规范、系统，采用多种模式智能控制满足不同需求，在展览模式下具有明暗对比、虚实相映的效果，为熊猫展布展带来了极大的便利和惊喜效果。这个惊喜在序厅展现得淋漓尽致，入口右侧有一白色巨幕，幕布后展示有大熊猫生存的竹林环境，随着幕后灯具的转动和风机的吹拂，竹影摇曳，鸟儿展翅欲飞，大熊猫和它的林间伙伴小熊猫、红腹锦鸡也在婆娑的竹林光影中重重合合，虚虚实实间意识到野生大熊猫栖居于西南深谷的莽莽丛林中，离群索居，世人常难以窥其真容，是真正的竹林隐士。另一处惊喜在“大熊猫演化”单元，不同发展演化阶段的3D复原打印的古熊猫骨架一字排开，颇有阵势，而让它们更加气势磅礴的是灯光的加持，每具骨架前方的射灯将骨架投影在倾斜的白色背景上，巨大的投影、3D打印的骨架和对应展示的古熊猫化石带给你多层次的观展体验，更有投影灯投射出的各个熊猫的名字，将一出演化大戏毫无保留地开放给观众。这些都是在灯光师与展陈设计团队良好沟通，了解展览内容和展示需求的情况下选择的布光方式，提升了整个展览的质感。

四、科技赋能文化创意创造

科技的发展使各种新技术、新工艺越来越频繁地应用于博物馆展览教育工作中，增强展览主题性与艺术性表达，促进文化的创意和创造，提高展览的趣味性和观众参与度。“熊猫时代——揭秘大熊猫的前世今生”展览以实物标本的展示为主，使用精密展柜静态展示贵重标本的同时，辅以现代化的照明设施，融合艺术和现代科技手段，科学复原对比阐释大熊猫的演化轨迹。结合仿真生境复原场景、多媒体三维影像、科学复原模型和装置艺术等多种展陈方式，辅以短视频、三维立体影像等方式加强动态呈现。通过多媒体互动查询系统、二维码等技术手段拓展内容链接，结合“熊猫知识100问”“熊猫拼图”互动触屏游戏、3D打印技术体验等环节与观众互动，给观众以立体、灵动、沉浸式观展体验。

该展览既展现生大熊猫，也展古熊猫化石，还展古人类，穿越800万年历史长河，再现熊猫演化轨迹，讲述人与大熊猫同行的故事。其中最主要的创意是古熊猫3D复原模型，包括大熊猫不同演化阶段的4个古熊猫代表种——禄丰始熊猫、小种大熊猫、武陵山大熊猫和巴氏大熊猫。模型可提取骨骼、肌肉、皮毛等不同复原状态，不仅能转化成经典的二维图件用于研究论文和科普读物，还可以应用于影视动画，甚至在电子游戏中得以发展（如带科普性质的古生物游戏），更是成为各类文创产品开发的基础数据包。这是在国家艺术基金动物考古艺术复原人才培训项目的支持下，由重庆自然博物馆与四川美术学院合作完成的古熊猫3D复原工程成果。成果转化出的3D打印古熊猫骨架以及古熊猫头骨和骨架水晶内雕模型，成为支撑“大熊猫演化”单元的主要实物展品，充实了展陈空间，增添了展览的科技含量，与靠传统技法复原的骨架同台展出，也向公众传播了新科技。将科学和艺术这两各自独立的领域予以融合，让科学理念与现代科技接轨并以艺术形式体现，这不仅能让古生物学家对其研究的对象获得更为丰富、生动的视觉效果，更为重要的是让传统平铺直叙研究所涉及的、早已消失的远古生命，能在公众心中留下鲜活记忆。

五、结　语

“熊猫时代——揭秘大熊猫的前世今生”主题展览是重庆自然博物馆整合社会力量促进科技成果转化的一次成功尝试。展览的筹备凝聚了古哺乳动物学专家黄万波先生等人的心血，获得了中国自然科学博物馆学会、中国古脊椎动物学会、中国大熊猫保护研究中心的悉心指导和大力支持，得到了四川美术学院影视动画学院、生命奥秘博物馆、重庆市丰都县文物管理所、雅安市博物馆等友好单位的热情相助。

重庆自然博物馆围绕该展览开展了一系列教育活动。举办“熊猫之夜”，提供观众夜间观展的同时，更以“专家面对面”的形式，让行业大咖围绕展览策划、现代标本制作技术、古动物科学复原、大熊猫保护与研究等话题做专题报告，相关学校及教育机构代表围绕馆校共建、研学实践教育活动与课程开发等话题分享经验、交流心得，为观众带来一场场视听盛宴。“熊猫的化装舞会”等研学活动，寓教于乐，使展览成为美育的课堂，让孩子们在愉快的氛围中学习到大熊猫的生理特征和演化知识。

“举旗帜、聚民心、育新人、兴文化、展形象”，是习近平总书记对宣传思想工作提出的使命任务，为我们今后的工作指明了重心和方向。博物馆是宣传思想工作的前沿阵地，也是对外进行科学文化交流的窗口，我们将以此展览为契机，深入挖掘馆藏资源，了解公众的文化需求，为大众奉献更多的精品展览，共同为提高全民科学素质、提升国家文化软实力贡献力量。

参考文献

[1] 单霁翔. 博物馆的社会责任与社会发展[J]. 四川文物，2011(1)：3-18.

[2] 宋向光. 当代博物馆的社会责任[J]. 中国博物馆，2012(4)：47-50.

[3] 武贞. 博物馆临时展览与策展人[J]. 博物馆研究，2013(2)：36-40.

[4] 马铭鸿. 陈列展览设计艺术要素分析[N]. 中国文物报，2019-08-13 (006).

[5] 王倩. 展览空间主题性与艺术性的营造—以中国国家博物馆"秦汉文明"展形式设计为例[J]. 博物馆研究，2019，192(7)：149-160.

[6] 邱玥. 以艺术视角刍议陈列展览设计未来[J]. 设计，2019(13)：137-139.

[7] 张瑶，陈康. 站在科技、文化、艺术的交汇点——"榫卯的魅力"主题展览策展记[J]. 自然科学博物馆研究，2019(1)：62-87.

[8] 郭术山. 色彩艺术在展览展示空间中的运用——以天津博物馆临时展览设计为例[J]. 北方美术，2018，(12)：89-90.

[9] 曾巧. 古生物复原及其影视创意开发人才培养的必要性及教学方案探索——以四川美术学院实案分析为例[J]. 纳税，2017(19)：144-145.

[10] 陶思宇，张喜光. 3D复原应用于古生物学的初探[J]. 古生物学报，2010，49(3)：413-424.

[11] 田湘萍，赵东. 博物馆临时展览照明设计初探——以金沙遗址博物馆为例[J]. 中国博物馆，2019(1)：84-89.

陶艺与科普场馆深度融合的探索和实践
——以郑州科技馆为例

唐 鹏[1]

摘 要： 新形势下，科普场馆的传播方式更加开放，传播内容也从传统"四科"(知识、方法、思想、精神)扩展为"科学文化"范畴，陶瓷艺术集科技、文化、艺术于一身，科普场馆引入陶艺，不仅实现了科普教育和科技、文化、艺术的深度融合与创新，也把科普教育功能从馆内向馆外不断延伸，助力提升公民科技、文化、艺术素养，推动整个科普事业向前发展。以郑州科技馆为例，尝试用"陶艺＋"个性化表现手法，将陶艺蕴含的独特的思想情感、科技知识、文化底蕴、艺术魅力得以展现，实现陶瓷艺术和科普场馆的深度融合与创新。

关键词： 科普场馆；陶瓷艺术；融合创新；提升公民素养

一、陶艺的简介

陶艺，全名陶瓷艺术，顾名思义就是制作陶器或者瓷器的一门艺术。陶器是用泥巴(黏土)成型晾干后，用火烧出来的，是泥与火的结晶。我们的祖先对黏土的认识由来已久，早在原始社会，祖先们生活处处离不开黏土，他们发现被水浸湿后的黏土有黏性和可塑性，晒干后变得坚硬起来。对于火的利用和认识历史也是非常远久的，大约在205万年至70万年前的元谋人时代，就开始用火了。先民们在漫长的原始生活中，发现晒干的泥巴被火烧之后，变得更加结实、坚硬，而且可以防水，于是陶器就随之而产生了。陶器的发明，揭开了人类利用自然、改造自然、与自然做斗争的新的一页，具有重大的历史意义，是人类生产发展史上的一个里程碑。

瓷器是中国人发明的，这是举世公认的。瓷器在英文中"瓷器(china)"与中国(China)同为一词。中国是瓷器的故乡，瓷器的发明是在陶器技术不断发展和提高的基础上产生的。原始瓷器起源于3 000多年前，至宋代时，名瓷名窑已遍及大半个中国，是瓷业最为繁荣的时期。由中国传播到其他国家，中国在世界上博得"瓷之国"的称号。中国瓷器和制瓷技术的对外传播，是中国人民当时最先进科技的体现，也是同世界各国人民友好往来的历史见证。

二、陶瓷艺术融入科技场馆的优势

(一) 古代先进科技的代表

随着时代的进步，当今科技、艺术和文化的跨界日益增强，为科技创新和科学普及提供了源源不断的动力，中国瓷器作为古代先进科技的代表，是中国人引以为豪的发明创造之一，也

---

1 唐鹏(1990—)，男，科技辅导员，硕士，研究方向：农业机械、陶瓷艺术、科技辅导、科普教育。

是中国人民奉献给世界的一件宝物。对于中国更是有着重要的意义所在，科技馆引入陶瓷艺术本身就是对古代先进科学技术的致敬。

(二) 科学原理知识的集合

陶艺以自然界中最丰富的资源——泥土作为材料进行设计创作，整个制作过程蕴含了很多科学知识。先民们利用水和土相融合成为泥料，通过火的烧成，使泥坯发生化学变化成为陶器，这是人类第一次将一种自然物通过化学反应转化为一种人造物的伟大科学实验，当然这已经是新石器时代的技术了。随着时代的发展，当以陶土为原料的陶器发展了数千年，功能已难以满足人们对生活的需求，以高岭土为原料，质地纯净洁白细腻的瓷器应运而生，这是世界陶瓷科技史上的一次伟大飞跃。胎质的主要化学成分是氧化铝和氧化硅，如果把胎质比喻成人的话，那么氧化铝就是"骨"，氧化硅就相当于"肉"。胎质中氧化铝的比例越高敲击时发出的声音就清脆，反之胎就较软。釉中的化学成分可以分为助熔元素和呈色元素。铁元素在氧化焰下呈黄、褐(酱)、黑色；在还原焰下呈青白、青色。而铜元素在氧化焰下呈绿色，在还原焰下呈红色等。

(三) 中国传统文化的传承

科技源于生活并为生活所用，同造纸术、印刷术、纺织、冶铸、建筑等一样，陶艺作为一门艺术且有着久远的文化底蕴。经过几千年的发展，陶瓷发展到今天既有传承，也有创新。首先，陶瓷是一门技术，里面涵盖了许多科学文化知识，比如，泥巴从塑形到干揉是一个物理变化过程，上过釉的泥巴烧制呈现不同的颜色和纹路，是一个化学变化过程。同时陶瓷也是一门艺术，广泛地讲是中国传统古老文化与现代艺术结合的艺术形式，是从古到今文化传承的一个载体。一部中国陶瓷史，就是一部形象的中国历史，一部形象的中国汉族文化史。

(四) 现代艺术魅力的体现

陶瓷综合装饰是在现代艺术背景下，陶瓷艺术高度发展的结果，它迎合了人们的审美需求。它是集彩绘、雕刻及色釉等多种装饰手法于一体的综合形式。它以新颖灵活、艺术特色明显、极富变化、感染力强等特点在陶瓷领域得到广泛运用及推广。中国的现代陶艺无论从形式上还是从表现上，正在逐步汇入中国现代艺术的主流，可以预见，在此基础上，陶瓷艺术将实现有力的跨越，中国的现代陶瓷艺术也将展现其巨大的艺术魅力。

(五) 培养创新能力的载体

陶艺制作门槛低，一块泥巴就可以简单上手，老少皆宜。主题确定以后，体验者可以尽情发挥，用"陶艺+"个性化表现手法将独特的思想情感、艺术观念、文化创意融入陶艺制作过程中，一块泥巴多次揉捏、反复拉伸修正，再加上彩绘、雕刻等技法最终成型，整个过程手法多变、求新求异，无形之中增强了孩子们的空间想象能力、审美能力、动手能力。

三、郑州科技馆在陶艺创新教育方面的尝试

"走进科学、体验科学、探索科学"。科技馆作为激发科学兴趣、启迪科学观念的科普场所，

陶瓷艺术与郑州科技馆之间又是怎么产生联系的呢？2000年郑州科技馆开馆时就已经有了陶艺展区，在2014年9月的夏季达沃斯论坛李克强总理在公开场合发出“大众创业、万众创新”的号召，2015底改造完成的创新教育展区陶艺展区投入使用。改造后的陶艺展区是基于传统陶艺的一项创新教育项目。

① **融入馆校结合项目之中。**陶艺展区周一到周五会接待馆校结合的同学们，根据学校需要也会走进学校给同学们上课。按照小学课表给每一所小学的同学制定不同的课程，使他们通过一堂陶艺课程认识陶艺，并从兴趣出发引导他们通过自己动手完成自己设计的作品，并烧制成瓷器而长久保留。2018年陶艺展区一共接待了郑州市二七区和中原区的同学3 200余名。

② **接待普通观众。**周六周日接待自由参观的观众，在工作人员指导下发挥想象来制作作品，如果自己无法完成，我们也会给予帮助达到观众的满意，让观众在科技馆有一次愉快的陶艺之旅。2018年陶艺展区一共接待了4 000余名观众，烧制作品3 000余件。

③ **对兴趣爱好者进行系统培训。**每周日上午针对特别感兴趣的同学或观众开设了陶艺系统培训课程，他们在深入了解学习陶艺文化和技法的同时，创新能力和动手能力大大提升。2018年陶艺展区一共培训初级学员113人，中级学员15人，高级学员2人。

④ **组建大学生科创社团。**每周五下午有大学生的陶艺课。对于郑州科技馆科创联盟的大学生社团，我们开展成人陶艺课程，他们自由发挥创意，在创作作品的同时，也对陶艺里面蕴含的科学、文化、艺术进行学习，陶冶情操。

四、“陶艺＋”文创产品的创作

陶艺，不仅仅是指陶艺知识或技法，更重要的是向人们传递一种创新理念，如陶艺＋传统文化借助中华民族特有的传统化，着力提升陶艺作品的品质感。作为创新教育展区里一个区域与其他区域的联系也是密不可分的，陶艺＋现代科技，传承经典、融合创新；在热爱生活、观察生活的基础上，在陶艺作品中融入了更多实用性元素，陶艺＋生活用品将“科技、艺术、生活”融为一体，贴近观众；陶艺＋生物标本陶瓷容器形态各异与标本自然协调，浑然一体，透明度高、观赏性强。

（一）陶艺＋传统文化

借助中华民族特有的传统化，把“文创”基因植入到陶艺制作过程中，着力提升陶艺产品的品质感。代表作品：陶艺＋中秋、陶艺＋诗词歌赋、陶艺＋象棋。中秋佳节作为中国传统节日，寄托着人们浓浓的情谊和思念之情。中秋、食品、陶艺这些关键词堆砌到一起你会联系到什么？借陶寄意，做一个“陶瓷月饼”，用传统技艺崭新演绎中秋陶艺，一份值得永久珍藏的记忆，一份不一样的节日心意，同时也想唤起人们对于传统文化的关注和重视。诗词歌赋是中国传统文化的精髓。体验者可在制作的陶艺作品上个性定制您专属的励志名言警句、祝福语等，借陶传情、陶以言志，亲手制作一件专属自己的陶艺作品，既加深对陶艺知识的了解，也感受传统文化陶塑技艺的魅力。“观棋不语真君子，落子无悔大丈夫”。陶艺象棋残局的创意来源于暑假里儿子与父亲的一场象棋较量，用泥土语言还原了当时棋场上父子相互“厮杀”的情形。一车一马、一将一帅，寥寥几个泥塑棋子却以独特的形式展现了作者的奇思妙想，是中国传统手工技艺和传统文化的完美结合。孩子在体验陶艺魅力的同时,也将自己的创意变为了现实。

(二) 陶艺+现代科技

传承经典、融合创新。传统工艺遇上现代科技大大提高了制作水准,现代科技和陶艺结合创作出一些新奇的作品应该是一件有意思的事情,比如陶艺+开源硬件、陶艺+激光加工,陶艺+3D打印。代表作品:陶艺加湿器、陶瓷风车城堡。陶艺加湿器的制作用陶艺做一个盛水容器,加上开源硬件区域提供的雾化器、水泵,通电之后,就做成了既可以观赏(一年四季)又能加湿的新一代大雾量陶艺加湿器,既是一种时尚的家庭摆设,又是相当实用的日用品。陶瓷风车城堡是在精心做好的陶瓷风车城堡里加上一些简单的电路、太阳能光伏板、LED灯、风车电机、喇叭等,就做成了一件只要有光照就可以点亮城堡、风车旋转、播放音乐的陶瓷风车城堡。

(三) 陶艺+生活用品

在热爱生活、观察生活的基础上,在陶艺作品中融入了更多实用性元素,将"科技、艺术、生活"融为一体,贴近观众、贴近生活有较高创意水准的陶艺文创生活用品就此诞生。代表作品:碗盘、个性马克杯、烟灰缸、笔筒、花瓶、肥皂盒等。烟灰缸造型各异,有方的、圆的、椭圆的,有带盖子的、不带盖子的,有普通的也有可爱的、卡通的,制作的材料也不一样,有铝合金的、玻璃的、竹质的,还有石头的。但它们有个共同的特点,就是必须要有一定的空间存放烟蒂和烟灰。"爸爸的烟灰缸"这件陶艺文创产品,先盘出烟灰缸的底部,然后用泥条往上盘,注意盘的时候泥条与泥条要连接好,可以用手指在烟灰缸的内侧进行手抹连接,最后再刻上一句"你戒烟我开心"等戒烟标语,一件既使用又有创意的陶艺作品就此诞生。

(四) 陶艺+生物标本

将动物或植物的整体或局部整理后,经过加工保持其原形或特征。陶艺标本是用高温的液态水晶滴胶浇灌到用陶艺制作的和动植物形态搭配的容器里面,蝴蝶、蜻蜓、蜘蛛等都是常用标本,陶瓷容器形态各异与标本自然协调,浑然一体,透明度高、观赏性强。由于隔绝了氧气,也不用担心标本腐烂的问题,可以长久保存和观赏。

五、不足与一点想法

本文从陶艺的介绍、陶瓷艺术融入科技场馆的优势、郑州科技馆在陶艺创新教育方面的尝试、陶艺+"文创产品的创作几个方面做了介绍与总结,摸索出一些有益的做法和经验,但也存在着一些问题。比如师资力量不足,制作机器较少、接待人数有限、烧制作品周期时间长等。如何将陶瓷艺术和科普场馆最大限度地融合,助力提升公民的科学素养,从而促进整个科普事业的发展,是我们值得深思的问题。这就要求我们要不断加大对陶瓷艺术优势特质和科普场馆的功能目标定位的理解,从观众的消费需求和科普的功能定位出发,比如,每逢特殊节日在陶艺展区做一些相关的主题活动或作品展,或以郑州科技馆为交流平台举办一场全国性的创新陶艺作品大赛等等。未来陶艺,不仅仅只是向人们传递陶艺知识或技法,更重要的是与科技、文化、艺术的深度融合,为科学普及和科技创新提供源源不断的动力,助力提升公民的综合素养。

参考文献

[1] 许雅柯.现代陶艺的艺术魅力[J].山东陶艺,2002,25(2):39-40.
[2] 赵昱.论现代陶艺综合装饰的艺术魅力[J].文艺生活·文艺理论,2013(2):50.

基于头戴式显示设备的虚拟现实展项调研及发展对策研究

宋岳龙[1]　吴甲子[2]

摘　要：虚拟现实技术有着相对较长的发展历史，但真正为大众所知则始于被称为“VR元年”的2016年。技术人员不断探索其在各行各业中的应用，以求最大化实现应用价值。在这样的大背景下，带有新奇特属性、主要基于头戴式虚拟现实显示设备的展项也开始应用于科技馆行业。虽然在构建主义、认知主义等理论的支持下，虚拟现实技术所具有的沉浸性、交互性、想象性、多感知性等特征使其拥有应用于教育活动的天然优势，但因为虚拟现实技术应用于消费领域时间较短、尚未经历过规模化应用的检验，在使用过程中也常出现运行不稳定、成本较高等不足。本文通过对部分场馆基于头戴式显示设备的虚拟现实展项进行调研，力求对上述虚拟现实展项在科技馆行业的发展提出对策。

关键词：虚拟现实技术；展品；科技馆行业

一、虚拟现实技术概况

（一）文献研究

1. 虚拟现实技术发展历史简述

虚拟现实技术是利用计算机生成一种模拟环境，通过多种传感设备使用户“投入”到该环境中，实现用户与该环境直接进行自然交互的技术，是一种可以创建和体验虚拟环境的计算机系统技术。相关技术最早可以追溯到20世纪中叶的美国，最初研究应用主要集中于军方的人员训练工作。而后随着冷战后军费的削减，这些技术逐步转为民用，应用于航空驾驶、外科手术仿真、建筑仿真等领域。在欧洲及日本，虚拟现实技术的有关研发与应用也主要集中于科研及商用领域。我国关于虚拟现实技术的研究与一些发达国家尚存一定差距，随着目前计算机相关学科的高速发展，虚拟现实技术已经得到了相当的重视，国家各部门也加大了对虚拟现实产业发展的扶持力度。自2016年起，以HTC和Oculus为代表的厂商开始大批量推出能够应用于消费市场的头戴式虚拟现实显示设备，同时众多游戏开发商也开始制作与之相配合的虚拟现实游戏，自此，虚拟现实技术开始以消费电子产品的形式出现在大众视野中。

2. 虚拟现实技术的特性

1992年Burdea与Coiffet将虚拟现实的重要特征归纳为“3I”，即沉浸性（Immersion）、交互性（Interaction）、想象性（Imagination），这一观点得到了较多研究者的认同。

1　宋岳龙：中国科学技术馆助理工程师；主要从事中国数字科技馆共建共享工作；通信地址：北京市朝阳区北辰东路5号；邮编：100012。

2　吴甲子：中国科学技术馆助理工程师，主要从事中国数字科技馆共建共享工作。

沉浸性，是指使用者能够通过虚拟现实设备，置身于由计算设备营造的、能够对使用者的知觉（如视觉、听觉、触觉）产生感官刺激的、虚拟的三维空间中。在多感官的刺激下，这种虚拟环境能够给使用者带来身临其境的使用体验。

交互性，是指与传统人机交互使用鼠标、键盘等来完成操作不同，使用者能够在虚拟现实环境中通过更为自然方式进行交互，在适当硬件设备的配合下，甚至能够得到触觉、力量的反馈。对于高级应用，多位体验者甚至能够在同一虚拟空间中进行互动，进一步提升交互操作体验。

想象性，是指虚拟现实技术为人们认识世界提供了一种全新的方法和手段，能够帮助人们思考和想象现实世界中不存在的事物，提高感性和理性认识，从而深化概念以及引发新的联想。

也有研究者表示，除上述3I特性外，虚拟现实技术还具有多感知性（Multi - Sensory），即除视觉感之外，虚拟现实技术还会为使用者提供听觉感知、触觉感知、运动感知，甚至包括味觉感知、嗅觉感知等。

3. 虚拟现实技术应用于教育活动的理论依据

对于虚拟现实应用于教育活动，以提升教学效果的理论依据，大多是从构建主义、认知理论角度出发的。

构建主义理论认为，知识的构建来自个人体验，而学习则是一个动态的适应过程，个人在学习过程中的活动是对环境的特定反应，构建主义学习环境中设计的情景、活动和社会互动能够持续地挑战学习者头脑中已有的经验，从而促进新知识的形成。虚拟现实技术所带来的浸入式体验使得学习者可以完全沉浸在虚拟环境之中，其与虚拟现实之间的距离感被打破，能够通过自己的实际操作来完成学习活动与思维活动，并在此过程中发现新的知识。

认知理论强调机体对当前情景的理解，其对学习的基本解释是：学习是一种内部发展的过程，是一种由同化和顺应交替发生作用，从而导致生理、心理从平衡状态到不平衡状态的循环过程。故而，在虚拟现实与教育相结合的过程中，内容的创作应注重学习者自身经验和对情境的理解，从而让学习者顺利完成新旧知识的同化过程，促进自身认知的发展。

（二）现有头戴式虚拟现实设备及相关技术简介

1. 对于头戴式虚拟现实设备的界定

根据《虚拟（增强）现实白皮书（2017年）》对虚拟现实终端品类的划分，虚拟现实设备可分为主机式、一体机式、手机式和洞穴式。前三者均通过将显示设备固定于头面部实现对观看者的全视野显示，洞穴式则通过建造环绕式现实环境，并将观看者置于其中的方式实现全视野显示。

基于显示方式，主机式、一体机式及手机式又被统称为虚拟现实头戴式显示设备，依据《虚拟现实头戴式显示设备通用规范》的划分，这三者分别对应外接式虚拟现实头戴式显示设备、一体式虚拟现实头戴式显示设备及外壳式虚拟现实头戴式显示设备。在展览展示行业，一般所讲虚拟现实设备主要指头戴式虚拟现实显示设备，故下文除特殊说明外，本文所述虚拟现实技术及相关设备均基于头戴式虚拟现实显示技术及相关设备。

在下文中，头戴式虚拟现实显示设备也将被简称为虚拟现实头显设备。

2. 各类头戴式虚拟现实显示设备特性比较

虽然目前虚拟现实头显设备的生产商众多，但从市场份额来看，仍以 HTC、Oculus 为主。以 Steam 平台的统计数据为例，截至 2019 年 6 月，HTC 设备、Oculus 设备占比分别为 42.42％与 55.25％，二者总额达到 97.67％。

在 2016 年消费级虚拟现实头显的起步阶段，主要形式为外接式虚拟现实头显（以 HTC VIVE 与 Oculus Rift 为代表）与外壳式虚拟现实头显（以 Gear VR 为代表），之后逐渐向提升外接式虚拟现实头显性能（以 HTC VIVE Pro 及 Oculus Rift S 为代表）以及开发并提升一体式虚拟现实头显性能（以 HTRC VIVE Focus 及 Oculus Quest 为代表）的方向发展。对于前者，一方面提升使用中的感官体验，如提升显示分辨率、音频效果；另一方面，通过升级定位方式（如 HTC VIVE Pro 发布更新版本的定位灯塔、Oculus 使用光学定位系统等）来进一步弱化外置定位或内置惯性定位所带来的种种弊端（如定位偏移、定位遮挡等问题）。对于后者，一方面借助硬件性能的提升进一步在使用体验上拉近与外接式虚拟现实头显使用体验的差距，另一方面也通过定位方式的升级来进一步提升定位精确度，提升使用体验。

但整体而言，外接式虚拟现实头显设备因需配合高性能电脑主机进行使用，无论是购置成本、维护成本，还是具体使用时的软硬件系统复杂程度，都远高于一体式虚拟现实头显设备。鉴于此，目前性能以及使用体验正不断提升的一体式虚拟现实头显设备可能更加适合应用于科普展览等高强度使用环境中。

二、基于头戴式显示设备的虚拟现实展项调研

（一）调研工作概况

项目组于 2018 年度中国数字科技馆共建共享会议及 2018 年馆长培训班向参会各馆进行了问卷的发放、回收和统计工作。两次问卷调研工作累计回收有效问卷 80 份，涵盖国家级场馆 2 家、省部级场馆 28 家、地市级场馆 44 家、县级场馆 6 家。问卷填答人为各馆虚拟现实有关工作的参与者（2018 年度中国数字科技馆共建共享会议）或领导同志（2018 年馆长培训班），对各馆的虚拟现实展项的运行情况均有一定的了解。

在参与调研的场馆中，虚拟现实相关展项具有较高的建设率。从目前的统计数据看，在参与调研的 80 家实体展馆中，有 77％的场馆已建设虚拟现实展项（注：此问题在两次问卷中的表述不同，第一次未限定虚拟现实展项应用于何种环境，第二次限定虚拟现实展项应用于常设展厅。此处数据通过将上述两个问卷中回答“有”的场馆数量进行汇总得出）。其中，国家级场馆建设率为 50％、省部级场馆建设率为 89.2％，地市级场馆建设率为 76.7％，县级场馆建设率为 50％。从统计数据看，虚拟现实技术在参与调研的展馆中具有较高的应用比例。

（二）调研统计中需要关注的问题及原因分析

1. 虚拟现实展项运行时的突出问题较为集中

在两次问卷调研中，2018 年馆长培训班中发放的问卷中新增问题：“贵单位在日常运行虚拟现实展项时，较为突出的问题有哪些？”，该问题每个场馆可选择两项。通过参与填答的 45 家展馆的反馈，各馆普遍认为虚拟现实展项在运行时有“硬件运行不稳定”（56％）、“日常运行

人力成本高”(49%)、“单次体验人数少”(44%)、“硬件日常维护及维修成本高”(38%)的问题，问题相对集中。

表1所列为第二次的调研中“贵单位在日常运行虚拟现实展项时，较为突出的问题有哪些?”问题及各馆所布展的虚拟现实头显设备种类的交叉分析结果，相较于“硬件日常维护及维修成本高”“日常运行人力成本高”“单次体验人数少”“游客排队情况严重”这几个选项，在选择“硬件运行不稳定”选项的场馆中，使用外接式虚拟现实头显设备的场馆数量明显较多;同时，使用一体式虚拟现实头显的数量则明显较少。从数据上可以看到，一体式虚拟现实头显设备的硬件稳定性要明显优于外接式虚拟现实头显设备。

表1　使用中的突出问题及设备类型的交叉分析

问　题	外接式	一体式	外壳式
硬件运行不稳定	19	3	3
硬件日常维护及维修成本高	9	8	2
日常运行人力成本高	13	8	4
单次体验人数少	10	8	4
游客排队情况严重	2	1	0
其他	0	0	0

对于“硬件运行不稳定”的问题，其在一定程度上是由当前虚拟现实设备的硬件结构及原理导致的。综合两次的统计结果看，在布展虚拟现实展项的场馆中，有80.7%的场馆使用了外接式虚拟现实头显设备，而使用外接式虚拟现实头显设备的展项一般由虚拟现实头显设备、高性能计算机、外接显示设备、各种连接线缆等部分组成，无论是硬件组成还是相关软件系统都较为复杂;同时，由于目前使用的外接式虚拟现实头显设备的定位方式还是以外置式定位系统为主，其定位原理决定了定位器的布放位置、定位软件设置、操作者的佩戴方式、操作中的体态位置等均会对定位效果产生影响，轻则定位漂移，重则因系统获取不到定位信息而导致头显设备中显示信号中断。

对于“硬件日常维护及维修成本高”的问题，则是由目前虚拟现实头显设备及相关硬件本身的成本较高所致。以较为常见的外接式虚拟现实头显设备为例，单套头显设备的价格约在四千元以上，配套高性能主机高者也可近万元，甚至一条常因接触不良而需更换的三合一连接线官方售价也要379元，这都为日常维护及维修提高了成本。

对于“日常运行人力成本高”“单次体验人数少”的问题，则是由虚拟现实头显设备体验方式决定的，即同一时间内单一设备仅能供一人进行体验，且需专人进行日常运行操作。对于人员配置不够充足的场馆来说，与传统展厅较低的工作人员配置数量相比，安排专人进行展项运行确实会提高日常运行的人力成本。

2. 未将虚拟现实内容应用于展览教育的原因较为集中

基于3I特性及多感知性，虚拟现实内容其能够给学习者带来放松、愉悦、感兴趣等积极情绪，激发学习内部动力，有利于科普知识的学习。而在本次调研中，有36%已建设虚拟现实展项的场馆表示不会将虚拟现实项目应用于展教活动中。原因为“虚拟现实设备数量较少，不能大范围面向观众开展活动”(72.7%)、“现有内容不便进行教学，且无专用虚拟现实内容、课件及教案”(54.5%)、“虚拟现实设备的佩戴、使用繁琐”(18.2%)。

"虚拟现实设备数量较少，不能大范围面向观众开展活动"的问题，同样受限于虚拟现实头显设备的使用特性。与常规展项相比，虚拟现实展项单位时间内能够接待的体验人数较少。究其原因，一是因为同一时间内单一虚拟现实头显设备的使用者仅能为一人；二是考虑到体验效果，单次的虚拟现实内容体验时长不宜较短；三是其较高的采购价格和较大的布展面积也导致了相关展项不能大量布展。而"虚拟现实设备的佩戴、使用繁琐"也是实际使用中的一个较为突出的问题，一方面，目前大范围应用的外接式虚拟现实头显设备均为有线设备，在实际使用时需对线缆进行调整；另一方面，部分情况下还需要对观众进行体验前的培训工作，但因每次体验人数仅为一人，故在每位游客体验前都需进行相关培训，这就不可避免地导致了人力资源和时间的重复浪费。

对于"现有内容不便进行教学，且无专用虚拟现实内容、课件及教案"的问题，则与虚拟现实内容采购或者部署工作有关，相关展项在进行采购或部署工作时未进行教学内容的设计和准备，而展教人员后期也没有做相关课件、教案的编写工作。

3. 虚拟现实内容中互动——讲解环节的占比应适当调整

项目组所在部门在运行虚拟现实共建共享集群时发现，目前集群项目库中的内容按照互动和讲解部分所占比例的不同大致可以分为三类，即以互动操作为主、以观赏讲解为主及二者兼备。但无论从实际工作中各成员单位在申请资源时的具体需求，还是从本次的调研结果("兼备观赏性讲解和互动操作"占比 62.2%、"侧重观赏性讲解"占比 11.1%、"侧重互动操作"占比 26.7%)看，在保证科学性的前提下，更多的场馆会倾向于二者兼备或者更侧重于互动操作的虚拟现实内容。

设立此问题主要是为了解各馆对于虚拟现实内容"观赏"与"交互"占比的意向。虚拟现实技术在发展之初更注重视觉，即立体显示；但随着硬件设备在定位和操作方式上的进步，对于虚拟现实头显设备交互性能的提升也是目前的一个发展方向(如方向控制由 3 自由度向 6 自由度发展、新一代控制能够检测操作者手部动作等)。上述两点自然也就会映射到相关内容的发展，从观赏性来说，侧重观赏讲解以及营造新奇的视觉体验可以看作是科教片的延伸；而侧重互动操作则更接近于可动手展品这一科普展馆中的常见展品分类。

从构建主义出发，当操作者通过动手与虚拟环境所营造的情景进行交互时，能够持续地与操作者已有的经验产生碰撞，从而促进新知识的形成；而从认知理论的角度看，当操作者在专门为其营造的特定情境和特殊过程中，其亲身参与的体验过程能够在其认知结构的形成中推动学习者认知的发展。虽然带有新奇特属性的虚拟现实视觉体验能让体验者印象深刻，但从更好地传达科普知识的角度看，在面向科普行业(乃至教育行业)的虚拟现实内容开发中，建议调整其中讲解——互动环节的所占比例，在保证能够传达足够信息量的同时增加互动操作内容所占比例，以进一步增强以虚拟现实内容为载体的科普内容传达效果。

三、以虚拟现实头显设备为基础的虚拟现实展项发展对策

(一) 迭代或升级外接式虚拟现实头显设备

从实际使用效果看，使用内置式光学定位系统的新一代外接式虚拟现实头显设备具有更高的易用性，使用效果优于已有的外接式虚拟现实头显设备，故首选方案为进行头显设备的迭

代。但从目前调研结果看，已有设备中外接式虚拟现实头显设备的比例较高，考虑到这些头显设备已经支出的采购成本，尚不宜通过换代来提高使用体验。

针对目前已有外接式虚拟现实头显设备使用中暴露出的问题，以 HTC VIVE 为例，其升级选项可以做如下考虑：

一是考虑升级无线套件。针对传输线缆拖沓以及接触不良带来的图像丢失问题，可以选择为现有 HTC VIVE 设备加装无线套件，以替代有线传输。该官方无线套件较好地提升了使用的便利性，在避免了拖线的同时，也有效避免了常见的因拉扯线缆而导致的图像丢失问题。

二是固定传输线缆。如果不能以无线套件对传输线缆进行升级，则建议将传输线缆固定于头带上。部分使用者常在拿取头显设备时拖拽线缆，这直接导致了线缆的松脱或损坏。对于 VIVE 来说，建议升级为 VIVE 畅听智能头带，其能够固定线缆的硬体结构能有效避免频繁拉扯导致的线缆松脱或损坏。如不能更换上述头带，也建议使用者自行使用理线带将线缆固定于原配的软质头带中，以降低线缆被损坏的可能。

（二）以一体式虚拟现实头显设备建设新展项

在进行新展项布置时，可以从传统的外接式虚拟现实头显设备转向一体式虚拟现实头显设备。相较前者及其配套设施，后者的购买成本、系统复杂度、使用便利性等均有较大的优势，且新一代一体式虚拟现实头显设备已开始使用内置式光学定位系统，有效避免了传统惯性传感器定位所带导致的定位漂移问题，提升了使用体验。其小型化、集成化的特点也有利于以较少的人力成本、维护成本对更多的设备进行使用，对提高使用人数也有一定的帮助。

此外，在虚拟现实技术的应用中，还有一种配合动感平台进行布展的方式。受技术条件限制，早期的动感平台仅能通过连接与外接式虚拟现实头显设备配合的高性能电脑主机才能被驱动。目前已有厂家研发出能够直接连接一体式虚拟现实头显设备的动感平台，可以说这为一体式虚拟现实头显设备的应用又开辟了新的方向。

虽然目前一体式虚拟现实头显设备的图形计算仅依靠其内置的移动 SoC 芯片（因其存在网络延迟，暂时不宜用于展览展示，使用无线网络串流高性能主机虚拟现实内容的方式不在本次讨论之列），如常见的高通骁龙系列 SoC，其性能与高性能主机尚不能同日而语，但还是能够满足较低面数及渲染质量的虚拟现实内容运行。

（三）建设以一体式虚拟现实头显设备为基础的虚拟现实教室

针对单独虚拟现实展项占地空间大、体验人数少、人力成本高、不便开展教育活动等问题，可以考虑建设以一体式虚拟现实头显设备为基础的虚拟现实教室。即在传统教室的状态下，以相对于外接式虚拟现实头显设备集成化、易维护性更高的一体式虚拟现实头显设备为依托，建设以科技辅导员为中心，多名游客共同参与的虚拟现实教室。

在该模式下，科技辅导员和观众将以集群的模式共同参与到同一个虚拟现实内容的体验中，观众可以在科技馆辅导员的讲解中进一步体验虚拟现实内容。这首先解决了因单一展项同一时间仅一人体验而导致的体验人数少的问题，第二能够实现虚拟现实展教活动的开展，第三能够使观众在科技辅导员的带领下更深刻地理解和体验虚拟现实内容。

（四）优化虚拟现实内容结构并合理开发教育活动

考虑到目前虚拟现实头显设备在交互操作层面正在逐步优化，建议在面向科普展馆的虚拟现实内容开发中，注重观赏性内容与互动操作的比例，更侧重于互动性内容的规划与制作，降低单纯观赏讲解性内容的安排比例，以提升使用体验和教育效果。

同时，鉴于已有的相关研究，虚拟现实内容本身有助于观众加深对科普知识的体验与理解。由于虚拟现实内容在科普场馆应用时更多的是采取按需定制的方式进行采购与部署，建议科普场馆在进行布展规划时结合展项的具体情况，酌情开展相关展教活动的文件编制，以提高虚拟现实内容的科普效果。

五、总　结

虚拟现实技术是新一代的信息通信技术的关键领域，具有产业潜力大、技术跨度大、应用空间广的特点。目前，虚拟现实产业正处于初期增长阶段，我国各地方政府积极出台专项政策，各地产业发展各具特色。相应地，虚拟现实技术在科普教育、展览展示等行业中也得到了大规模的应用。通过其自身的3I特性及多感知性，虚拟现实技术能够为观众带来身临其境的使用体验，有助于科普工作的开展与推广。

在虚拟现实技术落地应用于科普场馆的过程中，也暴露出了其面向公众进行展览展示的不足。作为一项在近几年得到爆发式增长的科技成果，带有新奇特属性的虚拟现实技术应用于科普场馆无可厚非，但在该技术达到足够成熟前就将其面向公众进行密集的应用还是未免操之过急。然而，实践是检验真理的唯一标准，一项技术只有在应用中才能验证对其发展方向的构想，虽然现有的虚拟现实技术尚不能完美地应用于科普展馆的展览展示及教育工作，但我们相信，实践的经验和技术的进步还是必将推进虚拟现实技术在包括科普教育行业在内各行各业的应用。

六、本项目中的不足

目前参与调研的场馆数量虽然达到了80家，但与目前国内达标科技馆的数量相比，参与调研的场馆数量仍较少，调研数据只能从一定程度上反映虚拟现实展项的建设情况。另外，参与调研场馆多数集中于我国东部地区（共有30个省级行政区的科普场馆参与此次调研，其中，广东省、山东省为最多，分别为7家；上海市、重庆市、天津市、四川省、湖南省、河北省、云南省、山西省、青海省、新疆维吾尔族自治区、西藏自治区数量最少，分别为1家），这些场馆虚拟现实展项覆盖率较高是否与其位于经济较为发达地区有关也需要进一步研究才能得出结论。

参考文献

[1] 李敏,韩丰.虚拟现实技术综述[J].软件导刊,2010,9(06):142-144.

[2] 许微.虚拟现实技术的国内外研究现状与发展[J].现代商贸工业,2009,21(02):279-280.

[3] Burdea G, Coiffetp. Virtual Reality Technology[M]. New York, USA:John Wiley & Sons, 1994.

[4] 单美贤, 李艺. 虚拟实验原理与教学应用[M]. 北京:教育科学出版社, 2005.

[5] Huang H M, Rauch U, Liaw S S. Investigating Learners' Attitudes toward Virtual Reality Learning Environments:Based on a Constructivist Approach[J]. Computers & Education,2010,55(3):1171-1182.

[6] 高媛,刘德建,黄真真,等.虚拟现实技术促进学习的核心要素及其挑战[J].电化教育研究,2016,37(10):77-87+103.

[7] 丁铮.增强现实和虚拟现实在博物馆的应用[J].信息与电脑(理论版),2017(24):47-50.

[8] 宋乃亮,特荣夫,冯甦中.虚拟现实技术在科普教育中的研究与实现[J].科普研究,2010,5(05):29-33.

[9] Dabbagh N, Bannan-ritland B. Online Learning:Concepts, Strategies, and Application[M]. Prentice Hall, 2005.

[10] 王镱霏. 虚拟现实技术对未来科普教育的意义[C]//安徽省科学技术协会.安徽首届科普产业博士科技论坛——暨社区科技传播体系与平台建构学术交流会论文集,2012:5.

[11] 中国信息通信研究院.中国虚拟现实应用状况白皮书(2018年)[R].华为技术有限公司,虚拟现实内容制作中心.2018.

科技与文化、艺术跨界融合下科技馆之发展初探

沈　洋[1]

摘　要：在科教兴国的大背景下，科学与文化、艺术之间的跨界互动不断增加，三者的交融互补产生了许多新的灵感与创意，为科技创新与科学普及提供了源源不断的动力。如何通过促进三者的跨界融合助力提升公民科技、文化与艺术综合素养，是当下科技馆建设发展转型所需要重点考虑的课题。本文从多种角度出发，剖析已有现实成功案例，结合文化自信的历史底蕴和现实根基，以跨界融合激发科教生命力为宗旨对这一课题进行了初步的探讨。

关键词：科技馆；科技；文化；艺术；发展

一、时代背景，大势所趋

文化，是国家和民族兴旺发达的重要支撑和基本内容。没有文化发展，便没有国家民族的兴盛。丘吉尔有句名言：我宁可失去一个印度，也不愿失去一位莎士比亚。丘吉尔并非真的愿意放弃英国当年的殖民地印度，而是借莎翁强调对本国文化的珍惜。习近平主席在十九大报告中提出：要坚定文化自信，推动社会主义文化繁荣兴盛。习近平指出：没有高度的文化自信，没有文化的繁荣兴盛，就没有中华民族伟大复兴。中华民族历史悠久，中华文明源远流长，中华文化博大精深，物质层面的"四大发明"、丝绸之路、浩瀚文物，精神层面的家国情怀、君子人格、魏晋风度、盛唐气象等都给世人留下了难以磨灭的记忆。一个民族的文明进步，一个国家的发展壮大，需要一代又一代的文化积淀、薪火相传与发展创新。纵观整个人类文明发展史，实质上就是一部科技发展史，当今时代，科技创新始终是推动一个国家、一个民族向前发展的重要力量，大国之间的竞争，本质上是生产力之争，其核心是科技创新能力之争。一个科技馆就是一所大学校，是传承着人类科技文明的重要殿堂，更是连接过去、现在、未来科技发展的桥梁，见证了当代中国人民为实现中华民族伟大复兴的中国梦而奋斗的点点滴滴。生活中本来就存在着艺术原料的矿藏，生活是一切艺术取之不尽、用之不竭的创作源泉。革命导师列宁说："艺术是属于人民的。它必须在广大劳动群众的底层有其最深厚的根基。它必须为这些群众所了解和爱好。它必须结合这些群众的感情、思想和意志，去提高他们。它必须在群众中间唤起艺术家，并使他们得到发展。"科学与艺术、文化的结合是人类思想发展的主流，文化是根，是一个民族兴旺发达生生不息的动力，艺术与科学在文化的平台上繁衍进化，艺术为科技提供想象力和创造的空间，科技为艺术提供了实现人类梦想的渠道与途径。三者融合互促是科普行业发展的客观规律。

1　武汉科学技术馆，武汉市江岸区沿江大道 91 号，邮编：430014。

二、剖析现状，精准定位

(一) 科技馆的使命担当

科技馆肩负着弘扬科学精神、普及科学知识、提升科学素养的社会责任，为了更好地完成这个社会赋予的责任，达到科普育人的展教目的，能否引入更吸引观众的展教内容至关重要。如果把科学与文化、艺术相互融合，资源共享，优势互补，就能让冰冷的科普知识带上文化的温度，让科学技术的传播变成人文艺术的感染，使索然无味的复杂理论变得通俗易懂，极易给参观的观众留下深刻的印象，达到更好的展教效果。除原有设定的常设展厅外，临时展厅不定期的主题展示是整合跨界资源的不二法宝。

(二) 观众的需求和感受

站在供给侧角度考虑，观众想看什么，什么样的主题最受观众关注或者观众对什么最感兴趣是科技馆展教活动绕不开的话题，如何有针对性地满足观众的需求，让观众感知满意直接决定科普工作开展的好坏。通常，科技馆所面对的受众群体年龄跨度大，文化水平受教育程度参差不齐，兴趣爱好不一，从事行业各不相同。但共性特点是几乎所有观众都厌烦复杂的专业性较强的文字说明和公式原理，更青睐图片影像为主，包含故事性、贴近日常生活的趣味展示，具有可操作性，能亲自动手操作体验或者带有游戏属性寓教于乐的益智类展品往往是热门。究其原因，无外乎这样的展教有别于传统的课堂理论教学，甚至可称作是以玩促学，把抽象的科学原理知识变成具体形象的实物，让人摸得着看得到听得见，更接地气，更具吸引力，观众体验感知享受科学，享受乐趣，是一个调动观众主观能动性，主动学科学爱科学的过程。

(三) 其他文博类场馆与科技馆的交流互通

传统的文化博物类场馆物品具有明显的文物属性通常成列在展示柜内，观众主要以单一的视觉观看为主，感知具有一定的局限性，而展示物品所衍生出来的科学原理，所包含的艺术价值无法亲手体验，观众参观后容易留不下深刻印象，获得感不强烈，带来展示教育上的痛点。如果能与科技馆联合展示，以文物为蓝本，复制科技仿品供体验，资源共享，互利互惠，则可以打破“可远观而不可亵玩焉”的限制，打通最后的一公里，取得合作共赢的局面。

三、转变思路，多维发展

(一) 科技馆及展品设计融合文化艺术

一座科技馆就是一部科普大片，大片思维是武汉科技馆新馆设计的主流路径。2015年年底，武汉科技馆新馆作为一座新的科技殿堂崛起于长江之畔，汉口江滩。它最大的与众不同在于既保持了原武汉长江客运港这座曾经是江城地标性船型建筑的独特外形，又注入了大量的科技元素，体现了环境保护和科学发展交相融合的新理念。新馆是全国面积最大的利用原有建筑改造而成的科技馆，整体外观风貌寓意科普之舟扬帆远航，实现科普功能与历史风貌展示的有机结合。在全国首个以长江游览为主题的江汉朝宗文化旅游景区中，与周边众多纪念馆博物馆遥相呼应，共同组成一个恢弘的文化场馆群。新馆与海军工程大学携手共建全国独有的实景型体验式舰船世界，船型标志建筑与停泊于长江边的军舰潜艇相映成趣，吸引了大量的观众参观游览。

以"天问"为主题的顶层设计思想，以自然和创造为展示脉络和故事性。突出"四见"，即见物，见人，见智慧，见精神的展示风格，构成了一整套全新的建馆设计理念。科技以人为本，新馆抛弃以展品为中心的传统展示思路，转而将观众所知而未所思的科学内涵，科学家创新发明故事，老百姓日常生活诉求引为新馆建设主旨，把参与、互动、体验的科学普及活动推向一个全新的领域。自然天成，与人类的创造相结合；科学传播，与武汉实际相结合；当前普及，与未来发展相结合。

新馆序厅标志性展项—天问，是中国古代最伟大的浪漫主义诗人屈原的代表作，是古人在两千多年前，对天，对地，对大自然所发出来的臆想呐喊之问，隐喻了荆楚先辈卓绝一世的探索精神，体现了独树一帜的地方特色。"天问之树"开篇提问贯穿始终，新馆全部展项及相关知识的两千多个"科学之问"被纳入其中，将激发观众在科学王国中的种种奇思妙想。

（二）科普剧：用故事来"演"科学

科普剧最早兴起于美国、日本等发达国家，是一种将过程教育、情境教育、体验教育集于一身的科普教育模式。它通过舞台表演的形式，同时调动人的视觉、听觉、触觉等多种感官，在轻松活泼的气氛中将科学知识和科学理念传递给观众。与传统的科普模式相比，科普剧是带有表演艺术，小品文化的科学活动，在互动性和参与性方面都具有显著的优势。

2017年，武汉科技馆为了提升观众对科学的兴趣，开始探索科普剧这种全新的表现形式。在总结全国各大科技馆的科普剧基础上，尝试以童话故事为线索，通过故事情节的发展，引导观众经历科学探究的过程。为了让演出更精彩，武汉科技馆一方面引入了专业表演公司，用专业剧团的力量打造科普剧；另一方面，又充分发挥自身的人才优势，自导自演"科学秀"。随着一批新鲜自制剧的诞生，一群"戏精"也脱颖而出。以《奇幻水晶球》为例，狡猾的巫婆为了得到公主的水晶球，用谎言诱导公主将水晶球放入装有透明液体的水缸中，水晶球顿时消失不见了。在这个情节中，演员们会带领观众们思考水晶球消失的原因，进而揭示光的折射和反射现象。原本枯燥的科学实验加上艺术性的表演变得新颖有趣，小朋友们也在不知不觉中收获了知识。

科普剧的发展，目的在于培养更多具有较高科学素养的公民。首先，科普剧所传播的科学知识、采用的表演形式，应紧密围绕目标受众的偏好和需求。在科普剧创作之初，创作者应先确定科普剧的受众群体，即解决"科普剧演给谁看"的问题。此后，应深入地研究受众的知识储备、心理状况和接受能力等特征，选取令其感兴趣的科学知识，采用令其乐于接受的表演形式，满足其观看科普剧的目的，提高受众对科学知识的记忆和理解。科普剧并不只适用于儿童和青少年群体。以其他年龄段人群为主要受众的科普剧剧目有待开发。其次，科普剧创作团队的能力需要不断加强。策划和编剧应当扎实掌握剧中科普的科学知识，坚决杜绝传播错误知识的现象。为了消除知识讲述不清、用词晦涩、剧情幼稚等问题，创作者应坚持提高自身的文学水平，加强思维的逻辑性，尝试运用新颖、形象的表现方式，将科学知识巧妙地融入剧情之中，提高科研资源科普化的程度，增强剧目的互动性和观众的参与度。雇佣专业的编剧和演员或科普工作者参加专业的话剧创作培训、舞台表演培训是改善舞台效果、提高演员演技的有效方式。在创作和演绎中，应根据科普剧现存的主要问题时常进行自查。

再次，开展科普剧相关信息的推广，应根据目标受众的具体情况，选择适合的渠道。对于年龄、职业状况不同的受众群体，应设计并采用不同的宣传策略。积极尝试新生的媒体手段，搭建并维护好更多种类的信息平台，加强科普剧相关信息的传播效果，吸引更多的社会群众了解、体验科普剧这种新型的科普方式。

（三）以音乐为媒，现代科技邂逅传统文化、艺术

就民乐历史而言，包括敦煌琵琶谱在内，远自7 000多年前河南舞阳贾湖骨笛、2 400年前的曾侯乙编钟，直至汉魏乐府兴盛、各族乐舞交融、说唱戏曲崛起、地方乐种争辉，中华优秀传统文化中音乐这条洋洋大川，已经浩荡奔流了7 000余年。这是我们历代先民的天才创造，是我们的老祖宗对于当代人一笔极为丰厚的文化遗产馈赠。面对如此珍贵的文化遗产，若认为那不过是一些破旧的老古董，形式简陋而落后，与当今之社会生活及审美时尚毫无关系，无视其中蕴藏的巨大历史价值、文化价值和艺术价值，那就未免浅薄轻狂了。

湖北省博物馆里的战国曾侯乙编钟是战国早期曾国国君的一套大型礼乐重器，国家一级文物。该编钟钟架长748厘米，高265厘米，全套编钟共65件，分三层八组悬挂在呈曲尺形的铜木结构钟架上。每件钟均能奏出呈三度音阶的双音，全套钟12个半音齐备，可以旋宫转调。音列是现今通行的C大调，能演奏五声、六声或七声音阶乐曲。曾侯乙编钟的出土改写了世界音乐史，是中国迄今发现数量最多、保存最好、音律最全、气势最宏伟的一套编钟，代表了中国先秦礼乐文明与青铜器铸造技术的最高成就。

2019年湖北省博物馆“5G智慧博物馆”应用正式落地。VR编钟演奏在省博物馆主楼大厅供现场观众体验，游戏中编钟的声音采集了原件第三次敲击的音乐，也与原件一样，每件编钟可发双音，可说是原音再现。而5G网络的低时延则消除了VR游戏数据量大、时延较高产生的眩晕感。只要戴上VR眼镜，眼前就会出现1∶1复刻版的编钟，十分逼真。观众可自行选择《东方红》和《欢乐颂》两个曲目进行演奏。手握两只手柄，在虚拟世界中变成了两支长长的编钟演奏杆，根据画面中的提示，敲击编钟的中部和侧部，可发出一钟双音，敲击不同编钟，发出的声音连续成一段乐曲。跟真实演奏的情况一样，高度仿真，敲击时出手要有力量，编钟才会被敲响。演奏结束后，程序还会根据演奏是否准确，自动打分，身临其境的感觉吸引了观众踊跃体验。曾侯乙编钟全息投影不仅是原音，还能演奏乐曲。低沉浑厚、绵延悠长的钟声响起，古装少女随之翩翩起舞。这乐声并非音响外放，而是现场另一位少女在全息投影的编钟前演奏。编钟的影像、声音均采集自曾侯乙编钟，利用全息投影互动技术，在互动区模拟敲击，观众可听到真正来自曾侯乙编钟的声音。

艺术与科技的融合，并不是简单地由艺术组成，而在于创造耳目一新的认识方式与表现形式。5G智慧博物馆利用5G技术挖掘博物馆信息化成果，丰富游客观览方式，提升观览体验，实现自主化、智慧化观览，用最先进的技术成果，展现荆楚文化，体现湖北魅力。

（四）“N馆合一”组建综合性大型科学技术博物馆集群

随着时代发展，科学与文化、艺术之间的跨界互动不断增加，三者的交融互补产生了许多新的灵感与创意。作为世界上现存规模最宏大的佛教艺术宝库，敦煌莫高窟拥有长达近千年

的不间断的营造历史，既继承了本土汉晋艺术传统，又不断吸纳、融合了印度、中亚、西亚的艺术风格，展示了中国佛教美术史的发展历程，记载了中国与西域艺术交流的历史，对研究中国美术史和世界美术史都有重要的意义。然而，蜂拥而至的游客却不是莫高窟所能承受的。以泥草为主要材料制成的敦煌莫高窟壁画，能以较好的面貌保存千余年，已是不小的奇迹。千年来风沙的侵蚀、雨水的渗入，加剧了石窟的衰败，但近100年来，随着自然、人为破坏的加剧，莫高窟崖体侵蚀、洞窟坍塌、塑像断裂、壁画脱落问题日益突出。目前，莫高窟的所有洞窟都不同程度地存在着各种病害。尽管专业人员进行了富有成效的治理，但是，石窟整体衰老的趋势难以逆转。作为一种用脆弱材料制成的艺术，敦煌要实现永久保存已变得越来越困难。旅游旺季游客增加同时意味着对莫高窟环境人为扰动的增加。监测表明：大批游客参观，导致窟内温度、湿度频繁变化，打破了洞窟原有的恒定环境，这已经成为导致壁画屡遭病害的重要原因。游客参观对洞窟的不利影响已被科学试验所证实。而参观的季节性、时段性则在很大程度上加大了这种不利因素的影响。游客过于集中，使一些洞窟常常处于过度"疲劳"状态。洞窟难得有"喘息"的机会，对彩塑、壁画的潜在威胁难以排除。但是现在，这块"疾病缠身"的艺术瑰宝却在"养病"的同时对游客开放，这就像让一个病入膏肓的人去做剧烈运动一样危险。不过为了满足游客的需求，管理部门又不得不勉为其难。莫高窟面临两难境地：既不能以牺牲文物为代价来换取旅游业的发展，又不能因保护文物而将远道而来的游客拒之门外。保护文物与旅游开发的矛盾，已经到了人们不得不重视的地步了。

2014年，敦煌莫高窟数字展示中心建成，核心展示内容为"数字敦煌"与"虚拟洞窟"，主要借助当代先进的数字技术和多媒体展示手段，向观众呈现敦煌莫高窟绚丽多彩的石窟艺术经典与气势恢宏的历史文化背景，缓解了敦煌莫高窟旅游开放与文物保护之间的矛盾，也探索了我国文物保护与开发的新模式与新思路。

2018年，上海科技馆与敦煌研究院签约合作协议将加深科学与文化、艺术的跨界合作。一方面促进上海科技馆和敦煌研究院在人员交流、学术交流、社会教育等层面开展广泛而深入的合作，另一方面也能促使日新月异的科学技术让传承千年的敦煌古艺术焕发出新的生命力，吸引更多的年轻人主动走近敦煌、走近莫高窟，为灿烂的古老文明注入新鲜的发展力量。在人员合作方面，双方科研人员将结合学科特长与兴趣，共同申报科研项目或开展科研工作，双方管理人员也可以通过交流挂职的方式交流与学习。在学术交流方面，双方将合作举办科学与艺术系列研讨会，通过系列讲座的形式，及时交流、沟通相关研究信息及最新学术成果，定期或不定期联合举办国际、国内学术会议。在社会教育方面，双方将通过建立资源共享机制，面向西部欠发达地区青少年推进科普教育。切实推动形成全社会广泛参与文物保护利用和文化遗产保护传承的良好氛围。

当千年莫高窟遇上现代科技，对增强中国文化自信、推动社会教育实践、扩大文化惠民、普及科技知识等方面起到极大的推动作用。

四、展望未来，融合激活生命力

当今科技、艺术与文化的跨界融合日益增强，为科技创新与科学普及提供了源源不断的动力。爱因斯坦说："一切宗教、艺术和科学都是同一株树上的分枝，所有这些志向都是为着使人类生活趋于高尚"。这句话恰如其分地说明了科学与文化、艺术高度融合使人类生活通向更文明的时代。展望未来，加强科学与文化、艺术的跨界合作，以资源共享、优势互补、交流互动为原则，以协同创新促进中华文化传播为目标，共建文化与科技融合示范平台，促进科普教育发展；共同为文化注入科技新活力，为传统文化的保护、研究、弘扬事业探索新途径，开辟新空间。同时，在多方联合举办的传统文化相关展览和活动中，利用科技手段，有效“活”化传统文化遗产中与自然、科技、艺术等相关资源，是激发观众对科技持续保持热情和关注的强大内生力。

参考文献

[1] 张楠，宋苑，胡翼宁. 自然科学类科普剧受众接受程度调查分析[J]. 科普研究，2016(04)：69-74.

[2] 温莹莹，刘玲. 科普场馆在科学与艺术融合中的探索——以广东科学中心为例[J]. 硅谷，2013(21)：157-158.

科普场馆中科技、文化与艺术的跨界融合
——以梦幻剧场的创新应用为例

刘则晴[1]　李红红[2]

摘　要： 科技、文化与艺术跨界融合的科普形态，既是科学文化传播有效性的需求，也是大众科技、文化与艺术综合素养提升的需求。本文以梦幻剧场的创新应用为例，结合实际案例，探讨了梦幻剧场如何促进科普场馆中科技、文化与艺术的跨界融合。

关键词： 科技、文化与艺术；跨界融合；梦幻剧场；科学文化传播

一、科普场馆对科技、艺术与文化跨界融合的需求

（一）科普场馆有效传播科学文化的需求

时代发展，以科学技术馆为主的科普场馆的功能与形态也在不断变化。从“自然史博物馆”到“科学与工业博物馆”再到“科学与技术中心”，科普场馆的价值目标追求在不断变化与创新。作为非正规科学教育机构，科普场馆在普及科学知识、倡导科学方法、传播科学思想、弘扬科学精神等方面具有不可替代的重要作用，这是科普场馆的传统定位和基本属性。随着文化消费时代的到来，科普场馆的职责逐渐丰富，如何实现科学文化的有效传播已成为科普场馆新的任务和使命。

在“科学知识、科学方法、科学思想、科学精神”传播的基础上，现代科普场馆需要不断提高公众理解科学、创新科技和应用科技的能力，增强科学文化与人文文化的融合[1]。一方面，科学的本质是一种文化现象。它同样是具备局限性的，是随时代不断进步和完善的[2]。在科学发展的过程中，从历史的角度可以挖掘出科学文化厚重的时空维度信息。另一方面，科学文化与人文文化是不可分割的。人文的核心是“人”，它包含了人类社会的各种文化现象，如社会意识形态、思想体系、文化、艺术、教育、哲学、历史等诸多方面；而科学则是关于探索自然规律的学问，是使主观认识符合客观实际（即客观存在的本来面貌，包括真实的联系与变化的规律等）、以及创造符合主观认识的客观实际（即事物、条件、环境等）的实践活动。他们相互作用、相互影响、相互制约，二者共同发展，使得人类从原始蒙昧走向了现代文明[3]。

科普场馆需要重视展览的人文教育功能，以教育“人”为最终目标，通过科技主体、文化内核与艺术表现相融合的手法，共同支撑科学文化的深度传达，引导观众科学、全面、多元化地思考，帮助他们树立正确的思想道德及价值观念，激发感性与理性的探索，引导他们过上健康、文明、科学的生活[3]。因此，通过跨界融合的方式，以科技为主体、艺术为呈现、文化为内核，从而

1　刘则晴，宁波新文三维股份有限公司主任设计师，中级工程师，从事科普场馆展览设计。通信地址：宁波市高新区科达路82号。E-mail：3161739579@qq.com；

2　李红红，高级工程师，从事科普场馆展览展示及特种影视设计。E-mail：13566352143@163.com。

有效推进科学文化的传播，成为了科普场馆关注的话题。

(二) 公众对多元化科普展示形式的需求

文化消费时代，科普场馆需要通过文化产品及服务来满足人们精神需求，并进行正确价值观的引导与树立，以此实现科学文化的有效传播。要实现此目的，就需要科普场馆能够充分把握公众的情感、文化、艺术品位和价值取向等因素，提高对公众的吸引力。

一方面，传统的科普形态与手段需要相应的提升与发展，才能有效支撑科学文化的传播。科普场馆的展品要做到“四见”：见知识、见人物、见精神、见智慧，把科学与生活的故事讲活[1]。展示形式是观众接受展品展示内容的途径，只有最契合展示内容特点的展示形式，才能让观众在获取内容信息时不会受到阻碍而大打折扣，从而达到“四见”。另一方面，随着社会经济与综合国力大幅提升，社会应用技术不断发展，人民群众的文化生活也日渐丰富。传统的科普展示形式对公众的吸引力逐渐减弱，艺术与文化相融合的体验形态越来越多地成为公众关注的焦点。科学普及教育作为一种面向全民大众的社会性服务，应当紧跟时代步伐，满足公众日益提升的科普体验需求。用公众所喜爱的方式进行科普，既是科学文化传播有效性的需求，也是大众科技、文化与艺术综合素养提升的需求。

本文以梦幻剧场为例，就如何促进科技、文化与艺术融合展开思考，并结合实际案例进行探讨。

二、梦幻剧场：促进科技、艺术与文化跨界融合的途径

(一) 什么是梦幻剧场

随着科技水平的提高，尤其是近年来网络媒体的迅速发展，改变了人们的生活方式，也扩大了人们的眼界。各类特种影视、虚拟现实、实时交互及声光电综合技术的体验受到了大众越来越多的关注。在科普场馆中，科普剧艺术、数字影视艺术以及两者结合的展示形式备受观众的青睐，例如梦幻剧场。

梦幻剧场是利用全息成像技术，通过真人演员配合虚拟影像进行节目演绎的特种影视形式。它具备超清的全息立体影像、可交互的多层次画面、沉浸式的感官体验，视听效果突出，被广泛运用于舞台艺术演出，在科普教育领域备受欢迎。梦幻剧场作为一种典型的科技、文化与艺术相融合的展示形式，其科学性、艺术性、故事性、趣味性等特征，对大众具备极强的吸引力，使之成为了科普文化传播的最佳载体。例如临沂市科技馆通过梦幻剧场展现当地科学文化，阐述《孙子兵法》的思想精髓，剧场的演绎得到了观众的广泛喜爱与关注[4]。

(二) 梦幻剧场如何促进科技、艺术与文化的跨界融合

1. 科技、文化与艺术融合的展示形式

梦幻剧场综合了数字影像技术、环境特效技术、舞美灯光技术等各类科技手段，由真人演员与多层次、多维度的虚拟影像共同表演，营造出虚实互动、真假难辨的变幻空间与丰富神奇的视觉效果。观众无需戴立体眼镜便可以看到栩栩如生的立体影像，多层次的影像穿梭于整个舞台，惊叹于真人演员在舞台上神奇的出现和消失以及瞬间的空间变幻，卡通形象与观众还

可以进行实时互动，让观众捉摸不透其中的玄机。

梦幻剧场能够实现常规表演所不能达到的效果，在具有时空局限、难以在现实中具象表达的科普内容演绎上具备很强的优势。剧场将深奥的科学知识通过生动的、有情节的故事演绎，让观众在了解科学知识的同时，又体验到高科技表现手段的神奇与舞台效果的艺术美，从而激发观众的兴趣，充分调动并提升了观众的投入程度与参与积极性。此外，梦幻剧场的设置可以很好地调节观众的参观节奏。众多分散的展项的参观节奏往往较快，在长时间、高频次的互动参观中，观众需要一个能"坐下来"的科普体验空间，并且在这个空间里能够同时感受到科技、艺术以及文化的美。

2. 科学与人文融合的剧场内容

科学文化与人文文化是不可分割的，科普教育的最终目的是与观众产生心理上的互动，引导观众进行思考，并形成正确的判断和价值取向。而故事演绎的方式，通过完整的故事线、跌宕起伏的故事情节、鲜活而富于情感的角色形象，进行科学知识与文化内核的传达，最容易打动观众，引起心灵上的共鸣。

以辽宁省科技馆梦幻剧场为例，其剧场节目为"白垩纪之旅"。故事以恐龙精灵为线索，通过展教员杨雪穿越到白垩纪帮助小精灵寻找鹦鹉嘴龙家族的艰辛历程，引出恐龙幼儿园化石及恐龙蛋由来的感人故事。展现白垩纪时期生机勃勃的生态大环境、恐龙等动植物种类知识、恐龙灭绝原因以及恐龙族群之间感人至深的亲情。

鹦鹉嘴龙生活在约1.3亿年前到1.1亿年前的亚洲东部，是一种小型植食性恐龙。辽宁省出土的鹦鹉嘴龙化石呈现出集群分布的特点，即一块化石上有多条鹦鹉嘴龙的遗骸，其中还有不少成年恐龙和幼龙的遗骸共存，这是提供鹦鹉嘴龙亲代抚育的最佳证据之一。剧场设计时，希望观众在这里获得的不仅仅是科学领域层面的内容，而在了解相关科学知识的同时，还可以建立起温暖、积极的人生观与价值观，做一个健康、积极的人。因此，故事对"亲情"的人文表达加以渲染，既贴合了科学发现与科学知识内容，又强化了剧场的人文教育功能。

3. "平台+"理念的创新应用

由于其核心的全息技术要求，梦幻剧场舞台结构较为复杂，空间需求也较大。在梦幻剧场的基础上，如果能赋予剧场空间更多的可能性，将使得科普场馆有限的空间资源发挥出更大的效用，并且大大提升剧场的科普服务能力。"平台+"剧场就基于这种情况，在现有梦幻剧场基础上所提出的创新理念。它将多种功能通过模块化组合，集成于一个剧场平台上，并且平台系统开放、用户界面友好，便于操作及使用。从而在有限的空间与投资里，能够满足科学普及的多种需求，带来不同科学主题、艺术表现形式、文化内核的传达。其主要可搭载功能如图1所示。

并且，这一标准化的平台可搭载的不仅是以上技术形式，随着技术发展与研发深入，更多的优秀科普形式将与这个平台相结合，形成"1+1>2"的科普效应，为梦幻剧场的可持续发展提供了广阔空间。

"平台+"理念的创新应用，大大增强了梦幻剧场跨界融合的功能性，从而更有效地服务于科学文化的传播。平台的兼容性高、承载力强，可以支撑内容主题的随时变换。根据不同的内容主题，在剧场内可以开展相关的探究活动，以带动整个空间的运营活力。其"适用、实用、好用"的特征，更是便于剧场的全面推广应用，使其在科普活动进校园、进社区、进农村等专题科普工作中成为服务大众的强大科普力量，实现科普资源的社会共享。

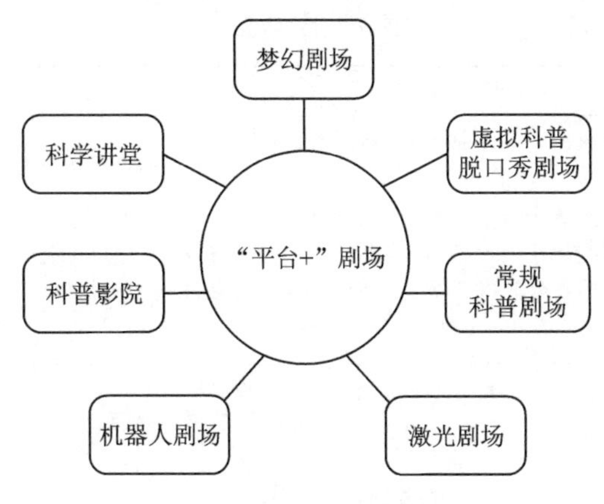

图1 "平台+"剧场功能

三、典型案例

许昌市科技馆是集科普展教、科技培训、学术交流功能于一体的综合性科普场馆，坐落于"三国历史名城"许昌市的城市中轴线上。展馆二层为探索与创造主展区，设有梦幻剧场。该剧场从策划设计到运营活动组织的各个阶段，都充分体现了科技、文化与艺术的有效融合。

（一）节目主题的选择

梦幻剧场位于科技馆二层的探索与创造展区，剧场节目相应需要围绕基础科学主题进行策划。在选题过程中，我们尝试了科学方法主题、学科领域主题、当地科学文化主题等不同方向，最终确定以"巧匠马均"的发明故事展开，通过其一生中最重要的几件发明的创造经历，展现其精于巧思，勤于动手的匠人精神，为我国古代科学发展和技术做出了卓越的贡献。选题在满足主题展区内容范畴的同时，也体现了本土特色的科技文化。

（二）故事剧情的策划

1. 故事梗概

马钧是中国古代科技史上最负盛名的机械发明家。他出身贫寒，不善言谈却精于巧思。他先后为老百姓改进了绫机，又发明了龙骨水车，促进了当时生产力的发展。但是，对于马钧的这些成就，他在官场上的同僚高堂隆和秦朗却看不过眼了，他们故意激马钧，要他复原指南车。正当马钧苦苦思索的时候，叮当在星博士的帮助下，利用时光机穿梭时空，来到了公元235年的魏国。叮当向马均展示了现代科技的神奇，然而马均却拒绝了叮当想用3D打印技术来复原指南车的提议。科学技术不是空中楼阁，要靠一步步的实践才能发展起来。最后，马均凭借自己的刻苦钻研和勤奋努力，成功复原了指南车。叮当感慨到，从最早的指向工具指南车，到现代的GPS定位技术，正是一辈又一辈科学家们的不懈努力，推动了人类科技的发展，我们才能够踩在巨人的肩膀上，看得更远。

2. 剧情框架

通过故事情节线与知识内容线，共同构建整体剧情框架，如表1所列。

表1　剧情框架

幕	故事情节线	知识内容线
1	由黑竹沟失踪事件引出指南工具类别，利用磁场指南的指南针和机械指南车	指南针原理、信鸽辨别方向原理
2	博士和叮当穿越来到汉朝的洛阳，在集市上的一家绫布店看到了由马钧改良的新式织绫机织出来的绫布，以及老百姓对马钧的赞美	新式织绫机的功能和影响
3	博士和叮当在河边看到了马钧发明的翻车，见识了当时世界最先进的劳动工具，极大地提高了劳动效率，造福了百姓	翻车的功能
4	叮当想用现代3D打印技术帮助马钧复原指南车，被马均拒绝了。马均最终依靠自己的刻苦钻研和勤奋努力获得了成功	指南车原理、3D打印技术、GPS定位技术
5	马钧复原的指南车在军中成功应用	
6	尾声，对马钧的评价，科学发展的精神文化内涵	

通过故事中人物的经历，观众能够感知到，正是因为像马钧这样的能工巧匠一代代的探索，信念坚定，善作思考，勤于动手，永不言弃，人类的技术才会不断进步，我们才能拥有今天这样方便快捷的幸福生活。不论在任何时代，科学技术永远都是第一生产力。节目既展现了发明创造的科学知识内容，又表达了科技发展历程的精神文化内核，还具备了情节故事的艺术趣味。

3. 展教活动的组织

观众在展教员的引导下，进入剧场观影，体验梦幻剧场跨界融合的精彩演绎效果。在剧目的演出过程中，剧场还设置了与观众互动的环节，辅导员通过问题引导观众思考指南车功能实现的关键部件，通过共同参与推动情节故事的发展，大大提升观众的投入程度与积极性。并且，剧场内还陈列有指南车的实物，艺术美感的展陈、科学技术知识的普及与文化内核的传达，都可以在这里实现。辅导员可依托于剧场节目与实物展示进行专题讲解，并可通过相应展教活动包，开展相关的科学主题动手课程。

许昌市科技馆梦幻剧场的建设，从本身的展示形式特征，到节目主题选择、剧情框架设置以及展教活动的组织，都体现了科普场馆在科技、文化与艺术融合发展中的不断探索。剧场在许昌科技馆开馆后反响热烈，获得广泛好评。只有通过大众所喜爱的科普形态，助力科学文化的传播，才能有效地提升公民科技、文化与艺术的综合素养。

参考文献

[1] 徐善衍. 关于科技馆科学文化传播问题的思考[J]. 科学教育与博物馆，2015，1(5)：320-322.

[2] 吴凡，安庆红. 科技馆与科学文化相互融合的初步探索[C]// 2010(浙江·绍兴)国际博协科技博物馆专业委员会暨全国科技馆学术年会，2010.

[3] 廖红. 人文教育在科技馆[C]// 北京博物馆学会学术会议，2001.

[4] 曹珊. 发挥科技馆科普教育功能 创新开展群众文化活动[J]. 科技视界，2016(23)：380-380.

科技馆展品与艺术融合模式探讨

王尊宇[1]

摘　要：在"互联网＋"的新时代，科技馆如何突破界限，用艺术形式传播科技知识和科学思想，让科普与艺术有机地结合在一起，是科普工作者一直追寻和探究的。如何在展品的设计中融入更多的艺术元素，让艺术与展品展示紧密结合，相互渗透，从而提升展品的趣味性和参与性，这也是科技馆展品研发工作的一个重点。本文通过分析展品艺术性的几个表现，对如何促进展品与艺术的融合提出一些建议。

关键词：展品；艺术；融合

艺术在创新、发展的道路上离不开科技的助推，科技的高速发展也在潜移默化地丰富着艺术形式。近些年来，国家明确提出新技术、新业态、新模式、新媒体要与艺术有机融合，丰富创作手段，拓展艺术空间，增强艺术表现力与核心竞争力。在此背景下，艺术与科技跨学科融合具有重要的现实意义。

在'互联网＋'的新时代，科技馆如何突破界限，用艺术形式传播科技知识和科学思想，让科普与艺术有机地结合在一起，是科普工作者一直追寻和探究的。展品是科技馆的重要组成元素，也是传播科学文化知识的重要载体，其展示效果显著与否也决定着科技馆的科普效果。因此，如何在展品的设计中融入更多的艺术元素，让艺术与展品展示紧密结合，相互渗透，从而提升展品的趣味性和参与性，这也是科技馆展品研发工作的一个重点。

一、什么是展品艺术性

艺术性的词语常出现在文化领域，是指人们反映社会生活和表达思想感情所体现的美好表现程度。但文化领域和科技领域的艺术性表现有较大区别。

对于科技馆来说，展品艺术性是指科技馆采用独特的方法和手段，将展品本身所蕴含的视觉冲击和科学信息传递给观众受体，给观众留下良好深刻的印象，满足观众对艺术美与科学的追求。

一件成功的展品，除了精准的科学性外，还要具备一定的艺术性。缺乏了艺术性，展品就会缺少对观众的吸引力，其要展示的科学性也无法生动地呈现给观众。只有实现展品科学性与艺术性的统一，运用艺术性来衬托科学性、突出科学性，才能给观众带来视觉上的冲击，留下深刻印象，从而对展品、对科学产生浓厚兴趣。

笔者个人认为，目前看到的最具有艺术性的展品就是2016年巴西里约热内卢奥运会上奥运火炬后的动态光环装置。它融合了脉动和漩涡造型，将传统金属加工技术和计算机辅助设

1　王尊宇，博物馆员，擅长展品研发与制作，通信地址：天津市河西区隆昌路94号天津科学技术馆邮政编码：300201，E-mail：347531488@qq.com。

计相互结合，作品美轮美奂，达到了艺术性与科学性的完美统一(见图 1)!

图 1　奥运火炬后的动态光环装置

二、展品艺术性的表现

展品的艺术性主要表现在三个方面。

(一) 展品造型的艺术性

展品造型设计有很多因素，需要用艺术手法去组合这些因素，使其能产生最佳的视觉效果。

早期科技馆的展品，箱体基本为方形、长方形、圆形，以满足展示功能为主，造型简单，少有变化。近几年来，随着加工工艺的发展及先进材料的使用，展品造型开始丰富，在满足使用功能的基础上，更突出展示效果，并配合展示主题，与布展融为一体。

在这方面，国外科技馆的制作经验值得学习。图 2 所示是新加坡科学馆"与病毒一起生活"展区的两件展品，图 2(a)的造型就是一个放大的病毒，观众结合文字介绍，就能了解病毒的相关情况。而图 2(b)则是放大的口腔，病毒感染后会有什么现象，孩子们可以趴在舌头上找寻答案。

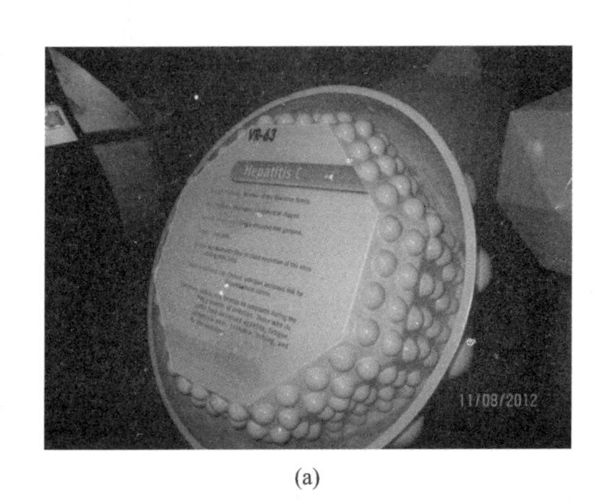

(a)

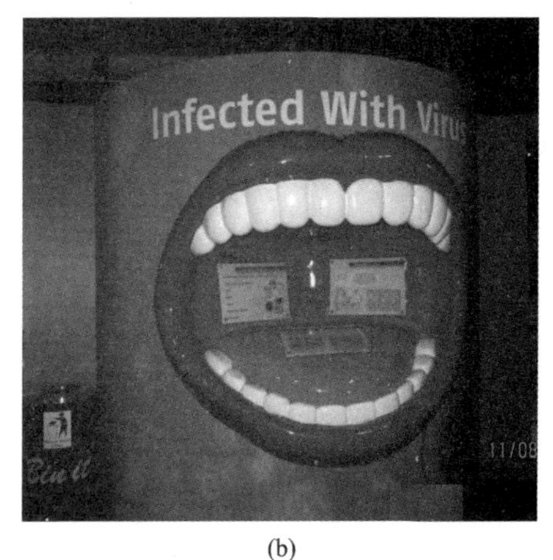

(b)

图 2　"与病毒一起生活"展区展品

图3是澳门科技馆的展品“双人对抗”，国内类似的展品有“谁的反应快”（见图4）、“手眼协调”等。虽然从参与性、趣味性上两者伯仲不分，但从造型上对比，双人对抗具有的艺术性更胜一筹。

图3　“双人对抗”展品

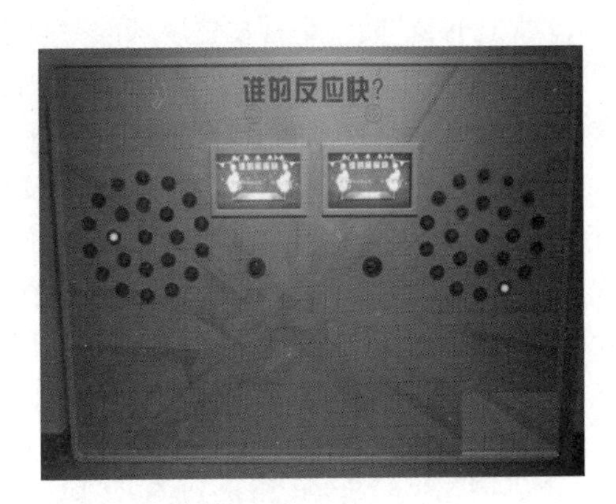

图4　“谁的反应快”展品

（二）展品色彩的艺术性

色彩是展品设计中最具表现力和感染力的因素，它通过人们的视觉感受产生一系列的生理、心理和类似物理的效应，形成丰富的联想、深刻的寓意和象征。

国内科技馆的展品早期多以比较沉稳和对比柔和的冷色调为主，如蓝色、灰色等，观众一进入展厅，心理能够趋于平静，从而安静地开始参观。

这几年，由于观众的年龄结构发生较大改变，展品的色彩运用也相应做出调整。特别是儿童展区，常常采用大红、明黄、亮紫等明快的温热色调，视觉上具有较强的冲击，让观众感到明朗、欢快，从而刺激了观众的参观欲望。

但从整体上看，国内展品在用色上还是不够大胆。图5是澳门科技馆的展品。展品色彩艳丽，造型奇特，极富艺术感染力。

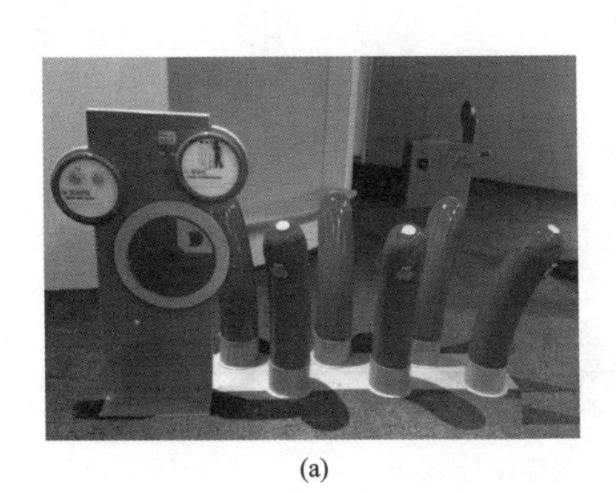

(a)

(b)

图5　澳门科技馆展品

(三) 展示效果的艺术性

展示同一原理的展品,由于创意设计和技术手段不同,表现出的艺术性也有天壤之别。

“视觉暂留”现象是科技馆展示的一个重要内容。最早期的“视觉暂留”展品叫牧马人(见图6)。展板的正反两面分别是牧马人和奔跑的马,当展板旋转起来,马就被牧马人的套马杆套中。展品操作简单,展示效果也简单直白。

20世纪末,科技馆研发出新展品“爬楼梯”(见图7)。展品底盘转动起来后,频闪灯闪亮的时间间隔与两相邻台阶经过同一位置的时间间隔相同或成整数倍,由于眼睛的视觉暂留,观众就能感觉台阶已经静止,但弯杆却在不断变换,便形成了弯杆爬台阶的动画场面。但这件展品需要在光线灰暗的地方展示,而且在频闪灯一闪一闪的作用上,观众很容易产生视觉疲劳,因此该展品的艺术性只比前者略有提高。

图6　“牧马人”展品

图7　“爬楼梯”展品

后来,香港科技馆展出过“飞升的雨滴”(见图8):展品主要由一排可以控制流速的水管和频闪灯组成。当水滴的下落间隔与频闪灯的频率相同时,观众有时看到的水滴好像静止不动地悬浮在空中一样,形成一道“静止”的水帘;有时看到的水滴则有向上飞升的神奇效果。这件展品的艺术性达到一定水平,但因其展示效果没有太大变化,因此还不能说是完美的展品。

图8　“飞升的雨滴”展品

近几年,国内又研发出新展项:梦境(见图9)。展品把一系列魔术师的表演动作分解为逐渐变化的单帧的物体,并依照一定的排列方式设置于可以快速转动的圆柱形金属支架的外圆周上,在圆柱形金属支架快速旋转时,利用频闪灯的闪烁将单帧的物体图形连续定格,这些静止的动作在观众的视觉中会融合在一起,形成连贯、生动的动态表演,营造出一个像梦境一样的世界,使艺术性达到极致。

图9 “梦境”展品

三、展品与艺术的融合

将展品与艺术融合,首先要分清主次关系。展品要以科学性为主,艺术性为辅。艺术是用来衬托和突出展品的,而不能喧宾夺主,为了突出艺术,使展品的科学性游离于展品之外,造成形式大于内容或是形式与内容两张皮的弊端。

展品与艺术融合,需要在外形设计、内容设计和外部环境三方面下功夫。

(一) 外形与艺术的融合

一件展品能否吸引到观众,引起他们的兴趣,第一眼最为关键,这一眼决定了观众是否能上前来参与。因此,展品外观设计要讲究艺术性,使人产生兴趣。此外,展品的外观不能游离于展览主题,要与展示内容紧密结合。

香港卫生教育展览及资料中心是由香港食物环境卫生署管理的一家专业性较强的小型科技馆。这个展馆里的展品设计就十分巧妙,展品外观变化多端,既出乎观众的意料,又紧紧配合展示内容。如在介绍如何防治虫鼠的区域(见图10),设计者并没有将答案直白地公布,而且暗示观众“打开木门看看”,观众拉开木门,就会发现如何治理老鼠的答案。展品(见图11)看上去是一个垃圾桶,打开盖子却发现它实际是一个电源开关,能够点亮上面玻璃后的灯光,让观众观察到里面蟑螂的外貌、形态等。

图 10　防治虫鼠主题展区

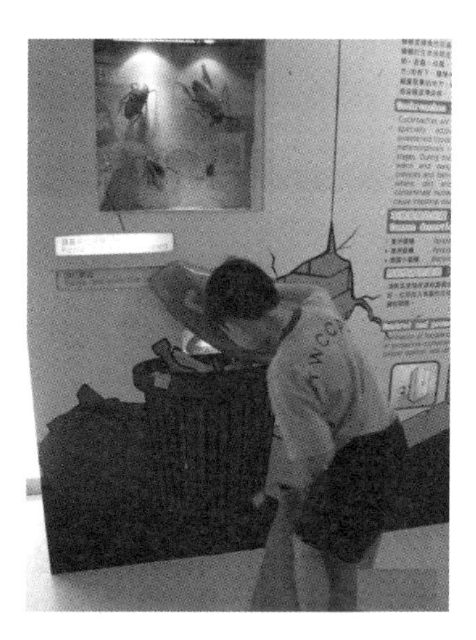

图 11　"垃圾桶"展品

(二) 内容设计与艺术的融合

科技馆要保持展品对观众的吸引力,必须不断研发新的展品。自 1937 年法国发现宫诞生以来,能以实体形式展示的科学原理基本都制作成了展品,因此从内容设计、展示手段上进行创新则是今后展品研发的重点。

大家都知道"万花规"(见图 12),科技馆也将它做成展品,利用计算机和模型结合的方式展示繁复的曲线之美,但展示效果并不太理想。

图 13 所展示的"万花规",则巧妙地将机械结构融入万花规中。观众通过调整齿轮的多少、位置以及半径的大小,能够绘制出细腻动人、千变万化的曲线来。操作的互动性与展示效果的变化性营造出这件展品的艺术性,从而吸引观众的注意力。

图 12　计算机和模型结合的"万花规"展品

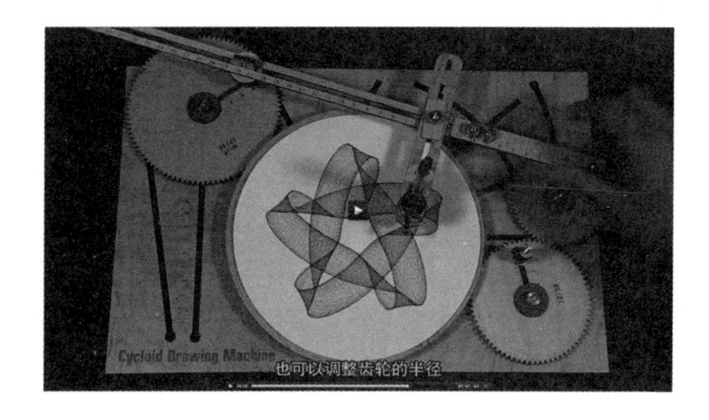

图 13　融入机械结构的"万花规"展品

(三) 环境氛围与艺术的融合

变换的展示布局,不同的展示区域配以不同的灯光效果、色彩搭配,再加上展品多变的几何造型，并将展品与展示环境融合成一体，这样就能达到不同的展示效果，营造出不一样的展示氛围，同时也会提高展品的艺术性。

中国科技馆“健康之路”展区有一件展品：“血管墙”(见图14)，它就是环境营造展品艺术性的典型范例。

以往展示血管方面的内容，要么利用计算机多媒体，要么采用图片展示，展示手段简单，展示效果枯燥，调动不起观众的参与积极性。而这件展品，前面的展墙展示了人的血管模型，以不同的速度向两个瓶子注入红色液体，演示了动脉血管和静脉血管的区别。后面放大的血管通道里，两侧的内壁分别展示了健康的动脉血管和粥样动脉硬化血管。

(a)

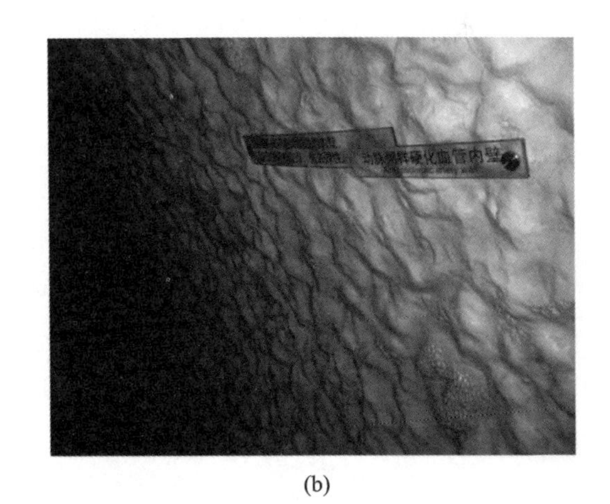

(b)

图14　“血管墙”展品

红色的血管模型和放大的血管通道，首先从视觉上就吸引了观众的注意力。区别于以往的观看，观众更能直观触摸，这又增加了展品的参与性。因此可以说，适当的环境氛围的渲染能够营造出展品的艺术性。

四、结　论

随着全国科技馆的免费开放，吸引了越来越多的公众到科技馆来参观，科学与艺术的创新融合是吸引公众参与科学、展现自我进行创意体验的极佳切入点。科技馆在研发设计展品时，应该跨越科学和艺术之间的界限，将科学与艺术完美地融合在一起。这样，既能增加科技馆的参与性与趣味性，又能提升科技馆的观赏性，达到寓教于乐的目的。

参考文献

[1] 马英民.论博物馆展陈的观赏性[C]//新世纪博物馆的实践与思考——北京博物馆学会第五届学术会议论文集,2007.

[2] 王乐乐.浅谈科技馆的科普艺术性[J].科技资讯,2010(34):219.

[3] 陈欣慧.浅析科普场馆中艺术形式的应用[J].科技传播,2012(20):2.

[4] 张静.论科技馆设计中的色彩功能[J].祖国:教育版,2013 (2) :46-47.

[5] 王慧卿.浅谈艺术形式在现代科技馆中的应用[J].中国科技博览,2010(33):1.

[6] 李春富,李丹熠.科技馆展品及其展示形式设计研究[J].包装工程,2010,31(16):5.

[7] 魏茜茜.解读博物馆展览的艺术性与前瞻性[J].资治文摘,2016(06).

基于在地研学的场馆科学实践活动设计——以"mini 科学表演秀"为例，浅谈科技、文化与艺术的跨界融合

缪庆蓉[1]

摘　要： 世界教育格局的变革，促使越来越多的人认识到，正式教育学习之外的学习的重要性。作为科学教育的重要途径之一，非正式学习对激发和维持中小学生学习科学的兴趣，保持学习科学的习惯具有深远影响。科技馆作为全国中小学生研学实践基地，校外非正式教育场所，正以独特的科学教育情境、教学方式以及其所发挥的科学教育功能，吸引着广大科学实践参与者关注和喜爱。在实践过程中，我们努力引导学生由教师指导向自我指导的开放学习空间转变，尝试围绕科学素养目标，拓展在地研学平台，合理运用 STEAM 教学理念和情景式、探究式教学模式，努力构建一种更加流畅的一体化学习方法，将学校教育与校外教育形成密切互动，拓展学习、实践的空间和时间网络。

关键词： 非正式学习；科学素养目标；教学模式；教学目标

一、引　言

科技馆作为校外非正式教育场所，其非正式学习环境，拥有着可以模拟真实环境、可视化效果好等科学教育优势，在相对开放的环境中，给学生及老师带来了探究性较强的教育体验，较好地发挥了对教育的延伸和补充功能，受到了学生、老师及学校的高度认可。

随着馆校结合科学教育实践工作的深入推进，包括研学在内的各项科学实践活动，都在向课程科学化、团队专业化、管理系统化发展。在课程科学化发展方面，除借助科技馆教育资源优势外，我们还需通过教学设计的不断优化，提升参与者参与的有效性。在实际学习当中，一堂课上，许多学生实际理解的东西比教师预计的要少。因为不管老师传播的知识多么清晰，学生都需要靠自己来体会它们的含义[1]。教学目标，只有通过学习者本身的积极参与、内化、吸收才能实现，这一本质属性决定了学生作为教学活动的参与主体，其能否主动地投入，是教学目标能否实现的关键。

当代教育心理学表明：科学不只是大量知识的凝聚，也不是一种累积知识和验证知识的方法，而是一种融入人类价值观的社会活动[2]。在课程设计过程中，我们尝试用情境构建从感官上最直接地激发参与者的兴趣，通过角色扮演、剧情引入等方式，让参与者能够进一步增进对科学的理解和认知，在此基础上，引入跨学科的教育活动实践与探究。

1　缪庆蓉，重庆科技馆观众服务部副部长，文博馆员，研究方向为科普教育。通信地址：重庆市江北区江北城文星门街 7 号；E-mail：407073447@qq.com。

二、思维目标视角下的科技、文化与艺术

我国小学科学课标中提出，科学课是一门综合性课程和实践性课程，倡导以探究式学习为主的多样化学习方式，并将科学探究作为第二层教学目标，与科学知识，科学态度，科学技术社会环境共同构成四维教学目标。2016 年美国研究所与美国教育部综合了研讨会与会学者对 STEM 未来十年的发展愿景与建议，联合发布：《 教育中的创新愿景》(STEM 2026：A Vision for Innovation in STEM Education)。所谓"教学有法，无定法"，在教学过程中合理地选择、组合和创立教学模式，有助于科学概念的认知和教学目标的达成。

(一) 科技、文化与艺术对科学知识目标达成的影响

捷克教育家夸美纽斯在《大教学论》中写道："一切知识都是从感官开始的。"[3] 在实际教学中，不论我们采取何种教学模式，往往会以"情境引入"作为开头，但是情境引入的过程往往是通过多媒体视觉进行带入，缺乏情境的"真实感"和"现场感"，其感官感知力度容易套路化、虚拟化。只有让学生真正从视觉到心理上"走进情境"，以特定的人物身份，了解科学知识或技术发生、产生的背景，借助现实的工具去解决现实存在的问题，才能让学生真正意义上达成心理认知与认同，从而能够以"主导者"的身份去看待发现问题、解决问题，操持持续探索参与的好奇心与求知欲，建立正确的科学态度，在不知不觉的情境氛围中激发其认识潜能。

(二) 科技、文化与艺术对科学探究目标达成的影响

尽管目前国内 STEM 教育开展取得了较深入的发展，但在实际应用中，其实践与探究过程，仍然呈现出"碎片化"的知识整合，对"基于实践的探究""基于现实的应用"缺乏整体布局。生活中发生的大多数问题需要应用多种学科的知识来共同解决，但解决的过程却不是学科机械地罗列，我们通常所讲的"整合性学习"不是简单地将两门及以上学科拼凑在一起，而是有机地结合为一个整体[4]。STEM 教育讲究科学(Science)，技术(Technology)，工程(Engineering)，数学(Mathematics)四门学科的交叉融合，并运用学科来解决生活中的问题[5]。跨学科知识的整合应用，需要有主题问题为主导，情境发生为线索，围绕问题和线索，在情境中不断发生认知和知识的碰撞，调动零碎的知识与机械过程转变为探究和尝试解决问题的过程，而这个过程是与我们的文化与艺术密不可分的。

(三) 科技、文化与艺术对科学态度目标达成的影响

不论是角色扮演或是人文感知，参与者都需要通过小组讨论、对比实验等形式去进行思维的碰撞，在思维碰撞的过程中，可以是基于历史文化的分析，可以是基于舞台制作的审视等，通过丰富的、立体的任务构成，有助于参与者共同完成任务，在团结协作和讨论交流中，体会科学学习的乐趣；通过对历史典故的深度挖掘，感受科学发展的奇妙历程，感受科学的神奇魅力。

(四) 科技、文化与艺术对科学技术社会环境目标达成的影响

基于实际问题的探究，对于参与者情感态度的激发具有重要意义。科技、文化与艺术相融合，能够让参与者深入了解某种科学发声或产生的历史背景，增加参与者对科学的认知和理解

程度，当参与者能够通过场景观测、实验验证、总结报告、创新思考等途径对实际问题进行实践探究，以主人翁的角色去发现或解释某种科学现象的时候，有助于引发情感上的共鸣，进而将这种认知迁移到其他应用或社会问题上面去，增强社会责任感，促进科学技术社会环境目标的达成。

三、“mini 科学表演秀”设计思路

重庆科技馆作为全国中小学研学实践基地，开发有多项研学基地课程。“mini 科学表演秀”作为其中一项具有鲜明特色的课程项目，依托重庆科技馆青少年科学梦工场开发实施。重庆科技馆青少年科学梦工场共开设有四间主题教室和一间多功能室，配合场地资源优势及研学活动，进一步促进发挥重庆科技馆在地科普教育的功能和作用。

（一）课程设计思路

围绕科学素养目标，结合小学课标中的四维目标，以 STEM 教育为理念，通过情景营造、剧情引入、角色扮演、观察实验、交流探究等方式，让学生在负有“生活化”“问题化”的情境当中，围绕“线索”层层探索。真正激发学生对科学的探究和兴趣，培养学生分析问题、团结协作、动手实践并运用科学、技术等跨学科知识解决实际问题的能力，启迪学生创新思维。

（二）课程层级示例

课程层级示例如图 1 所示。

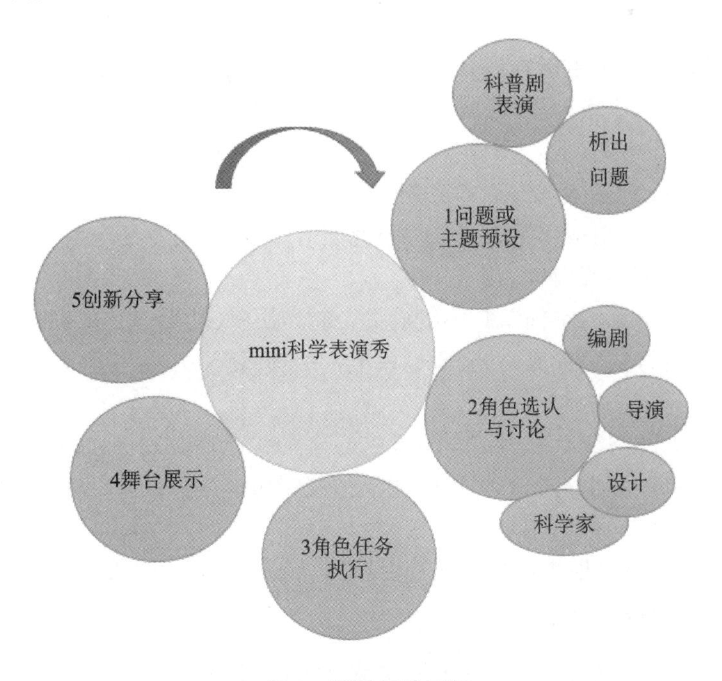

图 1　课程层级示例

四、课程设计与实施——“看不见的空气”

(一) 学情分析,确定教学目标

结合小学科学课程标准第三部分,技术领域相关基础知识,通过情景演绎、趣味实验等途径,调动参与者结合故事背景,运用已掌握的科学、数学、工程等方面学科知识,找出问题、分析问题,进行对比尝试,在不断调整与尝试的过程中,理解空气的作用、空气的形态、空气动力等概念;掌握利用空气的特性,运用到生活实际的简单技能;了解空气发展史,关注空气在生态圈中扮演的角色,了解空气的过去与现在,把握环境保护的重要性。

(二) 创设认知情境,激发学生情感认知

通过观看影片《捕食者》,让学生初步认知和了解生物圈,了解动植物生存的环境,以及这些环境当中必不可少的构成因素和特点。让学生从“看”的角度,去初识大自然,同时为我们自己所生活的不一样的生活环境做认知铺垫。

问题引入:此时引入的科普剧为情境表演,表演内容为《空气家族争霸赛》,空气中几个“明星”,如氮气、氧气等,想要与空气一决高下。学生通过对情景剧的观看,初步接触到空气的形态、空气的力量等问题,空气到底有没有力量,空气的力量从哪里来……参与学生将带着问题展开探究。

(三) 分角色执行任务,在实景中开展问题探究

角色任务:活动将以小组形式展开,对空气家族争霸赛中,空气没有“交代”清楚的问题进行探究查验,围绕“空气”为主题,自制 mimi 科学表演秀——“看不见的空气”。学生们将以 4～5 人为一组,分别扮演“编剧”“导演”“设计师”“科学家”“科学家助理”等角色。

编剧:将以 writer 的身份,为“看不见的空气”构建剧情。在剧情构建的过程中,writer 将通过查阅历史资料,赋予剧情以历史背景。与此同时,编剧还需要结合“科学家”的实验内容与取得的实践成果去丰富剧情内容。

科学家:围绕“看不见的空气”,与小组成员一起,对空气的形态、空气的特征、空气的重量、空气的能量等内容进行实验探究,在实验过程中,“助理”将做好详细记录,为科学家提供重要参考信息。

导演:将《看不见的空气》剧本,结合小组成员特征进行表演安排,“导演”在这个过程中需要尽可能地去挖掘每一位小组成员的特征,以及确定“剧本”中每一个情节所需要实现的表演目标。

设计师:负责对科学表演秀所需要的物资、道具、场布、器材、背景、音乐等进行综合设计,保证科学表演秀的观赏效果。

(四) 合作探究,促进科学、文化与艺术的完美融合

尽管我们在活动过程中,每个学生都会有自己特定的身份和任务,但是,在任务的执行过程中,每一个环节任务推进,都需要全组成员的交流讨论。如,当科学家开展空气有没有重量

的实验时，其他成员将一同参与实验，并观察实验现象，根据实践结果去促使自己改进角色任务当中的内容。

交流讨论：每位角色将根据《进度协调表》和《观察记录表》进行分享交流，其中，进度协调主要是指，各小组成员工作推进的进程需要大致一致，剧情的发展需要基于实验的考虑，舞台的设计需要基于剧情与实验的背景和趣味性和知识性等等，在交流的过程中，每一位角色将对自己遇到的困难或问题进行分享交流，通过讨论来明确解决方法。而观察记录表有助于学生在参与过程中开展观察、分析、理解和总结。

(五) 展示交流与创新发展

展示交流是学生阶段，学生将分组进行 mini 科学表演秀演出，通过舞台表演的形式，展示小组的实验成果、文化内涵与艺术体验。

交流反思：在表演的过程中，学生将不断加深对“空气”的理解，同时也会在相互的展示中，对自己所取得的理论成果或实验成果进行反思。在这个阶段，各小组学生将对自己的设计思路和实现途径进行分享，在交流过程中，老师将引导学生对各组的应用成果从两个方面进行发散思考：一是提出新的问题或质疑，在后期学生可以结合课堂中交流讨论的情况和记录结果，对设计项目进行优化调整；二是环境作为一种社会化的问题，人类应该如何通过自己的努力去促进环境的可持续发展。

各小组成员在展示交流阶段，将根据《表演记录表》对自己和其他小组设计的项目运作情况进行记录，结合资源与环境保护话题，做进一步的改进思考。

参考文献

[1] 陈琦，刘儒德. 当代教育心理学[M]. 北京：北京师范大学出版社，2007.
[2] 美国科学促进协会. 面向全体美国人的科学[M]. 中国科学技术协会，译. 北京：科学普及出版社，2001.
[3] 余胜泉，胡翔. STEM 教育理念与跨学科模式整合[J]. 开放教育研究，2015：21(4)，13-22.
[4] 郑金洲. 教学方法应用指导：情境教学法[M]. 上海：华东师范大学出版社，2006.
[5] 傅骞，刘鹏飞. 从验证到创造——中小学 STEM 教育应用模式研究[J]. 中国电化教育，2016(04)：71-78.